造价员速学手册丛书

园林工程造价员速学手册

张建新 主编

知识产权出版社

内容提要

本书主要依据《建设工程工程量清单计价规范》（GB 50500—2008）编写。全书共分为八章，包括：园林工程造价基础知识，园林工程施工图的识读，园林工程定额计价基础，园林工程工程量清单计价基础，绿化工程工程量计算，园路、园桥、假山工程工程量计算，园林景观工程工程量计算以及园林工程竣工结算与竣工决算。

本书内容丰富、资料翔实，可供园林工程造价编制与管理人员使用，也可作为高等院校相关专业师生的学习参考用书。

图书在版编目（CIP）数据

园林工程造价员速学手册/张建新主编．—北京：知识产权出版社，2011.3
（造价员速学手册丛书）
ISBN 978-7-5130-0359-9

Ⅰ.①园…　Ⅱ.①张…　Ⅲ.①园林-工程造价-手册　Ⅳ.①TU986.3-62

中国版本图书馆 CIP 数据核字（2010）第 265208 号

责任编辑：陆彩云　　**责任出版**：卢运霞
装帧设计：段维东

造价员速学手册丛书
园林工程造价员速学手册
张建新　主编

出版发行：知识产权出版社

社　　址：北京市海淀区马甸南村 1 号	**邮　　编**：100088
网　　址：http://www.ipph.cn	**邮　　箱**：bjb@cnipr.com
发行电话：010-82000860 转 8101/8102	**传　　真**：010-82005070/82000893
责编电话：010-82000860 转 8110	**责编邮箱**：lcy@cnipr.com
印　　刷：北京市兴怀印刷厂	**经　　销**：新华书店及相关销售网点
开　　本：720mm×960mm　1/16	**印　　张**：15.5
版　　次：2011 年 3 月第 1 版	**印　　次**：2011 年 3 月第 1 次印刷
字　　数：300 千字	**定　　价**：32.00 元
印　　数：1～3000 册	

ISBN 978-7-5130-0359-9/TU · 011（3275）

《园林工程造价员速学手册》
编 写 人 员

主　编　张建新

编　委（按姓氏笔画排序）

卜泰巍　王晓东　吕万东　刘云鲲　刘　奔

孙丽娜　李　娜　余元超　宋　涛　张润骁

张　璐　周建华　高建兵　陶红梅　屠兴汉

前　言

随着我国国民经济的飞速发展，城市的环境保护与生态建设已成为一项长期而艰巨的任务。园林工程建设是城市环境保护与生态建设的重要组成部分，是创造人与自然和谐的重要手段，它最能反映一个时代的环境需求与精神文化需求。高质量、高水平的园林工程建设，既能改善城镇生态环境和建设投资环境，又能满足人们高质量生存、生活和工作的需求。

为了满足广大园林工程造价人员的实际需求，本书将园林工程造价理论与实际进行紧密结合，全书共分为八章，包括：园林工程造价基础知识，园林工程施工图的识读，园林工程定额计价基础，园林工程工程量清单计价基础，绿化工程工程量计算，园路、园桥、假山工程工程量计算，园林景观工程工程量计算以及园林工程竣工结算与竣工决算。本书条理清晰、案例丰富，是园林工程造价人员不可多得的一本好书。

本书的编写参阅和借鉴了多种文献资料，在此对资料收集人员表示衷心的感谢。限于编者水平有限，书中不妥之处在所难免，恳请广大读者批评指正。

编者

目　　录

第一章　园林工程造价基础知识

第一节　工程造价概述

要点

工程造价是指进行一个工程项目的建造所需要花费的全部费用，即从工程项目确定建设意向直至建成、竣工验收为止的整个建设期间所支出的总费用，这是保证工程项目建造正常进行的必要资金，是建设项目投资中的最主要的部分。

对于任何一项园林绿化工程，我们都可以根据设计图纸在施工前确定工程所需要的人工、机械和材料的数量、规格和费用，预先计算出该项工程的全部造价。

解释

◆工程造价的特点

1. 大额性

园林工程建设本身就是一个建筑与艺术相结合的行业，能够发挥一定生态和社会投资效用的工程，不仅占地面积和实物形体较大，而且造价高昂，动辄数百、数千万，特大型综合风景园林工程项目的造价可达几十亿元人民币。所以，园林工程造价具有大额性的特点，并且关系到有关方面的重大经济利益，同时也给宏观经济带来重大影响。

2. 个别性、差异性

任何一项园林工程都有特定的用途、功能和规模。所以，对每一项园林工程的结构、造型、空间分割、设备配置和内外装饰都有具体的要求，因而使园林工程内容和实物形态都具有个别性、差异性。产品的差异性决定了园林工程造价的个别性差异。同时，每项园林工程所处地区、地段都不相同，又强化了这一特点。

3. 动态性

任何一项园林工程从决策到竣工交付使用，都有一个较长的建设期间，而且由于不可控因素的影响，在预计工期内，许多影响园林工程造价的动态因素，例如园林工程变更，设备材料价格，工资标准以及费率、利率、汇率等，会发生变化。这些变化必然会影响到造价的变动。所以，园林工程造价在整个建设期间处于不确定状态，直至竣工决算后工程的实际造价才能被最终确定。

4. 层次性

工程造价的层次性取决于园林工程的层次性。一个园林建设项目通常含有多个能够独立发挥设计效能的单项工程(例如绿化工程、园路工程、园桥工程和假山工程等)。一个单项工程又是由能够各自发挥专业效能的多个单位工程(例如土建工程、安装工程等)组成。与此相适应,工程造价有3个层次:建设项目总造价、单项工程造价和单位工程造价。如果专业分工更细,单位工程的组成部分(以土建工程为例)——分部分项工程也可以成为交换对象,例如土方工程、基础工程、装饰工程等,这样工程造价的层次就增加了分部工程和分项工程而成为5个层次。即使从造价的计算和工程管理的角度看,工程造价的层次性也是非常突出的。

5. 兼容性

园林工程造价的兼容性主要表现在它具有两种含义和园林工程造价构成因素的广泛性和复杂性。工程造价的两种含义可以理解为:一是指建设一项园林工程预期开支或实际开支的全部固定资产投资费用,也就是园林工程通过策划、决策、立项、设计、施工等一系列生产经营活动所形成相应的固定资产、无形资产所需用的一次性费用的总和;二是指建成一项园林工程,预计或实际在土地市场、设备市场、技术劳务市场以及工程承包市场等交易活动中所形成的园林建筑安装工程的价格和园林建设项目的总价格。此外,在园林工程造价中,成本因素非常复杂,其中为获得园林建设工程用地支出的费用、项目可行性研究和规划设计费用、与政府一定时期政策(特别是产业政策和税收政策)相关的费用占有相当的份额。盈利的构成也较为复杂,资金成本较大。

◆工程造价的计价特征

1. 计价的单件性

园林建设工程在生产上的单件性决定了其在造价计算上的单件性,它不能像一般工业产品那样,可以按品种、规格成批地生产,统一定价,而只能按照单件计价。国家或地区有关部门不能按各个园林工程逐件控制价格,只能就园林工程造价中各项费用项目的划分,园林工程造价构成的一般程序,概预算的编制方法,各种概预算定额和费用标准等作出统一性的规定,以此进行宏观性的价格控制。

2. 计价的多次性

园林建设工程的生产过程是一个要经过可行性研究、设计、施工和竣工验收等多个阶段、周期较长的生产消费过程。为了适应园林工程建设各方建立合理的经济关系,方便进行园林工程项目管理,适应工程造价控制与管理的要求,需要对园林建设工程进行多次性计价。

在编制项目建议书、进行可行性研究阶段,一般可按规定的投资估算指标、类似园林工程的造价资料、现行的设备材料价格，结合园林工程实际情况进行投资估算。投资估算是可行性研究报告的重要组成部分，是判断项目可行性和进行项目决策的重要依据。经批准的投资估算是园林工程造价的目标限额，是以后编制概预算的基础。

在初步设计阶段，总承包设计单位要根据园林工程初步设计的总体布置、工程项目、各单项工程的主要结构和设备清单，采用有关概算定额或概算指标等编制建设项目的总概算。它包括从筹建到竣工验收的全部建设费用。园林工程设计概算是初步设计文件的重要组成部分。经批准的设计总概算是确定建设项目总造价、编制固定资产投资计划、签订建设项目承包总合同和贷款总合同的依据，也是控制建设项目贷款和施工图预算以及考核设计经济合理性的依据。

园林工程开工之前，要由设计单位依据施工图设计确定的工程量，套用有关预算定额单价、间接费取费率和利润率以及税率等编制施工图预算。施工图预算是施工图设计文件的重要组成部分。施工图预算经审查批准后，是签订工程承包合同、实行工程造价包干和办理工程价款结算的依据。实行招标的园林工程，施工图预算是确定标底的基础。

在签订园林建设项目总承包合同、设备材料采购合同时，要在对设备材料价格发展趋势进行分析和预测的基础上，通过招标投标，由发包方和承包方共同确定一致同意的合同价作为双方结算的基础。合同价款是指按有关规定或协议条款约定的各种取费标准计算的用以支付给承包方按照合同要求完成园林工程内容的价款总额。在合同实施阶段，对于影响园林工程造价的设备、材料价差及设计变更等，应按合同规定的调整范围及调价方法对合同价进行必要的修正，确定结算价。

园林工程项目竣工交付使用时，建设单位需编制竣工决算，反映园林工程建设项目的实际造价和建成交付使用的固定资产及流动资产的详细情况，作为财产交接、考核交付使用的财产成本以及使用部门建立财产明细表和登记新增财产价值的依据。竣工决算是完成一个园林建设工程所实际花费的费用的计算，是该建设工程的实际造价。

综上所述，从投资估算、设计概算、施工图预算到招标承包合同价，再到园林各项园林工程的结算价和最后在结算价基础上编制的竣工决算，整个计价过程是一个由粗到细、由浅到深，经过多次计价最后得出园林工程实际造价的过程，计价过程各环节之间相互衔接，前者制约后者，后者补充前者。

3. 计价的组合性

一个园林建设项目的总造价是由各个单项工程造价组成的，而各个单项工程造价又是由各个单位工程造价所组成的。园林工程各单位工程造价又是按分部工程、分项工程和相应定额、费用标准等进行计算得出的。可见，为确定一个园林工程建设项目的总造价，应首先计算各单位工程造价，再计算各单项工程造价（通常称为综合概预算造价），然后汇总成总造价（又称总概预算造价）。显然，这个计价过程充分体现了分部组合计价的特点。

4. 计价方法的多样性

园林工程造价多次性计价有各不相同的计价依据，对造价的精确度要求也不相同，这就决定了计价方法的多样性。计算概、预算造价的方法有单价法和实物法等。计算投资估算的方法有设备系数法、生产能力指数估算法等。不同的方法利弊不同，适应条件也不同，计价时要根据具体情况加以选择。

5. 计价依据的复杂性

由于影响园林工程造价的因素多，计价依据复杂，种类繁多。主要可分为以下 7 类：

1）计算设备和工程量的依据：项目建议书、可行性研究报告和设计文件等。

2）计算人工、材料、机械等实物消耗量的依据：投资估算指标、概算定额、预算定额等。

3）计算园林工程单价的价格依据：人工单价、材料价格、材料运杂费和机械台班费等。

4）计算设备单价的依据：设备原价、设备运杂费和进口设备关税等。

5）计算措施费、间接费和园林工程建设其他费用的依据：主要是相关的费用定额和指标。

6）政府规定的税、费。

7）物价指数和工程造价指数。

相关知识

◆工程造价的作用

园林工程涉及国民经济建设各部门、各行业，涉及社会再生产中的各个环节，也直接关系到人民群众的生活和城镇居民的居住环境条件，所以它的作用和影响重大。其作用具体表现以下几个方面：

1. 工程造价是项目决策的依据

园林建设工程投资大、生产和使用周期长等特点决定了项目决策的重要性。园林工程造价决定着项目的一次投资费用。项目决策中要考虑的主要问题包括投资者是否有足够的财务能力支付这笔费用，是否认为值得支付这项费用。财务能力是一个独立的投资主体必须首先解决的问题。若园林建设工程的价格超过投资者的支付能力，会迫使他放弃拟建的项目；若项目投资的效果达不到预期目标，他也会自动放弃拟建的园林工程。因此，在项目决策阶段，园林建设工程造价就成了项目财务分析和经济评价的重要依据。

2. 工程造价是制订投资计划和控制投资的依据

工程造价在控制投资方面的作用非常明显。它是通过多次预估，最终通过竣工决算确定下来的。每一次预估的过程就是对造价的控制过程，而每一次估算对下一次估算又都是对造价严格的控制。具体来说，每一次估算均不能超过前一次估算的一定幅度。这种控制是在投资者财务能力限度内为取得既定的投资效益所必需的。园林工程造价对投资的控制也表现在利用制定各类定额、标准和参数，对园林工程造价的计算依据进行控制。在市场经济利益风险机制的作用下，造价对投资的控制作用成为投资的内部约束机制。

3. 工程造价是筹集建设资金的依据

投资体制的改革和市场经济的建立，要求项目的投资者必须有很强的筹资能力，以保证工程建设有充足的资金供应。园林工程造价基本决定了建设资金的需求量，从而为筹集资金提供了比较准确的依据。当建设资金来源于金融机构的贷款时，金融机构在对项目的偿贷能力进行评估的基础上，也需要依据工程造价来确定给予投资者的贷款数额。

4. 工程造价是评价投资效果的重要指标

工程造价是一个包含着多层次工程造价的体系，就一个园林工程项目来说，它既是园林建设项目的总造价，又包含单项工程的造价和单位工程的造价，同时也包含单位生产能力的造价，或 $1m^2$ 建筑面积的造价等。这些内容，使工程造价自身形成了一个指标体系。它能够为评价投资效果提供多种评价指标，并能够形成新的价格信息，为今后类似项目的投资提供参考。

5. 工程造价是合理进行利益分配和调节产业结构的手段

工程造价的高低，涉及国民经济各部门和企业间的利益分配的多少。在市场经济中，园林工程造价均受供求状况的影响，并在围绕价值的波动中实现对建设规模、产业结构和利益分配的调节。加上政府正确的宏观调控和价格政策导向，园林工程造价可以充分发挥这方面的作用。

第二节　工程造价的分类

要点

本节主要介绍园林工程造价按照用途及计价方法分类后的具体内容。

解释

◆按用途分类

园林工程造价按用途分为标底价格、投标价格、中标价格、直接发包价格、合同价格和竣工结算价格。

1. 标底价格

它是招标人的期望价格，不是交易价格。招标人以此作为衡量投标人投标价格的一个尺度，也是招标人的一种控制投资的手段。

编制标底价格可由招标人自行操作，也可委托招标代理机构操作，由招标人作出决策。

2. 投标价格

投标人为了得到园林工程施工承包的资格，按照招标人在招标文件中的要求进行估价，然后依据投标策略确定投标价格，以争取中标并且通过园林工程实施取得经济效益。所以投标报价是卖方的要价，若中标，这个价格就是合同谈判和签订合同确定园林工程价格的基础。

若设有标底，投标报价时要研究招标文件中评标时如何使用标底。

1）以靠近标底者得分最高，这时报价就无须追求最低标价。

2）标底价只作为招标人的期望，但是仍要求低价中标，这时，投标人就要努力采取措施，既使标价最具竞争力（最低价），又使报价不低于成本，即能获得理想的利润。由于“既能中标，又能获利”是投标报价的原则，故投标人的报价必须以雄厚的技术和管理实力做后盾，编制出既有竞争力又能盈利的投标报价。

3. 中标价格

《招标投标法》第 40 条规定：“评标委员会应当按照招标文件确定的评标标准和方法，对投标文件进行评审和比较；设有标底的，应当参考标底。”所以评标的依据一是招标文件，二是标底（设有标底时）。

《招标投标法》第 41 条规定，中标人的投标应符合下列两个条件之一。一是“能最大限度地满足招标文件中规定的各项综合评价标准”；二是“能够满足招标文件的实质性要求，并且经评审的投标价格最低，但是投标价低于成本的除外”。第二项条件主要是说的投标报价。

4. 直接发包价格

它是由发包人与指定的承包人直接接触，通过谈判达成协议签订施工合同，而不需要像招标承包定价方式那样通过竞争定价。直接发包方式计价只适用于不宜进行招标的工程，例如军事工程、保密技术工程、专利技术工程及发包人认为不宜招标而又不违反《招标投标法》第 3 条（招标范围）规定的其他工程。

直接发包方式计价首先提出协商价格意见的可能是发包人或其委托的中介机构，也可能是承包人提出价格意见交发包人或其委托的中介组织进行审核。无论由哪一方提出协商价格意见，都要通过谈判协商，签订承包合同，确定为合同价。

直接发包价格是以审定的施工图预算为基础，由发包人与承包人商定增减价的方式定价。

5. 合同价格

《建设工程施工发包与承包计价管理办法》第12条规定："合同价可采用以下方式：（一）固定价。合同总价或者单价在合同约定的风险范围内不可调整。（二）可调价。合同总价或者单价在合同实施期内，根据合同约定的办法调整。（三）成本加酬金。"

1）固定合同价。它可分为固定合同总价和固定合同单价两种。

① 固定合同总价。它是指承包整个园林工程的合同价款总额已经确定，在工程实施中不再因物价上涨而变化，所以，固定合同总价应考虑价格风险因素，也需在合同中明确规定合同总价包括的范围。这类合同价可以使发包人对园林工程总开支做到大体心中有数，在施工过程中可以更有效地控制资金的使用。但是对承包人来说，要承担较大的风险，例如物价波动、气候条件恶劣、地质地基条件及其他意外困难等，所以合同价款一般会高些。

② 固定合同单价。它是指合同中确定的各项单价在园林工程实施期间不因价格变化而调整，而在每月（或每阶段）工程结算时，根据实际完成的工程量结算，在园林工程全部完成时以竣工图的工程量最终结算工程总价款。

2）可调合同价。它可以分为可调总价和可调单价两种。

① 可调总价。合同中确定的园林工程合同总价在实施期间可随价格变化而调整。发包人和承包人在商订合同时，以招标文件的要求及当时的物价计算出合同总价。若在执行合同期间，由于通货膨胀引起成本增加达到某一限度时，合同总价则作相应调整。可调合同价使发包人承担了通货膨胀的风险，承包人则承担其他风险。一般适合于工期较长（例如1年以上）的园林工程项目。

② 可调单价。合同单价可调，通常在园林工程招标文件中规定。在合同中签订的单价，根据合同约定的条款，若在园林工程实施过程中物价发生变化，可作调整。有的园林工程在招标或签约时，因某些不确定因素而在合同中暂定某些分部分项工程的单价，在工程结算时，再根据实际情况和合同约定对合同单价进行调整，确定实际结算单价。

关于可调价格的调整方法，常用的有以下几种。

a. 按主材计算价差。发包人在招标文件中列出需要调整价差的主要材料表及其基期价格（一般采用当时当地工程造价管理机构公布的信息价或结算价），工程竣工结算时按竣工当时当地工程造价管理机构公布的材料信息价或结算价，与招标文件中列出的基期价比较计算材料差价。

b. 主料按抽料法计算价差，其他材料按系数计算价差。主要材料按园林工程施工图预算计算的用量和竣工当月当地工程造价管理机构公布的材料结算价或信息价与基价对比计算差价，其他材料按当地工程造价管理机构公布的竣工调价系数及调价计算方法计算差价。

c. 按工程造价管理机构公布的竣工调价系数及调价计算方法计算差价。

此外，还有调值公式法和实际价格结算法。

调值公式一般包括固定部分、材料部分和人工部分三项。当园林工程规模和复杂性增大时，公式也会变得复杂。调值公式如下。

$$P=P_0\left(a_0+a_1\frac{A}{A_0}+a_2\frac{B}{B_0}+a_3\frac{C}{C_0}+\cdots\right) \tag{1-1}$$

式中 P——调值后的工程价格；

P_0——合同价款中工程预算进度款；

a_0——固定要素的费用在合同总价中所占比重，这部分费用在合同支付中不能调整；

a_1、a_2、$a_3\cdots$——代表有关各项变动要素的费用(例如人工费、钢材费用、水泥费用、运输费用等)在合同总价中所占比重，$a_0+a_1+a_2+a_3+\cdots=1$；

A_0、B_0、$C_0\cdots$——签订合同时与a_1、a_2、$a_3\cdots$对应的各种费用的基期价格指数或价格；

A、B、$C\cdots$——在工程结算月份与a_1、a_2、$a_3\cdots$对应的各种费用的现行价格指数或价格。

各部分费用在合同总价中所占比重在许多标书中要求承包人在投标时提出，并在价格分析中予以论证。也有的由发包人在招标文件中规定一个允许范围，由投标人在此范围内选定。

实际价格结算法。有些地区规定对钢材、木材、水泥三大材料的价格按实际价格结算的方法，园林工程承包人可凭发票按实报销。虽然此法操作方便，但是容易导致承包人忽视降低成本。为避免此种情形发生，地方建设主管部门要定期公布最高结算限价，同时合同文件中应规定发包人有权要求承包人选择更廉价的供应来源。

采用哪种方法，应按工程价格管理机构的规定，经双方协商后在合同的专用条款中约定。

3) 成本加酬金确定的合同价。合同中确定的园林工程合同价，其工程成本部分按现行计价依据计算，酬金部分则按工程成本乘以通过竞争确定的费率计算，将两者相加，确定出合同价。一般分为以下几种形式。

① 成本加固定百分比酬金确定的合同价。这种合同价是发包人对承包人支付的人工、材料和施工机械使用费、措施费、施工管理费等按实际直接成本全部据实补偿，同时按照实际直接成本的固定百分比付给承包人一笔酬金，作为承

包方的利润。其计算方法如下。

$$C=C_a(1+P) \tag{1-2}$$

式中　C——总造价；

C_a——实际发生的工程成本；

P——固定的百分数。

从算式中可以看出，总造价 C 将随工程成本 C_a 而水涨船高，不能鼓励承包商关心缩短工期和降低成本，因为这对建设单位是不利的。所以，目前很少采用这种方式。

② 成本加固定酬金确定的合同价。工程成本实报实销，但是酬金是事先商定的一个固定数目。计算公式如下。

$$C=C_a+F \tag{1-3}$$

式中 F 代表酬金，通常按估算的工程成本的一定百分比确定，数额是固定不变的。这种承包方式虽然不能鼓励承包商关心降低成本，但是从尽快取得酬金出发，承包商将会关心缩短工期。为了鼓励承包单位更好地工作，也有在固定酬金之外，再根据工程质量、工期和降低成本情况另加奖金的。奖金所占比例的上限可大于固定酬金，以充分发挥奖励的积极作用。

③ 成本加浮动酬金确定的合同价。这种承包方式要事先商定工程成本和酬金的预期水平。若实际成本恰好等于预期水平，工程造价就是成本加固定酬金；若实际成本低于预期水平，则增加酬金；若实际成本高于预期水平，则减少酬金。这三种情况可用算式表示如下：

$$C_a=C_0\text{，则 } C=C_a+F$$

$$C_a<C_0\text{，则 } C=C_a+F+\Delta F$$

$$C_a>C_0\text{，则 } C=C_a+F-\Delta F \tag{1-4}$$

式中　C_0——预期成本；

ΔF——酬金增减部分，可以是一个百分数，也可以是一个固定的绝对数。

采用这种承包方式，当实际成本超支而减少酬金时，以原定的固定酬金数额为减少的最高限度。也就是在最坏的情况下，承包人将得不到任何酬金，但是不必承担赔偿超支的责任。

从理论上讲，这种承包方式既对承发包双方都没有太多风险，又能促使承包商关心降低成本和缩短工期。但是，在实践中准确地估算预期成本比较困难，所以要求当事双方具有丰富的经验并掌握充分的信息。

④ 目标成本加奖罚确定的合同价。在仅有园林工程初步设计和工程说明

书即迫切要求开工的情况下，可根据粗略估算的工程量和适当的单价表编制概算作为目标成本；随着详细设计逐步具体化，工程量和目标成本可加以调整，另外规定一个百分数作为酬金；最后结算时，若实际成本高于目标成本并超过事先商定的界限(例如5%)，则减少酬金，若实际成本低于目标成本(也有一个幅度界限)，则给加酬金。计算公式如下所示。

$$C=C_a+P_1C_0+P_2(C_0-C_a) \tag{1-5}$$

式中 C_0——目标成本；

P_1——基本酬金百分数；

P_2——奖罚百分数。

此外，还可另加工期奖罚。

这种承包方式可以促使承包商关心降低成本和缩短工期，而且目标成本是随设计的进展而加以调整才确定下来的，故建设单位和承包商双方都不会承担多大风险，这是其可取之处。当然也要求承包商和建设单位的代表都必须具有比较丰富的经验和充分的信息。

在园林工程实践中，采用哪一种合同计价方式，是采用固定价方式还是可调价方式，应根据园林建设工程的特点，业主对筹建工作的设想，对工程费用、工期和质量的要求等，综合考虑后进行确定。

◆按计价方法分类

园林工程造价按计价方法可分为估算造价、概算造价和施工图预算造价等。

相关知识

◆工程造价的职能

园林工程造价的职能除一般商品价格职能以外，还有自己特殊的职能。

1. 预测职能

园林工程造价的大额性和多变性，无论是投资者或是承包商都要对拟建的园林工程进行预先测算。投资者预先测算园林工程造价不仅是项目决策依据，同时也是筹集资金、控制造价的依据。承包商对园林工程造价的测算，既为投标决策提供依据，也为投标报价和成本管理提供依据。

2. 控制职能

园林工程造价的控制职能表现在两方面：一方面是它对投资的控制，即在投资的各个阶段，根据对造价的多次性预估，对造价进行全过程、多层次的控制；另一方面，是对以承包商为代表的商品和劳务供应企业的成本控制。在价格一定的条件下，企业实际成本开支决定企业的盈利水平。成本越高，盈利越低。成本高于价格，就会危及企业的生存。所以，企业要以园林工程造价来控制成本，利用园林工程造价提供的信息资料作为控制成本的依据。

3. 评价职能

园林工程造价是评价总投资和分项投资合理性和投资效益的主要依据之一。评价土地价格、建筑安装产品和设备价格的合理性时，就必须利用园林工程造价资料；在评价建设项目偿贷能力、获利能力和宏观效益时，也要依据园林工程造价。园林工程造价也是评价建筑安装企业管理水平和经营成果的重要依据。

4. 调节职能

园林工程建设直接关系到经济增长，也直接关系到国家重要资源分配和资金流向，对国计民生都产生重大影响。所以，国家对建设规模、结构进行宏观调节是在任何条件下都不可缺少的，对政府投资项目进行直接调控和管理也是非常必要的。这些都要通过园林工程造价来对园林工程建设中的物质消耗水平、建设规模、投资方向等进行调节。

园林工程造价职能实现的条件，最主要的是市场竞争机制的形成。在现代市场经济中，要求市场主体要有自身独立的经济利益，并能根据市场信息（特别是价格信息）和利益取向来决定其经济行为。无论是购买者还是出售者，在市场上都处于平等竞争的地位，他们都不可能单独地影响市场价格，更没有能力单方面决定价格。作为买方的投资者和作为卖方的园林工程施工企业，以及其他商品和劳务的提供者，是在市场竞争中根据价格变动，根据自己对市场走向的判断来调节自己的经济活动。也只有在这种条件下，价格才能实现它的基本职能和其他各项职能。因此，建立和完善市场机制，创造平等竞争的环境，是十分迫切而重要的任务。具体来说，投资者和园林工程施工企业等商品和劳务的提供者首先要使自己真正成为具有独立经济利益的市场主体，能够了解并适应市场信息的变化，能够做出正确的判断和决策。其次，要给园林工程施工企业创造出平等竞争的条件，使不同类型、不同所有制、不同规模、不同地区的企业，在同一项园林工程的投标竞争中处于同样平等的地位。为此，就要规范建设市场和规范市场主体的经济行为。最后，要建立完善的、灵敏的价格信息系统。

第三节　工程造价的构成

要点

我国现行工程造价主要划分为设备及工具、器具购置费用，建筑安装工程费用，工程建设其他费用，预备费及建设期利息等几项。具体构成内容如图 1-1 所示。

- 建设项目总投资
  - 固定资产投资——工程造价
    - 建设投资
      - 工程费用
        - 设备及工器具购置费
        - 建筑安装工程费
          - 直接费
          - 间接费
          - 利润
          - 税金
      - 工程建设其他费用
        - 固定资产其他费用
        - 无形资产费用
        - 其他资产费用
      - 预备费
        - 基本预备费
        - 涨价预备费
    - 建设期利息
  - 流动资产投资——流动资金

图 1-1　我国现行工程造价的构成

解释

◆设备及工具、器具购置费

1. 设备购置费的构成及计算

设备购置费是指为建设项目购置或自制的达到固定资产标准的各种国产或进口设备、工具、器具的购置费用。它是由设备原价和设备运杂费构成。

$$设备购置费=设备原价+设备运杂费 \tag{1-6}$$

上式中，设备原价是指国产设备或进口设备的原价；设备运杂费是指除设备原价之外的关于设备采购、运输、途中包装及仓库保管等方面支出费用的总和。

(1) 国产设备原价的构成及计算

国产设备原价通常是指设备制造厂的交货价或订货合同价。它通常根据生产厂或供应商的询价、报价、合同价确定，或采用一定的方法计算确定。国产设备原价包括国产标准设备原价和国产非标准设备原价。

1) 国产标准设备原价。国产标准设备是指按照主管部门颁布的标准图纸及技术要求，由我国设备生产厂批量生产的、符合国家质量检测标准的设备。国产标准设备原价有两种，即带有备件的原价和不带备件的原价。在计算时，通常采用带有备件的原价。国产标准设备一般有完善的设备交易市场，所以可通过查询相关交易市场价格或向设备生产厂家询价得到国产标准设备原价。

2) 国产非标准设备原价。国产非标准设备是指国家尚无定型标准，各设备生产厂不能在工艺过程中采用批量生产，只能按订货要求并根据具体的设计图纸制造的设备。非标准设备因为单件生产、无定型标准，所以无法获取市场交易价格，只能按其成本构成或者相关技术参数估算其价格。非标准设备原价有多种不同的计算方法，例如成本计算估价法、系列设备插入估价法、分部组合估价法、定额估价法等。无论采用哪种方法都应该使非标准设备计价接近实际出厂价，并且计算方法要简单方便。成本计算估价法是估算非标准设备原价的一种比较常用的方法。按成本计算估价法，非标准设备的原价由以下各项组成：

① 材料费。其计算公式如下：

材料费＝材料净重×(1＋加工损耗系数)×每吨材料综合价　(1-7)

② 加工费。加工费包括生产工人工资和工资附加费、燃料动力费、设备折旧费、车间经费等。其计算公式如下：

加工费＝设备总重量(t)×设备每吨加工费　(1-8)

③ 辅助材料费(简称辅材费)。辅助材料费包括焊条、焊丝、氧气、氩气、氮气、油漆、电石等费用。其计算公式如下：

辅助材料费＝设备总重量×辅助材料费指标　(1-9)

④ 专用工具费。按①～③项之和乘以一定百分比计算。

⑤ 废品损失费。按①～④项之和乘以一定百分比计算。

⑥ 外购配套件费。按设备设计图纸所列的外购配套件的名称、型号、规格、数量、重量，根据相应的价格加运杂费计算。

⑦ 包装费。按以上①～⑥项之和乘以一定百分比计算。

⑧ 利润。按①～⑤项加第⑦项之和乘以一定利润率计算。

⑨ 税金，主要指增值税，计算公式为：

增值税＝当期销项税额－进项税额　(1-10)

当期销项税额＝销售额×适用增值税率(%)　(1-11)

式中，销售额为①～⑧项之和。

⑩ 非标准设备设计费。按国家规定的设计费收费标准计算。

综上所述，单台非标准设备原价可用下面的公式表达：

单台非标准设备原价＝{[(材料费＋加工费＋辅助材料费)×(1＋专用工具费率)×(1＋废品损失费率)＋外购配套件费]×(1＋包装费率)－外购配套件费}×(1＋利润率)＋销项税额＋非标准设备设计费＋外购配套件费　(1-12)

(2) 进口设备原价的构成及计算

进口设备的原价是指进口设备的抵岸价，一般是由进口设备到岸价(CIF)及进口从属费构成。进口设备的到岸价，即抵达买方边境港口或者边境车站的价格。在国际贸易中，交易双方所使用的交货类别不同，则交易价格的构成内容也有所不同。进口从属费用包括银行财务费、外贸手续费、进口关税、消费税、进口环节增值税等，进口车辆还需缴纳车辆购置税。

1) 进口设备到岸价的构成及计算。

进口设备到岸价格(CIF)＝离岸价格(FOB)＋国际运费＋运输保险费

＝运费在内价(CFR)＋运输保险费　(1-13)

① 货价。货价一般是指装运港船上交货价(FOB)。设备货价分为原币货价和人民币货价,原币货价一律折算成美元表示,人民币货价按原币货价乘以外汇市场美元兑换人民币汇率中间价来确定。进口设备货价按有关生产厂商询价、报价、订货合同价计算。

② 国际运费。国际运费即从装运港(站)到达我国目的港(站)的运费。我国进口设备大部分采用海洋运输,小部分采用铁路运输,个别采用航空运输。进口设备国际运费计算公式为:

$$国际运费(海、陆、空)=原币货价(FOB)\times运费率(\%) \tag{1-14}$$

$$国际运费(海、陆、空)=单位运价\times运量 \tag{1-15}$$

其中,运费率或单位运价按照有关部门或进出口公司的规定执行。

③ 运输保险费。对外贸易货物运输保险是由保险人(保险公司)与被保险人(出口人或进口人)订立保险契约,在被保险人交付一定的保险费后,保险人根据保险契约的规定对货物在运输过程中发生的承保责任范围内的损失给予经济上的补偿。这是一种财产保险。计算公式为:

$$运输保险费=\frac{原币货价(FOB)+国外运费}{1-保险费率(\%)}\times保险费率(\%) \tag{1-16}$$

其中,保险费率按照保险公司规定的进口货物保险费率计算。

2) 进口从属费的构成及计算。

$$进口从属费=银行财务费+外贸手续费+关税+消费税+进口环节增值税+车辆购置税 \tag{1-17}$$

① 银行财务费。银行财务费一般是指在国际贸易结算中,中国银行为进出口商提供金融结算服务所收取的费用,可按下式简化计算:

$$银行财务费=离岸价格(FOB)\times人民币外汇汇率\times银行财务费率 \tag{1-18}$$

② 外贸手续费。外贸手续费指按对外经济贸易部规定的外贸手续费率计取的费用,外贸手续费率一般取1.5%。计算公式为:

$$外贸手续费=到岸价格(CIF)\times人民币外汇汇率\times外贸手续费率 \tag{1-19}$$

③ 关税。关税是指由海关对进出国境或关境的货物和物品征收的一种税。计算公式为:

$$关税=到岸价格(CIF)\times人民币外汇汇率\times进口关税税率 \tag{1-20}$$

到岸价格作为关税的计征基数时,通常又可称为关税完税价格。进口关税税率分为优惠和普通两种。优惠税率适用于和我国签订关税互惠条款的贸易条约或协定的国家的进口设备;普通税率适用于和我国未签订关税互惠条款的贸易条约或协定的国家的进口设备。进口关税税率按照我国海关总署发布的进口关税税率计算。

④ 消费税。消费税仅对部分进口设备（如轿车、摩托车等）征收，一般计算公式为：

$$应纳消费税税额=\frac{到岸价格(CIF)\times 人民币外汇汇率+关税}{1-消耗税税率(\%)}\times 消费税税率(\%) \tag{1-21}$$

其中，消费税税率根据规定的税率计算。

⑤ 进口环节增值税。进口环节增值税是对从事进口贸易的单位和个人，在进口商品报关进口后征收的税种。我国增值税条例规定，进口应税产品均按组成计税价格和增值税税率直接计算应纳税额。即：

$$进口环节增值税额=组成计税价格\times 增值税税率(\%) \tag{1-22}$$

$$组成计税价格=关税完税价格+关税+消费税 \tag{1-23}$$

增值税税率根据规定的税率计算。

⑥ 车辆购置税。进口车辆需缴进口车辆购置税。其公式如下：

$$进口车辆购置税=(关税完税价格+关税+消费税)\times 车辆购置税率(\%) \tag{1-24}$$

(3) 设备运杂费的构成及计算

1) 设备运杂费的构成。

① 运费和装卸费。国产设备由设备制造厂交货地点起至工地仓库（或施工组织设计指定的需要安装设备的堆放地点）止所发生的运费和装卸费；进口设备则由我国到岸港口或边境车站起至工地仓库（或施工组织设计指定的需安装设备的堆放地点）止所发生的运费和装卸费。

② 包装费。在设备原价中没有包含的，为运输而进行的包装支出的各种费用。

③ 设备供销部门的手续费。按有关部门规定的统一费率计算。

④ 采购与仓库保管费。采购与仓库保管费是指采购、验收、保管和收发设备所发生的各种费用，包括设备采购人员、保管人员和管理人员的工资、工资附加费、办公费、差旅交通费，设备供应部门办公和仓库所占固定资产使用费、工具用具使用费、劳动保护费、检验试验费等。这些费用可按照主管部门规定的采购与保管费费率计算。

2) 设备运杂费的计算。设备运杂费按设备原价乘以设备运杂费率计算，其公式为：

$$设备运杂费=设备原价\times 设备运杂费率(\%) \tag{1-25}$$

其中，设备运杂费率按照各部门及省、市有关规定计取。

2. 工具、器具及生产家具购置费的构成及计算

工具、器具及生产家具购置费是指新建或扩建项目初步设计规定的，保证初

期正常生产必须购置的没有达到固定资产标准的设备、仪器、工卡模具、器具、生产家具和备品备件等的购置费用。通常以设备购置费为计算基数，按照部门或行业规定的工具、器具及生产家具费率计算。计算公式为：

$$\text{工具、器具及生产家具购置费}=\text{设备购置费}\times\text{定额费率} \tag{1-26}$$

◆建筑安装工程费

我国建筑安装工程费用项目主要由四部分组成：直接费、间接费、利润及税金。其具体构成如图 1-2 所示。

- 建筑安装工程费
  - 直接费
    - 直接工程费
    - 措施费
  - 间接费
    - 规费
    - 企业管理费
  - 利润
  - 税金

图 1-2　建筑安装工程费用组成

1. 直接费

建筑安装工程直接费由直接工程费和措施费组成。

(1) 直接工程费

直接工程费是指施工过程中耗费的直接构成工程实体的各项费用，包括人工费、材料费、施工机械使用费。

1) 人工费。建筑安装工程费中的人工费，是指直接从事建筑安装工程施工作业的生产工人开支的各项费用。构成人工费的基本要素有两个，即人工工日消耗量和人工日工资单价。

① 人工工日消耗量是指在正常施工生产条件下，建筑安装产品(分部分项工程或结构构件)必须消耗的某种技术等级的人工工日数量。它是由分项工程所综合的各个工序施工劳动定额包括的基本用工、其他用工两部分构成。

② 相应等级的日工资单价包括生产工人基本工资、工资性补贴、生产工人辅助工资、职工福利费及生产工人劳动保护费。

人工费的基本计算公式为：

$$\text{人工费}=\sum(\text{人工工日消耗量}\times\text{日工资单价}) \tag{1-27}$$

2) 材料费。建筑安装工程费中的材料费是指施工过程中耗费的构成工程实体的原材料、辅助材料、构配件、零件、半成品的费用。构成材料费的基本要素包括材料消耗量、材料基价和检验试验费。

① 材料消耗量。材料消耗量是指在合理和节约使用材料的条件下，生产单位假定建筑安装产品(分部分项工程或结构构件)必须消耗的一定品种规格的原材料、辅助材料、构配件、零件、半成品等的数量标准。它包括材料净用量和材料不可避免的损耗量。

② 材料基价。材料基价是指材料在购买、运输、保管过程中形成的价格，其内容包括材料原价(或供应价格)、材料运杂费、运输损耗费、采购及保管费等。

③ 检验试验费。检验试验费是指对建筑材料、构件和建筑安装物进行一般鉴定、检查所发生的费用，包括自设试验室进行试验所耗用的材料和化学药品等

费用。不包括新结构、新材料的试验费和建设单位对具有出厂合格证明的材料进行检验，对构件做破坏性试验及其他特殊要求检验试验的费用。

材料费的基本计算公式为：

$$材料费=\sum（材料消耗量\times材料基价）+检验试验费 \quad (1\text{-}28)$$

3）施工机械使用费。建筑安装工程费中的施工机械使用费，是指施工机械作业所发生的机械使用费以及机械安拆费和场外运费。构成施工机械使用费的基本要素是施工机械台班消耗量和机械台班单价。

① 施工机械台班消耗量。施工机械台班消耗是指在正常施工条件下，生产单位假定建筑安装产品（分部分项工程或结构构件）必须消耗的某类某种型号施工机械的台班数量。

② 机械台班单价。机械台班单价的内容包括台班折旧费、台班大修理费、台班经常修理费、台班安拆费及场外运输费、台班人工费、台班燃料动力费、台班养路费及车船使用税。

施工机械使用费的基本计算公式为：

$$施工机械使用费=\sum（施工机械台班消耗量\times机械台班单价） \quad (1\text{-}29)$$

（2）措施费.

措施费是指实际施工中必须发生的施工准备和施工过程中技术、生活、安全、环境保护等方面的非工程实体项目的费用。所谓非实体性项目，是指其费用的发生和金额的大小与使用时间、施工方法或者两个以上工序相关，并且不形成最终的实体工程，例如大型机械设备进出场及安拆、文明施工和安全防护、临时设施等。措施费项目的构成需考虑多种因素，除工程本身的因素外，还涉及水文、气象、环境、安全等因素。综合《建筑安装工程费用项目组成》《建设工程工程量清单计价规范》(GB 50500—2008)以及《建筑工程安全防护、文明施工措施费用及使用管理规定》（建办[2005]89 号）的规定，措施项目费可以归纳为以下几项：

1）安全防护、文明施工措施费。安全防护、文明施工措施费用，是指按照国家现行的建筑施工安全、施工现场环境与卫生标准和有关规定，购置和更新施工安全防护用具及设施、改善安全生产条件和作业环境所需要的费用。

建筑工程安全防护、文明施工措施费用是由《建筑安装工程费用项目组成》中措施费所含的环境保护费、文明施工费、安全施工费、临时设施费组成。

① 环境保护费。环境保护费的计算方法如下：

$$环境保护费=直接工程费\times环境保护费费率(\%) \quad (1\text{-}30)$$

$$环境保护费费率(\%)=\frac{本项费用年度平均支出}{全年建安产值\times直接工程费占总造价比例(\%)} \quad (1\text{-}31)$$

② 文明施工费。文明施工费的计算方法如下：

$$文明施工费=直接工程费\times文明施工费费率(\%) \tag{1-32}$$

$$文明施工费费率(\%)=\frac{本项费用年度平均支出}{全年建安产值\times直接工程费占总造价比例(\%)} \tag{1-33}$$

③ 安全施工费。安全施工费的计算方法如下：

$$安全施工费=直接工程费\times安全施工费费率(\%) \tag{1-34}$$

$$安全施工费费率(\%)=\frac{本项费用年度平均支出}{全年建安产值\times直接工程费占总造价比例(\%)} \tag{1-35}$$

④ 临时设施费。临时设施费的构成包括周转使用临建费、一次性使用临建费及其他临时设施费。其计算公式为：

$$临时设施费=(周转使用临建费+一次性使用临建费)\times[1+其他临时设施所占比例(\%)] \tag{1-36}$$

a. 周转使用临建费的计算。

$$周转使用临建费=\sum\left[\frac{临建面积\times每平方米造价}{使用年限\times365\times利用率(\%)}\times工期(d)\right]+一次性拆除费 \tag{1-37}$$

b. 一次性使用临建费的计算。

$$一次性使用临建费=\sum\{临建面积\times每平方米造价\times[1-残值率(\%)]\}+一次性拆除费 \tag{1-38}$$

c. 其他临时设施在临时设施费中所占比例，可由各地区造价管理部门依据典型施工企业的成本资料经分析后综合测定。

2）夜间施工增加费。夜间施工增加费是指因夜间施工所发生的夜班补助费、夜间施工降效、夜间施工照明设备摊销及照明用电等费用。计算方法如下：

$$夜间施工增加费=\left(1-\frac{合同工期}{定额工期}\right)\times\frac{直接工程费中的人工费合计}{平均日工资单价}\times每工日夜间施工费开支 \tag{1-39}$$

3）二次搬运费。二次搬运费是指因施工场地狭小等特殊情况而发生的二次搬运费用。计算方法如下：

$$二次搬运费=直接工程费\times二次搬运费费率(\%) \tag{1-40}$$

$$二次搬运费费率=\frac{年平均二次搬运费开支额}{全年建安产值\times直接工程费占总造价比例(\%)} \tag{1-41}$$

4）冬雨期施工增加费。冬雨期施工费是指在冬季、雨季施工期间，为了确保工程质量，采取保温、防雨措施所增加的材料费、人工费和设施费用，以及因工效和机械作业效率降低所增加的费用。其计算方法如下：

$$冬雨期施工增加费=直接工程费\times冬雨期施工增加费费率(\%) \tag{1-42}$$

$$冬雨期施工增加费费率(\%)=\frac{年平均冬雨期施工增加费开支额}{全年建安产值\times直接工程费占总造价的比例(\%)} \tag{1-43}$$

5）大型机械设备进出场及安拆费。大型机械设备进出场及安拆费是指机械整体或分体自停放场地运至施工现场或由一个施工地点运至另一个施工地点，所发生的机械进出场运输及转移费用，及机械在施工现场进行安装、拆卸所需的人工费、材料费、机械费、试运转费和安装所需的辅助设施的费用。其计算方法如下：

$$大型机械进出场及安拆费=\frac{一次进出场及安拆费\times年平均安拆次数}{年工作台数} \tag{1-44}$$

6）混凝土、钢筋混凝土模板及支架费。混凝土、钢筋混凝土模板及支架费是指混凝土施工过程中需要的各种钢模板、木模板、支架等的支、拆、运输费用及模板、支架的摊销（或租赁）费用。

模板及支架分为自有和租赁两种，采取不同的计算方法。

① 自有模板及支架费的计算。

$$模板及支架费=模板摊销量\times模板价格+支、拆、运输费 \tag{1-45}$$

$$摊销量=一次使用量\times(1+施工损耗)\times\left[\frac{1+(周转次数-1)\times被损率}{周转次数}-\frac{(1-补损率)\times50\%}{周转次数}\right] \tag{1-46}$$

② 租赁模板及支架费的计算。

$$租赁费=模板使用量\times使用日期\times租赁价格+支、拆、运输费 \tag{1-47}$$

7）脚手架费。脚手架费是指施工需要的各种脚手架搭、拆、运输费用及脚手架的摊销（或租赁）费用。脚手架同样分为自有和租赁两种，采取不同的计算方法。

① 自有脚手架费的计算。

$$脚手架搭拆费=脚手架摊销量\times脚手架价格+搭、拆、运输费 \tag{1-48}$$

$$脚手架摊销量=\frac{单位一次使用量\times(1-残值率)}{耐用期/一次使用量} \tag{1-49}$$

② 租赁脚手架费的计算。

$$租赁费=脚手架每日租金\times搭设周期+搭、拆、运输费 \tag{1-50}$$

8）已完成工程及设备保护费。已完工程及设备保护费是指竣工验收前，对已完工程及设备进行保护所需费用。计算方法如下：

$$已完工程及设备保护费=成品保护所需机械费+材料费+人工费 \tag{1-51}$$

9）施工排水、降水费。

① 施工排水费是指为确保工程在正常条件下施工，采取各种排水措施所发生的各种费用。计算方法如下：

$$施工排水费=\sum 排水机械台班费\times排水周期+排水使用材料费、人工费 \tag{1-52}$$

② 施工降水费是指为确保工程在正常条件下施工，采取各种降水措施所发生的各种费用。计算方法如下：

$$施工降水费=\sum 降水机械台班费\times降水周期+降水使用材料费、人工费 \tag{1-53}$$

2. 间接费

建筑安装工程间接费是指虽不是直接由施工的工艺过程所引起的，但与工程的总体条件有关的，建筑安装企业为组织施工和进行经营管理，以及间接为建筑安装生产服务的各项费用。

（1）间接费的组成

按现行规定，建筑安装工程间接费由规费和企业管理费组成。

1）规费。规费是指政府和有关权力部门规定必须缴纳的费用。主要包括以下内容：

① 工程排污费：施工现场按规定缴纳的用于工程排污所需的费用。

② 社会保障费：包括养老保险费、失业保险费、医疗保险费。

③ 住房公积金：企业按规定标准为职工缴纳的住房公积金。

④ 危险作业意外伤害保险：按照建筑法规定，企业为从事危险作业的建筑安装施工人员支付的意外伤害保险费。

2）企业管理费。企业管理费是指建筑安装企业组织施工生产和经营管理所需费用，包括：

① 管理人员工资：管理人员的基本工资、工资性补贴、职工福利费、劳动保护费等。

② 办公费：企业管理办公用的文具、纸张、账表、印刷、邮电、书报、会议、水电、烧水和集体取暖（包括现场临时宿舍取暖）用煤等费用。

③ 差旅交通费：职工因公出差、调动工作的差旅费、住勤补助费，市内交通费和误餐补助费，职工探亲路费，劳动力招募费，职工离退休、退职一次性路费，工伤人员就医路费，工地转移费以及管理部门使用的交通工具的油料、燃料、养路费及牌照费。

④ 固定资产使用费：管理和试验部门及附属生产单位使用的属于固定资产的房屋、设备仪器等的折旧、大修、维修或租赁费。

⑤ 工具用具使用费：企业管理过程中使用的不属于固定资产的生产工具、器具、家具、交通工具和检验、试验、测绘、消防用具等的购置、维修和摊销费。

⑥ 劳动保险费：由企业支付离退休职工的易地安家补助费、职工退职金、6个月以上的病假人员工资、职工死亡丧葬补助费、抚恤费、按规定支付给离休干部的各项经费。

⑦ 工会经费：企业按职工工资总额计提的工会经费。

⑧ 职工教育经费：企业为职工学习先进技术和提高文化水平，按职工工资总额计提的费用。

⑨ 财产保险费：施工管理用财产、车辆保险。

⑩ 财务费：企业为筹集资金而发生的各种费用。

⑪ 税金：企业按规定缴纳的房产税、车船使用税、土地使用税、印花税等。

⑫ 其他：包括技术转让费、技术开发费、业务招待费、绿化费、广告费、公证费、法律顾问费、审计费、咨询费等。

(2) 间接费的计算方法

$$间接费=取费基数\times间接费费率 \tag{1-54}$$

间接费的取费基数有三种，分别是：以直接费为计算基础，以人工费和机械费合计为计算基础，以及以人工费为计算基础。

$$间接费费率(\%)=规费费率(\%)+企业管理费费率(\%) \tag{1-55}$$

在不同的取费基数下，规费费率和企业管理费费率计算方法也不相同。

1) 以直接费为计算基础。

① 规费费率

$$规费费率(\%)=\frac{\sum 规费缴纳标准\times每万元发承包价计算基数}{每万元发承包价中的人工费含量}\times 人工费占直接费的比例(\%) \tag{1-56}$$

② 企业管理费费率

$$企业管理费费率(\%)=\frac{生产工人年平均管理费}{年有效施工天数\times人工单价}\times人工费占直接费比例(\%) \tag{1-57}$$

2) 以人工费和机械费合计为计算基础。

① 规费费率

$$规费费率(\%)=\frac{\sum 规费缴纳标准\times每万元发承包价计算基数}{每万元发承包价中的人工费含量和机械费含量}\times 100\% \tag{1-58}$$

② 企业管理费费率

$$企业管理费费率(\%)=\frac{生产工人年平均管理费}{年有效施工天数\times(人工单价+每一工日机械使用费)}\times 100\%$$

(1-59)

3) 以人工费为计算基础

① 规费费率。

$$规费费率(\%)=\frac{\sum 规费缴纳标准\times 每万元发承包价计算基数}{每万元发承包价中的人工费含量和机械费含量}\times 100\% \quad (1-60)$$

② 企业管理费费率。

$$企业管理费费率(\%)=\frac{生产工人年平均管理费}{年有效施工天数\times 人工单价}\times 100\% \quad (1-61)$$

3. 利润及税金

建筑安装工程费用中的利润和税金是建筑安装企业职工为社会劳动所创造的那部分价值在建筑安装工程造价中的体现。

(1) 利润

利润是指施工企业完成所承包工程获得的赢利。利润的计算同样因计算基础的不同而不同。

1) 以直接费为计算基础时利润的计算方法。

$$利润=(直接费+间接费)\times 相应利润率(\%) \quad (1-62)$$

2) 以人工费和机械费为计算基础时利润的计算方法。

$$利润=直接费中的人工费和机械费合计\times 相应利润率(\%) \quad (1-63)$$

3) 以人工费为计算基础时利润的计算方法。

$$利润=直接费中的人工费合计\times 相应利润率(\%) \quad (1-64)$$

在建筑产品的市场定价过程中,应根据市场的竞争情况适当确定利润水平。取定的利润水平过高可能会导致丧失一定的市场机会,取定的利润水平过低又会面临很大的市场风险,相对于相对固定的成本水平来说,利润率的选定体现了企业的定价政策,利润率的确定是否合理也反映了企业的市场成熟度。

(2) 税金

建筑安装工程税金是指国家税法规定的应计入建筑安装工程费用的营业税,城市维护建设税及教育费附加。

1) 营业税。营业税是按计税营业额乘以营业税税率确定。其中,建筑安装企业营业税税率为3%。计算公式为:

$$应纳营业税=计税营业额\times 3\% \quad (1-65)$$

计税营业额是含税营业额,指从事建筑、安装、修缮、装饰及其他工程作业的全部收入,包括建筑、修缮、装饰工程所用原材料及其他物资和动力的价款。当以安装设备的价值作为安装工程产值时,亦包括所安装设备的价款。但建筑安装工程总承包方将工程分包或转包给他人的,其营业额中不包括付给分包或转包方的价款。营业税的纳税地点为应税劳务的发生地。

2）城市维护建设税。城市维护建设税是为筹集城市维护和建设资金，稳定和扩大城市、乡镇维护建设的资金来源，而对有经营收入的单位和个人征收的一种税。

城市维护建设税是按应纳营业税额乘以适用税率确定，计算公式为：

$$应纳税额=应纳营业税额\times适用税率(\%) \tag{1-66}$$

城市维护建设税的纳税地点在市区，其适用税率为营业税的7%；所在地为县镇，其适用税率为营业税的5%；所在地为农村，其适用税率为营业税的1%。城市建设维护税的纳税地点与营业税纳税地点相同。

3）教育费附加。教育费附加是按应纳营业税额乘以3%确定，计算公式为：

$$应纳税额=应纳营业税额\times3\% \tag{1-67}$$

建筑安装企业的教育费附加要与其营业税同时缴纳。即使办有职工子弟学校的建筑安装企业，也应当先缴纳教育费附加，教育部门可根据企业的办学情况，酌情返还给办学单位，作为对办学经费的补助。

4）税金的综合计算。在工程造价的计算过程中，三种税金一般一并计算。由于营业税的计税依据是含税营业额，城市维护建设税及教育费附加的计税依据是应纳营业税额，而在计算税金时，通常已知条件是税前造价，即直接费、间接费、利润之和。所以，税金的计算通常需要将税前造价先转化为含税营业额，再按相应的公式计算缴纳税金。营业额的计算公式为：

$$营业额=\frac{直接费+间接费+利润}{1-营业税率-营业税率\times城市维护建设税率-营业税率\times教育费附加率} \tag{1-68}$$

为了简化计算，可以直接将三种税合并为一个综合税率，按下式计算应纳税额：

$$应纳税额=(直接费+间接费+利润)\times综合税率(\%) \tag{1-69}$$

综合税率的计算因企业所在地的不同而不同。

① 纳税地点在市区的企业综合税率的计算：

$$税率(\%)=\left(\frac{1}{1-3\%-3\%\times7\%-3\%\times3\%}-1\right)\times100\% \tag{1-70}$$

② 纳税地点在县城、镇的企业综合税率的计算：

$$税率(\%)=\left(\frac{1}{1-3\%-3\%\times5\%-3\%\times3\%}-1\right)\times100\% \tag{1-71}$$

③ 纳税地点不在市区、县城、镇的企业综合税率的计算：

$$税率(\%)=\left(\frac{1}{1-3\%-3\%\times1\%-3\%\times3\%}-1\right)\times100\% \tag{1-72}$$

◆**工程建设其他费用**

工程建设其他费用是指从工程筹建起到工程竣工验收交付使用的整个建设期间，除建筑安装工程费用和设备及工器具购置费以外的，为保证工程建设顺利完成和交付使用后能够正常发挥效用而发生的各项费用。

工程建设其他费用，按其内容大体可分为固定资产其他费用、无形资产费用和其他资产费用三类。

1. 固定资产其他费用

固定资产其他费用是固定资产费用的一部分。固定资产费用是指项目投产时将直接形成固定资产的建设投资，包括工程费用以及在工程建设其他费用中按规定将形成固定资产的费用，后者被称为固定资产其他费用。

(1) 建设管理费

建设管理费是建设单位从项目筹建开始直至工程竣工验收合格或交付使用所发生的项目建设管理费用。

1) 建设管理费的内容。

① 建设单位管理费：是指建设单位发生的管理性质的开支。它包括工作人员工资、工资性补贴、施工现场津贴、职工福利费、住房基金、基本养老保险费、基本医疗保险费、失业保险费、工伤保险费、办公费、差旅交通费、劳动保护费、工具用具使用费、固定资产使用费、必要的办公及生活用品购置费、必要的通信设备及交通工具购置费、零星固定资产购置费、招募生产工人费、技术图书资料费、业务招待费、设计审查费、工程招标费、合同契约公证费、法律顾问费、咨询费、完工清理费、竣工验收费、印花税和其他管理性质开支。

② 工程监理费：是指建设单位委托工程监理单位实施工程监理的费用。此项费用按有关规定计算。依法必须实行监理的建设工程施工阶段的监理收费实行政府指导价；其他建设工程施工阶段的监理收费和其他阶段的监理与相关服务收费实行市场调节价。

2) 建设单位管理费的计算。

建设单位管理费按照工程费用之和（包括设备工器具购置费和建筑安装工程费用）乘以建设单位管理费费率计算。

$$建设单位管理费=工程费用\times建设单位管理费费率 \tag{1-73}$$

建设单位管理费费率按照建设项目的不同性质、不同规模来确定。有的建设项目按照建设工期和规定的金额计算建设单位管理费。例如采用监理，建设单位部分管理工作量可转移至监理单位。监理费应根据委托的监理工作范围及监理深度在监理合同中商定或是按当地或所属行业部门有关规定计算；若建设单位采用工程总承包方式，其总包管理费由建设单位与总包单位根据总包工作范围在合同中商定，从建设管理费中支出。

(2) 建设用地费

任何一个建设项目均固定在一定地点与地面相连接，必须占用一定量的土地，因此必然会发生为获得建设用地而支付的费用，即土地使用费。它是指通过划拨方式取得土地使用权而支付的土地征用及迁移补偿费，或者通过土地使用权出让方式取得土地使用权而支付的土地使用权出让金。

1) 土地征用及迁移补偿费。土地征用及迁移补偿费是建设项目通过划拨方式取得无限期的土地使用权，依照《中华人民共和国土地管理法》等规定所支付的费用。其总和一般不得超过被征土地年产值的30倍，土地年产值则按该地被征用前三年的平均产量和国家规定的价格计算。其内容包括：

① 土地补偿费。征用耕地(包括菜地)的补偿标准，按照政府规定，为该耕地被征用前三年平均年产值的6～10倍，具体的补偿标准由省、自治区、直辖市人民政府在此范围内制定。征用园地、鱼塘、藕塘、苇塘、宅基地、林地、牧场、草原等的补偿标准，由省、自治区、直辖市人民政府参照征用耕地的土地补偿费来制定。征收无收益的土地，不予补偿。土地补偿费归农村集体经济组织所有。

② 青苗补偿费和被征用土地上的房屋、水井、树木等附着物补偿费。这些补偿费的标准由省、自治区、直辖市人民政府制定。在征用城市郊区的菜地时，还应按照有关规定向国家缴纳新菜地开发建设基金。地上附着物及青苗补偿费归地上附着物及青苗的所有者所有。

③ 安置补助费。征用耕地、菜地的，其安置补助费按照需要安置的农业人口数计算。每一个需要安置的农业人口的安置补助费标准，为该耕地被征用前三年平均年产值的4～6倍。但是，每公顷被征用耕地的安置补助费，最高不得超过被征用前三年平均年产值的15倍。征用土地的安置补助费必须专款专用，不得挪作他用。需要安置的人员由农村集体经济组织安置的，安置补助费支付给农村集体经济组织，由农村集体经济组织管理和使用；由其他单位安置的，安置补助费支付给安置单位；不需要统一安置的，安置补助费发放给被安置人员个人或者征得被安置人员同意后用于支付被安置人员的保险费用。市、县和乡(镇)人民政府应当加强对安置补助费使用情况的监督。

④ 缴纳的耕地占用税或城镇土地使用税、土地登记费和征地管理费等。县市土地管理机关从征地费中提取土地管理费的比率，按征地工作量的大小，视不同情况，在1%～4%幅度内提取。

⑤ 征地动迁费。它包括征用土地上的房屋及附属构筑物、城市公共设施等拆除、迁建补偿费、搬迁运输费，企业单位因搬迁造成的减产、停工损失补偿费，拆迁管理费等。

⑥ 水利水电工程水库淹没处理补偿费。它包括农村移民安置迁建费，城市迁建补偿费，库区工矿企业、交通、电力、通信、广播、管网、水利等的恢复、迁建补

偿费，库底清理费，防护工程费，环境影响补偿费用等。

2）土地使用权出让金。土地使用权出让金是指建设项目通过土地使用权出让方式，取得有限期的土地使用权，依照《中华人民共和国城镇国有土地使用权出让和转让暂行条例》规定支付的土地使用权出让金。

① 明确国家是城市土地的唯一所有者，并分层次、有偿、有限期地出让、转让城市土地。第一层次是城市政府将国有土地使用权出让给用地者，该层次是由城市政府垄断经营。有法人资格的企事业单位和外商均可作为出让对象。第二层次及以下层次的转让则发生在使用者之间。

② 城市土地的出让和转让的方式包括协议、招标、公开拍卖等。

a. 协议方式是由用地单位申请，经市政府批准同意后双方洽谈具体地块和地价。该方式适用于市政工程、公益事业用地和需要减免地价的机关、部队用地及需要重点扶持、优先发展的产业用地。

b. 招标方式是在规定的期限内，由用地单位以书面形式投标，市政府根据投标报价、所提供的规划方案以及企业信誉综合考虑，择优而取。该方式适用于一般工程建设用地。

c. 公开拍卖是指在指定的地点和时间，由申请用地者叫价应价，价高者得。这完全是由市场竞争决定，适用于赢利高的行业用地。

③ 在有偿出让和转让土地时，政府对地价不作统一规定，但应坚持以下原则：

a. 地价对目前的投资环境不产生大的影响。

b. 地价与当地的社会经济承受能力相适应。

c. 地价要考虑已投入的土地开发费用、土地市场供求关系、土地用途和使用年限。

④ 关于政府有偿出让土地使用权的年限，各地可根据时间、区位等各种条件作不同的规定。根据《中华人民共和国城镇国有土地使用权出让和转让暂行条例》，土地使用权出让最高年限按下列用途确定：居住用地 70 年；工业用地 50 年；教育、科技、文化、卫生、体育用地 50 年；商业、旅游、娱乐用地 40 年；综合或者其他用地 50 年。

⑤ 土地有偿出让和转让，土地使用者和所有者都要签约，明确使用者对土地享有的权利和对土地所有者应承担的义务。

a. 有偿出让和转让使用权，但要向土地受让者征收契税。

b. 转让土地若有增值，要向转让者征收土地增值税。

c. 在土地转让期间，国家要区别不同地段、不同用途向土地使用者收取土地占用费。

（3）可行性研究费

可行性研究费是在建设项目前期工作中，编制和评估项目建议书（或可行性研究报告）、可行性研究报告所需的费用。此项费用应依据前期研究委托合同，或参照有关规定计算。

（4）研究试验费

研究试验费是为建设项目提供和验证设计参数、数据、资料等所进行的必要的试验费用以及设计规定在施工中必须进行试验、验证所需的费用。包括自行或者委托其他部门研究试验所需人工费、材料费、试验设备和仪器使用费等。该项费用按照设计单位依据本工程项目的需要提出的研究试验内容和要求计算。

（5）勘察设计费

勘察设计费是委托勘察设计单位进行工程水文地质勘察、工程设计所发生的各项费用。它包括工程勘察费、初步设计费（基础设计费）、施工图设计费（详细设计费）和设计模型制作费。此项费用应按有关规定计算。

（6）环境影响评价费

环境影响评价费是指按照《中华人民共和国环境保护法》《中华人民共和国环境影响评价法》等规定，为全面、详细评价本建设项目对环境可能产生的污染或造成的重大影响所需的费用。它包括编制环境影响报告书（含大纲）、环境影响报告表以及对环境影响报告书（含大纲）和环境影响报告表进行评估等所需的费用。此项费用可参照有关规定计算。

（7）场地准备及临时设施费

1）场地准备及临时设施费的内容。

① 建设项目场地准备费是建设项目为达到工程开工条件进行的场地平整和对建设场地余留的有碍于施工建设的设施进行拆除清理的费用。

② 建设单位临时设施费是指为满足施工建设需要而供到场地界区的、未列入工程费用的临时水、电、路、气、通信等其他工程费用和建设单位的现场临时建（构）筑物的搭设、维修、拆除、摊销或建设期间租赁费用，以及施工期间专用公路或桥梁的加固、养护、维修等费用。

2）场地准备及临时设施费的计算。

① 场地准备和临时设施应尽量与永久性工程统一考虑。建设场地的大型土石方工程应进入工程费用中的总图运输费用中。

② 新建项目的场地准备和临时设施费应依据实际工程量估算，或按工程费用的比例计算。改扩建项目通常只计算拆除清理费。

$$\text{场地准备和临时设施费}=\text{工程费用}\times\text{费率}+\text{拆除清理费} \tag{1-74}$$

③ 发生拆除清理费时可按新建同类工程造价或主材费、设备费的比例计算。凡可回收材料的拆除工程采用以料抵工方式冲抵拆除清理费。

④ 该项费用不包括已列入建筑安装工程费用中的施工单位临时设施费用。

(8) 引进技术和引进设备其他费

1) 引进项目图纸资料翻译复制费、备品备件测绘费，可根据引进项目的具体情况计列或按引进货价(FOB)的比例估列；引进项目发生备品备件测绘费时按具体情况估列。

2) 出国人员费用，包括买方人员出国设计联络、出国考察、联合设计、培训等所发生的旅费、生活费等。根据合同或协议规定的出国人次、期限以及相应的费用标准计算。生活费按照财政部、外交部规定的现行标准计算，旅费按中国民航公布的票价计算。

3) 来华人员费用，包括卖方来华工程技术人员的现场办公费用、往返现场交通费用、接待费用等。根据引进合同或协议有关条款及来华技术人员派遣计划进行计算。来华人员接待费用可按每人次费用指标计算。引进合同价款中已包括的费用内容不得重复计算。

4) 银行担保及承诺费是引进项目由国内外金融机构出面承担风险和责任担保所发生的费用，以及支付贷款机构的承诺费用。应按担保或承诺协议计取。投资估算和概算编制时可以担保金额或承诺金额为基数乘以费率计算。

(9) 工程保险费

工程保险费是建设项目在建设期间根据需要对建筑工程、安装工程、机器设备和人身安全进行投保而发生的保险费用。它包括建筑安装工程一切险、引进设备财产保险和人身意外伤害险等。

根据不同的工程类别，工程保险费分别以其建筑、安装工程费乘以建筑、安装工程保险费率计算。民用建筑(例如住宅楼、综合性大楼、商场、旅馆、医院、学校)占建筑工程费的比重范围为2‰～4‰；其他建筑(例如工业厂房、仓库、道路、码头、水坝、隧道、桥梁、管道等)占建筑工程费的比重范围为3‰～6‰；安装工程(例如农业、工业、机械、电子、电器、纺织、矿山、石油、化学及钢铁工业、钢结构桥梁等)占建筑工程费的比重范围为3‰～6‰。

(10) 联合试运转费

联合试运转费是指新建项目或新增加生产能力的工程，在交付生产前按照批准的设计文件所规定的工程质量标准和技术要求，进行整个生产线或装置的负荷联合试运转或局部联动试车所发生的费用净支出。试运转支出包括试运转所需原材料、燃料及动力消耗、低值易耗品、其他物料消耗、工具用具使用费、机械使用费、保险金、施工单位参加试运转人员工资，以及专家指导费等；试运转收入包括试运转期间的产品销售收入和其他收入。

(11) 特殊设备安全监督检验费

特殊设备安全监督检验费是指在施工现场组装的锅炉及压力容器、压力管道、消防设备、燃气设备、电梯等特殊设备和设施，由安全监察部门按照有关安全监察条例和实施细则以及设计技术要求进行安全检验，应由建设项目支付的、向安全监察部门缴纳的费用。该项费用按照建设项目所在省（自治区、直辖市）安全监察部门的规定标准计算。没有具体规定的，在编制投资估算和概算时可按受检设备现场安装费的比例估算。

（12）市政公用设施费

市政公用设施费是指使用市政公用设施的建设项目，按照项目所在地省一级人民政府有关规定建设或缴纳的市政公用设施建设配套费用，以及绿化工程补偿费用。该项费用按工程所在地人民政府规定标准计列。

2. 无形资产费用

无形资产费用是直接形成无形资产的建设投资，主要是指专利及专有技术使用费。

（1）专利及专有技术使用费的主要内容

1）国外设计和技术资料费，引进有效专利、专有技术使用费和技术保密费。

2）国内有效专利、专有技术使用费。

3）商标权、商誉和特许经营权费用等。

（2）专利及专有技术使用费的计算

在专利及专有技术使用费计算时应注意的问题如下：

1）按专利使用许可协议和专有技术使用合同的规定计列。

2）专有技术的界定应以省、部级鉴定批准为依据。

3）项目投资中只计需要在建设期支付的专利及专有技术使用费。协议或合同规定在生产期支付的使用费应在生产成本中核算。

4）一次性支付的商标权、商誉及特许经营权费按协议或合同规定计列。协议或合同规定在生产期支付的商标权或特许经营权费应在生产成本中核算。

5）为项目配套的专用设施投资，包括专用铁路线、专用公路、专用通信设施、送变电站、地下管道、专用码头等，若由项目建设单位负责投资，但是产权不归属本单位的，应作为无形资产处理。

3. 其他资产费用

其他资产费用是指建设投资中除形成固定资产和无形资产以外的部分，主要包括生产准备及开办费等。

（1）生产准备及开办费的内容

生产准备及开办费是指建设项目为保证正常生产（或营业、使用）而发生的人员培训费、提前进厂费以及投产使用必备的生产办公、生活家具用具及工器具等购置费用。生产准备及开办费包括：

1）人员培训费及提前进厂费，包括自行组织培训或委托其他单位培训的人员工资、工资性补贴、职工福利费、差旅交通费、劳动保护费和学习资料费等。

2）为了保证初期正常生产（或营业、使用）所必需的生产办公、生活家具用具购置费。

3）为了保证初期正常生产（或营业、使用）必需的第一套不够固定资产标准的生产工具、器具、用具购置费。不包括备品备件费。

（2）生产准备及开办费的计算

1）新建项目按设计定员为基数计算，改扩建项目按新增设计定员为基数计算：

$$生产准备费=设计定员\times生产准备费指标（元/人） \tag{1-75}$$

2）可采用综合的生产准备费指标进行计算，也可以按费用内容的分类指标计算。

◆预备费和建设期利息

1. 预备费

预备费包括基本预备费和涨价预备费。

（1）基本预备费

1）基本预备费。基本预备费是针对在项目实施过程中可能发生难以预料的支出，需要事先预留的费用，又称工程建设不可预见费。主要指设计变更及施工过程中可能增加工程量的费用。基本预备费的构成如下：

① 在批准的初步设计范围内，技术设计、施工图设计及施工过程中所增加的工程费用；设计变更、工程变更、材料代用、局部地基处理等增加的费用。

② 一般自然灾害造成的损失和预防自然灾害所采取的措施费用。实行工程保险的工程项目，该费用应适当降低。

③ 竣工验收时为鉴定工程质量对隐蔽工程进行必要的挖掘和修复费用。

2）基本预备费的计算。

$$基本预备费=（工程费用+工程建设其他费用）\times基本预备费费率 \tag{1-76}$$

基本预备费费率的取值应执行国家及有关部门的规定。

（2）涨价预备费

1）涨价预备费。涨价预备费是指针对建设项目在建设期间内由于材料、人工、设备等价格可能发生变化引起工程造价变化而事先预留的费用，又称价格变动不可预见费。它的内容包括：人工、设备、材料、施工机械的价差费，建筑安装工程费及工程建设其他费用调整，利率、汇率调整等增加的费用。

2）涨价预备费的测算方法。涨价预备费通常根据国家规定的投资综合价格指数，以估算年份价格水平的投资额为基数，采用复利方法计算。计算公式为：

$$PF=\sum_{t=1}^{n}I_t[(1+f)^m(1+f)^{0.5}(1+f)^{t-1}-1] \tag{1-77}$$

式中 PF——涨价预备费；

n——建设期年份数；

I_t——建设期中第 t 年的投资计划额，包括工程费用、工程建设其他费用及基本预备费，即第 t 年的静态投资；

f——年均投资价格上涨率；

m——建设前期年限（从编制估算到开工建设，单位：年）。

2. 建设期利息

建设期利息包括向国内银行及其他非银行金融机构贷款、出口信贷、外国政府贷款、国际商业银行贷款以及在境内外发行的债券等在建设期间应计的借款利息。

若总贷款是分年均衡发放，建设期利息的计算可按当年借款在年中支用考虑，即当年贷款按半年计息，上年贷款按全年计息。计算公式为：

$$q_j=\left(P_{j-1}+\frac{1}{2}A_j\right)\times i \tag{1-78}$$

式中 q_j——建设期第 j 年应计利息；

P_{j-1}——建设期第 $j-1$ 年末累计贷款本金与利息之和；

A_j——建设期第 j 年贷款金额；

i——年利率。

在国外贷款利息的计算中，还应包括国外贷款银行根据贷款协议向贷款方以年利率的方式收取的手续费、管理费、承诺费；以及国内代理机构经国家主管部门批准的以年利率的方式向贷款单位收取的转贷费、担保费、管理费等。

相关知识

◆**国外建筑安装工程费用的构成**

国外建筑安装工程费用的构成如图 1-3 所示。

1. 直接工程费的构成

1）工资。国外一般工程施工的工人按技术要求划分为高级技工、熟练工、半熟练工和壮工。当工程价格采用平均工资计算时，要按各类工人总数的比例进行加权计算。工资应该包括工资、加班费、津贴、招雇解雇费用等。

2）材料费。主要包括以下内容：

① 材料原价。在当地材料市场中采购的材料则为采购价，包括材料出厂价和采购供销手续费等。进口材料一般是指到达当地海港的交货价。

② 运杂费。在当地采购的材料是指从采购地点至工程施工现场的短途运

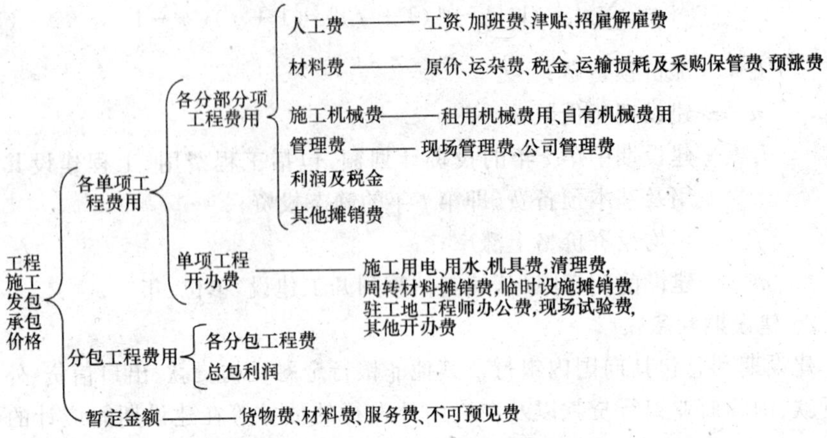

图 1-3　国外建筑安装工程费用构成

输费、装卸费。进口材料则为从当地海港运至工程施工现场的运输费、装卸费。

③ 税金。在当地采购的材料，采购价格中已经包括税金；进口材料则为工程所在国的进口关税和手续费等。

④ 运输损耗及采购保管费。

⑤ 预涨费。根据当地材料价格年平均上涨率和施工年数，按材料原价、运杂费、税金之和的一定比例计算。

3）施工机械费。大型自有机械台时单价，一般由每台时应摊折旧费、应摊维修费、台时消耗的能源和动力费、台时应摊的驾驶工人工资以及工程机械设备险投保费、第三者责任险投保费等组成。如使用租赁施工机械时，其费用则包括租赁费、租赁机械的进出场费等。

2. 管理费

管理费包括工程现场管理费（占整个管理费的 20%～30%）和公司管理费（占整个管理费的 70%～75%）。管理费除了包括与我国施工管理费构成相似的工作人员工资、工作人员辅助工资、办公费、差旅交通费、固定资产使用费、生活设施使用费、工具用具使用费、劳动保护费、检验试验费以外，还含有业务经费。业务经费包括：广告宣传费、交际费、业务资料费、业务所需手续费、代理人费用和佣金、保险费、税金以及向银行贷款利息。

3. 利润

国际市场上，施工企业的利润一般为成本的 10%～15%，也有的管理费与利润合取，为直接费的 30%左右。具体工程的利润率要根据具体情况，如工程难易、现场条件、工期长短、竞争对手的情况等，随行就市而定。

4. 开办费

在许多国家，开办费一般是指在各分部分项工程造价的前面按单项工程分别单独列出。单项工程建筑安装工程量越大，开办费在工程价格中的比例就越小；反之，开办费就越大。一般开办费占工程价格的10%～20%。开办费包括的内容因国家和工程的不同而异，大致包括以下内容：

1）施工用水、用电费。施工用水费，按实际打井、抽水、送水发生的费用估算，也可以按占直接费的比率估计。施工用电费，按实际需要的电费或自行发电费估算，也可按照占直接费的比率估算。

2）工地清理费及完工后清理费，建筑物烘干费，临时围墙、安全信号、防护用品的费用以及恶劣气候条件下的工程防护费、污染费、噪声费，其他法定的防护费用。

3）周转材料费。如脚手架、模板的摊销费等。

4）临时设施费。包括生活用房、生产用房、临时通信、室外工程（包括道路、停车场、围墙、给排水管道等）的费用，可按实际需要计算。

5）驻工地工程师的现场办公室及所需设备的费用，现场材料试验及所需设备的费用。一般在招标文件的技术规范中有明确的面积、质量标准及设备清单等要求。如要求配备一定的服务人员或试验助理人员，则其工资费用也需计入。

6）其他。包括工人现场福利费及安全费、职工交通费、日常气候报表费、现场道路及进出场道路修筑及维护费、恶劣天气下的工程保护措施费、现场保卫设施费等。

5. 暂定金额

这是指包括在合同中，供工程任何部分的施工或提供货物、材料、设备或服务、不可预料事件所使用的一项金额，这项金额只有工程师批准后才能动用。

6. 分包工程费用

1）分包工程费。包括分包工程的直接工程费、管理费和利润。

2）总包利润和管理费。指分包单位向总包单位缴纳的总包管理费、其他服务费利润。

例题分析

◆例 1-1

某建设工程初期的建筑安装工程费和设备工器具购置费为60000万元。按本项目实施进度计划，项目建设期为3年，投资分年使用比例为：第1年30%，第2年45%，第3年25%，建设期内预计年平均价格总水平上涨率为6%。建设期贷款利息为1600万元，建设工程其他费用为4800万元，基本预备费率为10%。试估算该项目的建设投资。

解：1）计算项目的涨价预备费：

第1年末的涨价预备费：

$$60000\times30\%\times(1+0.06-1)=1080.00(\text{万元})$$

第 2 年末的涨价预备费：

$$60000\times45\%\times[(1+0.06)^2-1]=3337.20(\text{万元})$$

第 3 年末的涨价预备费：

$$60000\times25\%\times[(1+0.06)^3-1]=2865.24(\text{万元})$$

该项目建设期的涨价预备费：

$$1080.00+3337.20+2865.24=7282.44(\text{万元})$$

2）计算项目的建设投资：

$$\begin{aligned}\text{建设投资}&=\text{静态投资}+\text{建设期贷款利息}+\text{涨价预备费}\\&=(60000+4800)\times(1+10\%)+1600+7282.44\\&=74162.44(\text{万元})\end{aligned}$$

◆例 1-2

某新建项目，建设期为 3 年，共向银行贷款 1900 万元，贷款时间为：第 1 年 500 万元，第 2 年 800 万元，第 3 年 600 万元。年利率为 5%。计算建设期利息。

解：在建设期，各年利息计算如下：

第 1 年利息：$0.5\times500\times5\%=12.5$（万元）

第 2 年利息：$(500+12.5+0.5\times800)\times5\%=45.63$（万元）

第 3 年利息：$(500+12.5+800+45.63+0.5\times600)\times5\%=82.91$（万元）

建设期利息总和：$12.5+45.63+82.91=141.04$（万元）

第四节　工程量计算的原则及步骤

要点

工程量计算是园林工程造价中经常用到的计价问题，本节主要介绍工程量计算的原则及步骤，读者应对此部分内容有所了解，为后续的定额计价与清单计价中的工程量计算做好准备。

解释

◆工程量计算的原则

为了保证工程量计算的准确性，通常要遵循以下几点原则：

1）计算口径要一致，避免重复和遗漏。计算工程量时，根据施工图所列出的分项工程的口径（即分项工程包括的工作内容和范围），必须与预算定额中相应分项工程的口径相一致。例如，在水磨石分项工程中，预算定额已包括了刷素水泥浆一道（结合层），所以，计算该项工程量时，不应另列刷素水泥浆项目，以免造成重复计算。反之,分项工程中设计有的工作内容,在相应预算定额中并没有包括时,就应另列项目计算。

2) 工程量计算规则要一致,避免错算。计算园林工程量时,应根据园林工程施工图纸,并参照《建设工程工程量清单计价规范》(GB 50500—2008)附录 E"园林绿化工程工程量清单项目及计算规则"。工程量计算必须与预算定额中所规定的工程量计算规则(或计算方法)相一致,以保证计算结果的准确性。

3) 计量单位要一致。园林工程量计算结果的计量单位必须使用附录 E 所规定的统一单位。各分项工程量的计量单位,也必须与预算定额中相应项目的计量单位相一致。

4) 计算要按顺序进行。园林工程各分项子目工程量的计算顺序,应按分项子目编号次序逐个进行,以免漏算或重算。

5) 计算精度要统一。工程量的计算结果统一要求为:工程数量的有效位数,钢材(以"t"为单位)、木材(以"m^3"为单位),应保留小数点后三位有效数字,第四位四舍五入;其余项目如以"m^3"、"m^2"、"m"等为单位,一般取小数点后两位,以下四舍五入;以"个"、"项"等为单位,则应取整数。

6) 工程量计算要运用正确的数学公式,不得用近似式或者约数。

7) 各分项子目的工程量计算式及结果应誊清在工程量计算表上。工程量的计算结果宜用红笔注出或在数字上画方框,以便于识别。

8) 工程量计算表在填入园林工程工程量清单表格之前,应经过仔细审核,确认无误。

◆工程量计算的步骤

1. 列出分项工程项目名称

首先根据施工图纸,结合施工方案的有关内容,按照一定的计算顺序,逐一列出单位工程施工图预算的分项工程项目名称。要注意所列的分项工程项目名称必须与预算定额中相应的项目名称相一致。

2. 列出工程量计算公式

列出分项工程项目名称后,要根据施工图纸所示的部位、尺寸和数量,按照工程量计算规则(其中各类工程的工程量计算规则见工程预算定额的有关说明),分别列出工程量计算公式。通常工程量都采用计算表格进行计算,其形式见表 1-1。

表 1-1　工程量计算表

序号	分项工程名称	单位	工程数量	计算式

3. 调整计量单位

工程量计算通常都是以“m”、“m^2”和“m^3”等为计量单位，但预算定额中往往以“10m”、“$10m^2$”、“$10m^3$”、“$100m^2$”和“$100m^3$”等为计量单位，所以，还需将算得的工程量计量单位按预算定额中相应项目规定的计量单位进行调整，使计量单位一致，为以后的计算提供方便。

4. 套用预算定额

各项工程量计算完毕并经校核之后，即可编制单位工程施工图预算书。

相关知识

◆工程量计算的方法

工程量的计算方法通常有按施工先后顺序、按定额项目的顺序和统筹法。

1. 按施工先后顺序计算

按工程施工先后的顺序来计算工程量时，应先地下后地上，先底层后上层，先主要后次要。大型和复杂工程应先划分区域，编成区号，分区进行计算。

2. 按定额项目的顺序计算

按定额所列分部分项工程的次序来计算工程量时，应按照施工图设计内容，由前到后，逐项对照定额进行计算。采用这种方法计算工程量时，要求熟悉施工图纸，并具有较多的工程设计基础知识，另外，还要注意施工图中有的项目可能套不上定额项目，此时就应单独列项，以编制补充定额，尤其要注意不可因定额缺项而漏项。

3. 用统筹法计算工程量

统筹法计算工程量是指根据各分项工程量之间的固有规律以及相互之间的依赖关系，运用统筹原理和统筹图来合理安排工程量的计算程序，并按其顺序计算工程量的方法。用统筹法计算工程量时要注意统筹程序、合理安排；利用基数、连续计算；一次计算、多次使用；结合实际、灵活机动。

第五节　园林工程分部分项工程划分

要点

园林工程分为3个分部工程：绿化工程，园路、园桥、假山工程，园林景观工程。每个分部工程又分为若干个子分部工程。每个子分部工程中又分为若干个分项工程。每个分项工程有一个项目编码。

通过学习本节的内容，有助于读者更好地吸收和掌握园林工程定额计价与清单计价工程量计算规则。

解释

◆园林绿化工程分部分项工程名称

园林工程的分部工程名称、子分部工程名称和分项工程名称见表1-2，在分项工程工程量计算中应列出分项工程的项目编码。

表1-2　园林工程分部分项工程名称

分部工程	子分部工程	分项工程
绿化工程	绿地整理	伐树、挖树根；砍挖灌木丛；挖竹根；挖芦苇根；清除草皮；整理绿化用地；屋顶花园基底处理
	栽植花木	栽植乔木；栽植竹类；栽植棕榈类；栽植灌木；栽植绿篱；栽植攀援植物；栽植色带；栽植花卉；栽植水生植物；铺种草皮；喷播植草
	绿地喷灌	喷灌设施
园路、园桥、假山工程	园路桥工程	园路；路牙铺设；树池围牙、盖板；嵌草砖铺装；石桥基础；石桥墩、石桥台；拱旋石制作、安装；石旋脸制作、安装；金刚墙砌筑；石桥面铺筑；石桥面檐板；仰天石、地伏石；石望柱；栏杆、扶手；栏板、撑鼓；木质步桥
	堆塑假山	堆筑土山丘；堆砌石假山；塑假山；石笋；点风景石；池石、盆景山；山石护角；山坡石台阶
	驳岸	石砌驳岸；原木桩驳岸；散铺砂卵石护岸（自然护岸）
园林景观工程	原木、竹构件	原木（带树皮）柱、梁、檩、椽，原木（带树皮）墙；树枝吊挂楣子；竹柱、梁、檩、椽；竹编墙；竹吊挂楣子
	亭廊屋面	草屋面；竹屋面；树皮屋面；现浇混凝土斜屋面板；现浇混凝土攒尖亭屋面板；就位预制混凝土攒尖亭屋面板；就位预制混凝土穹顶；彩色压型钢板（夹心板）攒尖亭屋面板；彩色压型钢板（夹心板）穹顶
	花架	现浇混凝土花架柱、梁；预制混凝土花架柱、梁；木花架柱、梁；金属花架柱、梁
	园林桌椅	木制飞来椅；钢筋混凝土飞来椅；竹制飞来椅；现浇混凝土桌凳；预制混凝土桌凳；石桌石凳；塑树根桌凳；塑树节椅；塑料、铁艺、金属椅
	喷泉安装	喷泉管道；喷泉电缆；水下艺术装饰灯具；电气控制柜
	杂项	石灯；塑仿石音响；塑树皮梁、柱；塑竹梁、柱；花坛铁艺栏杆；标志牌；石浮雕、石镌字；砖石砌小摆设（砌筑果皮箱、放置盆景的须弥座等）

相关知识

◆绿地整理工程的相关概念

1）绿地。绿地是为改善城市生态、保护环境、供居民户外游憩、美化市容，以栽植树木花草为主要内容的土地，是城镇和居民点用地的重要部分。园林绿地一般可分为公共绿地、专用绿地、防护绿地、道路绿地以及其他绿地类型。

2）挖坑(槽)。挖坑(槽)质量的好坏对今后植株生长有很大的影响。挖坑的规格大小,应根据根系或土球的规格以及土质情况来确定,一般坑径应较根径大一些。挖坑深浅与树种根系分布深浅有直接联系,在确定挖坑深度规格时应予充分考虑。其主要方法包括人力挖坑和机械挖坑。人力挖坑适合于规格比较小的坑槽挖掘。

3）掘苗。将树苗从某地连根(裸根或带土球)起出的操作叫掘苗。

4）伐除树木。凡土方开挖深度不大于50cm或填方高度较小的土方施工,对于现场及排水沟中的树木应按当地有关部门的规定办理审批手续,若是名木古树必须注意保护,并做好移植工作。伐树时必须连根拔除,清理树墩除用人工挖掘外,直径在50cm以上的大树墩可用推土机或用爆破方法清除。建(构)筑物基础下土方中不得混有树根、树枝、草以及落叶等。

5）清理障碍物。绿化工程用地边界确定之后,凡地界之内有碍施工的市政设施、农田设施、房屋、树木、坟墓、堆放杂物、违章建筑等,一律应进行拆除和迁移。

6）现场清理。植树工程竣工后(通常指定植灌完3次水后),应将施工现场彻底清理干净,其主要内容为:封堰,单株浇水的应将树堰埋平,若是秋季植树,应在树堰内起约20cm高的土堆;整畦,大畦灌水的应将畦埂整理整齐,畦内进行深中耕;清扫保洁,最后将施工现场全面清扫1次,将无用杂物处理干净,并注意保洁,真正做到场光地净、文明施工。

第二章 园林工程施工图的识读

第一节 园林工程制图规定

要点

园林工程中关于制图方面的规定包括图纸幅面、标题栏、会签栏、图线、比例、尺寸标注、指北针与风玫瑰图，以及常用符号，本节分别予以介绍。

解释

◆图纸幅面、标题栏、会签栏

1. 图纸幅面的尺寸和规格

园林制图图纸幅面的规格见表 2-1。从表中可以看出，各号幅面的尺寸有规律可循，其关系是：沿上一号幅面的长边对裁，即为下一号幅面的大小，对裁时去掉小数点后面的数字。

表 2-1 基本图幅尺寸 单位：mm

尺寸代号	幅面代号				
	A_0	A_1	A_2	A_3	A_4
$b\times l$	841×1189	594×841	420×594	297×420	210×297

2. 标题栏、会签栏

图纸标题栏简称图标，用来概要说明图纸的内容。它的内容包括：设计单位名称、工程项目名称、设计者、审核者、图名及比例等。标题栏位于图的右下角或下方。现在较常用的标题栏格式如图 2-1 所示。

需要会签的图纸应设会签栏，栏内应填写会签人员所代表的专业、姓名和日期。不需要会签的图纸可不设会签栏。

				工程总称		
				分项总称	生态园园林工程	
设计		校对		连廊平面图、立面图	工号	
制图		审核			图别	建施-01
专业负责		审定			日期	

图 2-1 园林工程标题栏格式

◆图线

1. 图线的种类

工程图的图线线型有实线、虚线、点划线、折断线、波浪线等，随用途的不同而反映在图线的粗细表达上，见表 2-2。

表 2-2　线型的用途

项目	线　型	线宽	用　途
粗实线		b	1. 建筑立面图或室内立面图的外轮廓线 2. 平、剖面图中被剖切的主要建筑构造（包括构配件）的轮廓线 3. 建筑构造详图中被剖切的主要部分的轮廓线 4. 建筑构配件详图中的外轮廓线 5. 平、立、剖面图的剖切符号
中实线		0.5b	1. 平、剖面图中被剖切的次要建构造（包括构配件）的轮廓线 2. 建筑平、立、剖面图中建筑构配件的轮廓线 3. 建筑构造详图及建筑构配件详图中一般轮廓线
细实线		0.25b	尺寸线、尺寸界线、图例线、索引符号、标高符号、详图材料做法引出线等
中虚线		0.5b	1. 建筑构造及建筑构配件不可见轮廓线 2. 平面图中的起重机（吊车）轮廓线 3. 拟扩建的建筑物轮廓线
细虚线		0.25b	图例线、小于 0.5b 的不可见轮廓线
细单点长画线		0.25b	中心线、对称线、定位轴线
粗单点长画线		0.5b	起重机（吊车）轨道线
细双点长画线		0.25b	假想轮廓线、成型前原始轮廓线
粗双点长画线		0.5b	预应力钢筋线
折断线		0.25b	不需画全的折断界线
波浪线		0.25b	不需画全的断开界线、构造层次的断界线

根据图的复杂程度及比例大小，图线的宽度通常从下列规定的线宽系列中选取：0.18mm，0.25mm，0.35mm，0.5mm，0.7mm，1.0mm，1.4mm，2.0mm。

园林工程图通常使用三种线宽，且互成一定比例，即粗线、中粗线、细线的比例为 b∶0.5b∶0.35b。绘制较简单的或比例较小的图，可只用两种线宽，即不用中粗线。在同一张图样上按同一比例或不同比例所绘各种图形，同类图线的粗细一般保持一致，虚线、单点长画线及双点长画线的线段长短和间距大小也应各自大致相等。在画图时，单点长画线或双点长画线中的点通常是长约 1mm 的一极短画线，不一定是圆点。

2. 园林工程各组成要素的绘制线型

1）地形。设计地形等高线用细实线绘制，原地形等高线用细虚线绘制。

2）园林建筑。在大比例图中，剖面图用粗实线画出断面轮廓，用中实线画出其他可见轮廓；屋顶平面图中，用粗实线画出外轮廓，用细实线画出屋面；花坛、花架等建筑小品的表达则用细实线画出投影轮廓。小比例图中，只需用粗实线画出水平投影外轮廓线。

3）园路。用细实线画出路线。

4）山石。均采用其水平投影轮廓线概括表示，以粗实线绘出边缘轮廓，以细实线概括绘出皴纹。

5）水体。水体一般用两条线表示，外面的一条表示水体边界线（即驳岸线），用特粗实线绘制，里面的一条表示水面，用细实线绘制。

◆**比例**

比例是指图形与实物相对的线性尺寸之比。比例的大小是指比值的大小，例如 1∶20 大于 1∶50。比例的符号用"∶"表示。比例宜标注在图名的右侧（如图 2-2 所示）。

连廊正立面图 1:50　　⑥ 2.0m宽道路做法 1:20

(a)　　(b)

图 2-2　比例的标注

根据图样的用途与被绘制对象的复杂程度，绘图所用的比例应有所不同，园林图样所对应的常用比例见表 2-3。通常情况下，一个图样选用一种比例。

表 2-3　园林图样常用的比例

图纸类别	比　例
详图	1∶2　1∶3　1∶4　1∶5　1∶10　1∶20　1∶30　1∶40　1∶50
道路绿化图	1∶50　1∶100　1∶150　1∶200　1∶250　1∶300
小游园规划图	1∶50　1∶100　1∶150　1∶200　1∶250　1∶300
居住区绿化图	1∶100　1∶200　1∶300　1∶400　1∶500　1∶1000
公园规划图	1∶500　1∶1000　1∶2000

◆**尺寸标注**

1. 尺寸的组成

工程图中标注的尺寸由尺寸线、尺寸界线、尺寸起止符号和尺寸数字组成，如图 2-3 所示。

(1)尺寸线

1)尺寸线是独立的实线。

2)尺寸线一般画在轮廓线之外，小尺寸在内，大尺寸在外。

(2)尺寸界线

1)尺寸界线用细实线从图形轮廓线、中心线或轴线引出，不宜与轮廓线相接，应留出不小于 2mm 的间距。连续标注尺寸时，中间的尺寸界线可以画得较短。

2)通常情况下，线性尺寸界线应垂直于尺寸线，并超出大约 2mm。

3)根据表达的需要，有时轮廓线、中心线也可作为尺寸界线。

(3)尺寸起止符号

尺寸起止点应画出尺寸起止符号，它一般用 45°倾斜的细短线（或中粗短线）；标注半径、直径、角度、弧长等，起止符号用箭头表示；当相邻尺寸界线间隔都很小时，尺寸起止符号可用涂黑的小圆点，如图 2-4 所示。

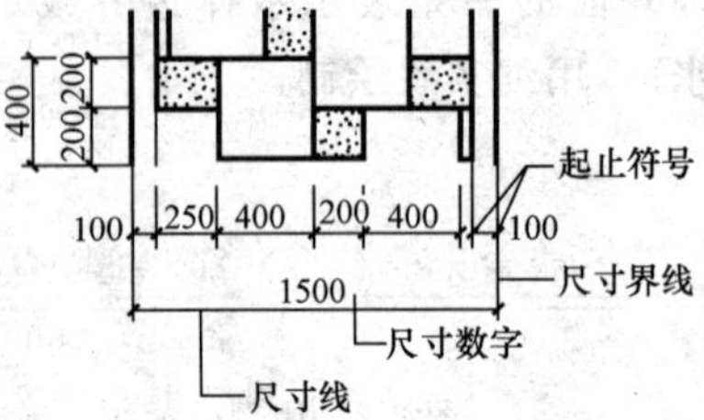

图 2-3 工程图中尺寸表达元素

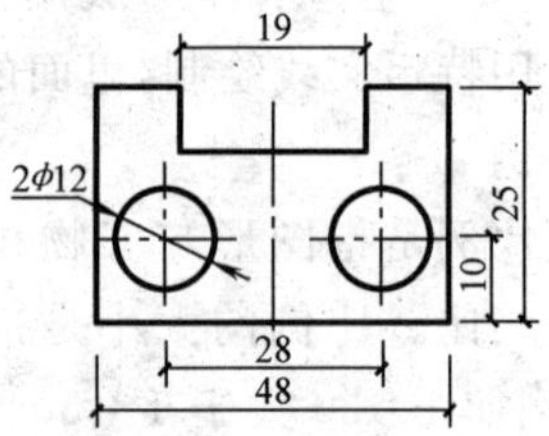

图 2-4 尺寸起止符号

(4) 尺寸数字

1) 工程图上标注的尺寸数字是物体的实际大小，与绘图所用的比例无关。

2) 工程图中的尺寸单位除总平面图以“m”为单位外，其他图样的尺寸单位一般以“mm”为单位，并不注单位名称。

2. 常用的尺寸标注

(1) 半径、直径、球的尺寸标注

半径尺寸线应一端从圆心开始，另一端画箭头指向圆弧，半径数字前应加注半径符号“*R*”。尺寸线必须从圆心画起或对准圆心。沿半径尺寸线标注尺寸数字，当图形较小时，也可引出标注。对于较大的圆弧，应对准圆心画断开的或折线状的尺寸线，如图 2-5 所示。

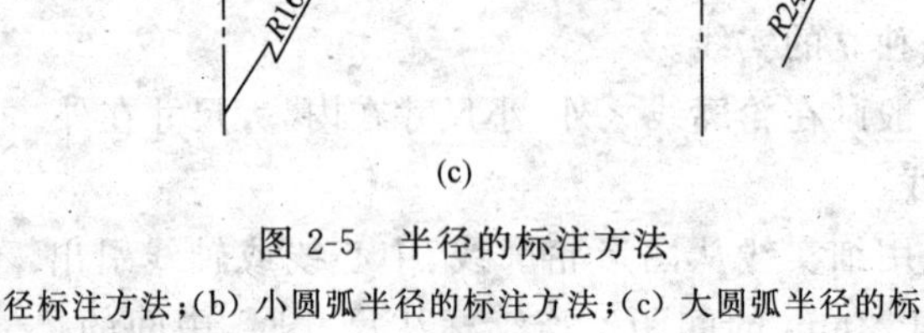

图 2-5 半径的标注方法

(a) 半径标注方法；(b) 小圆弧半径的标注方法；(c) 大圆弧半径的标注方法

标注圆的直径尺寸时，直径数字前应加符号“ϕ”。在圆内标注的直径尺寸线应通过圆心两端画箭头指至圆弧。沿直径尺寸线标注尺寸数字，图形较小时，也可以引出标注，如图 2-6 所示。

标注球的直径、半径尺寸时，应分别在尺寸数字前加注符号“$S\phi$”、“*SR*”，如图 2-7 所示。

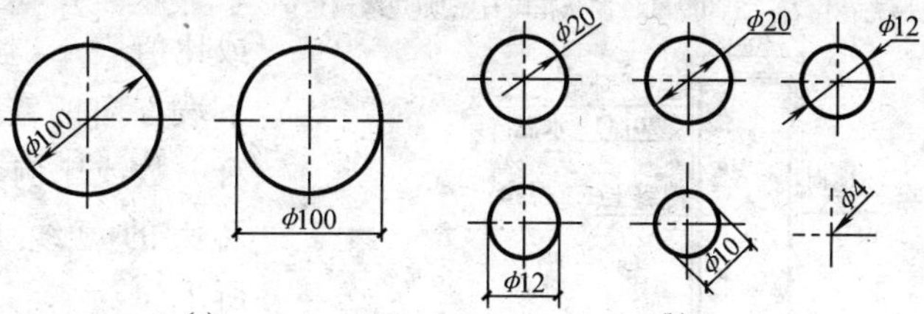

(a)　　　　　　　　(b)

图 2-6　圆的直径标注方法

(a)大圆的标注方法；(b)小圆的标注方法

(2) 角度、弧长、弦长的标注

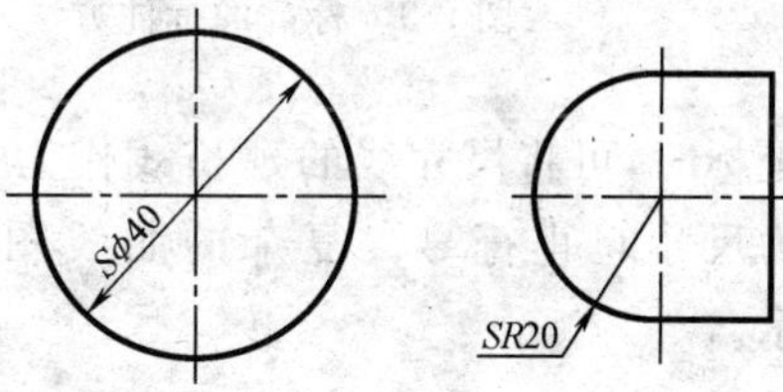

图 2-7　球的直径和半径标注方法

角度的尺寸线以圆弧表示，该圆弧的圆心是该角的顶点，角的两条边为尺寸界线。起止符号应以箭头表示，当没有足够的位置画箭头，常用圆点代替，角度数字一般按水平方向标注，如图 2-8(a)所示。

标注圆弧的弧长时，尺寸线应用与该圆弧同心的弧线表示，尺寸界线应垂直于该圆弧的弦，起止符号用箭头表示，弧长数字上方应加注圆弧符号“⌒”，如图 2-8(b)所示。

标注圆弧的弦长时，尺寸线应用平行于该弦的直线表示，尺寸界线应垂直于该弦，起止符号用中粗斜短线表示，如图 2-8(c)所示。

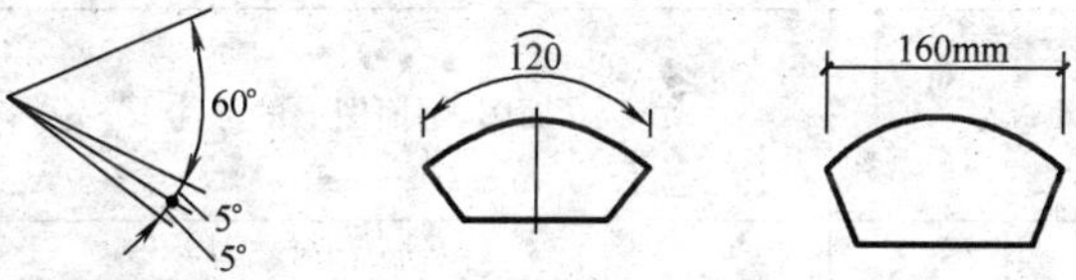

(a)　　　　(b)　　　　(c)

图 2-8　角度、弧长、弦长的标注方法

(a)角度；(b)弧长；(c)弦长

(3) 标高标注

绝对标高是指以标准海平面为零点计算的标高，相对标高是指把建筑物底层地面定为零点所计算的标高，相对标高的零点记为±0.000。

标高数字标注在标高符号的横线之上或之下，标高符号为细实线画出的等腰直角三角形，高 3mm。平面图中的标高符号无短横线，室外整坪标高符号为“▼”，数字标注在右上方或右面，如图 2-9 和表 2-4 所示。

(4) 坡度标注

$$坡度=\frac{两点间的高差}{两点间的水平距离} \tag{2-1}$$

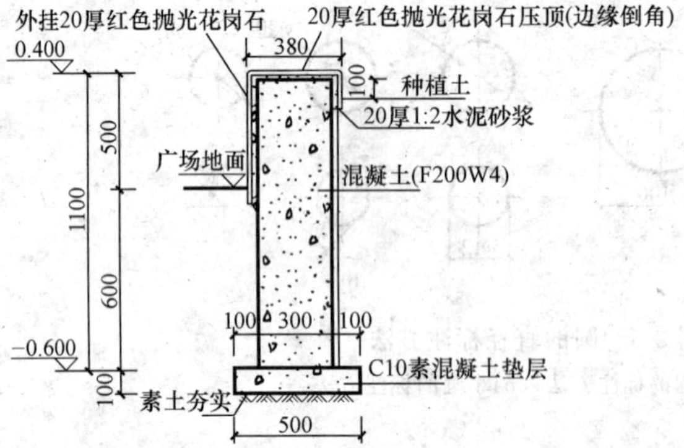

图 2-9 标高的标注方法

坡度常用百分数、比例或比值表示，坡向采用指向下坡方向的箭头表示，坡度百分数或比例数字应标注在箭头的短线上，如图 2-10 所示。

(5) 非圆曲线和连续等间距的尺寸注法

非圆曲线通常采取坐标的形式来标注曲线某些点的有关尺寸。当标注曲线上点的坐标时，可将尺寸线的延长线作为尺寸界线，若 45°倾斜短线不清晰，可画箭头为尺寸起止符号。复杂的曲线图形也可用网格形式标注尺寸，如图 2-11 所示。

表 2-4 标高符号、标注及使用说明

序号	标高符号的标注	说 明
1	L, h, 45° h约等于3mm L约等于注写标高数字的长度	标高符号的基本画法
2	−0.450	平面图上的标注
3	(9.000) (6.000) 3.000	平面图上的多层标注
4	3.300 3.300 3.300 3.300	立面图、剖面图上的标注
5	(9.000) (6.000) 3.000	立面图、剖面图上的多层标注
6	7.200	标高位置不够时的标注
7	▼ 143.00	总平面图上的标注

连续等间距尺寸则可以注成乘积形式，但是第一个间距必须标出，如图 2-12 所示。

(6) 多层结构的标注方法

园林工程中的结构示意图中，多层结构的名称和厚度常用指引线引出，再注写各做法层的做法及厚度。指引线是细实线，应通过并垂直于被引的各层，文字说明的顺序应与结构层次一致，如图 2-13 所示。若层次为横向排列，则由上至下的说明顺序应与由左至右的层次相互一致。

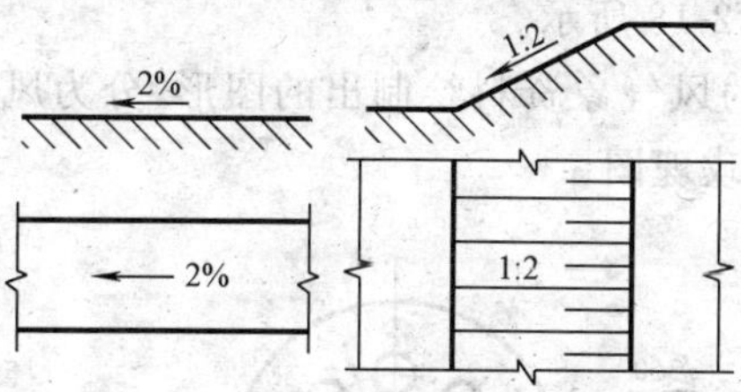

图 2-10　坡度的标注方法

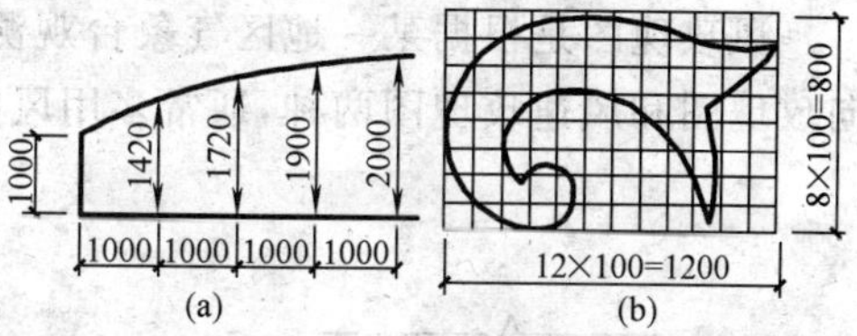

图 2-11　非圆曲线的标注方法

(a)用坐标形式标注非圆曲线；(b)用网格法标注曲线

(7) 尺寸的简化标注

1) 连续排列的等长尺寸，可用“个数×等长尺寸＝总长”的形式标注。如图 2-14 所示。

2) 构配件内的构造因素（例如孔、槽等）如果相同，可仅标注其中一个要素的尺寸。如图 2-15 所示。

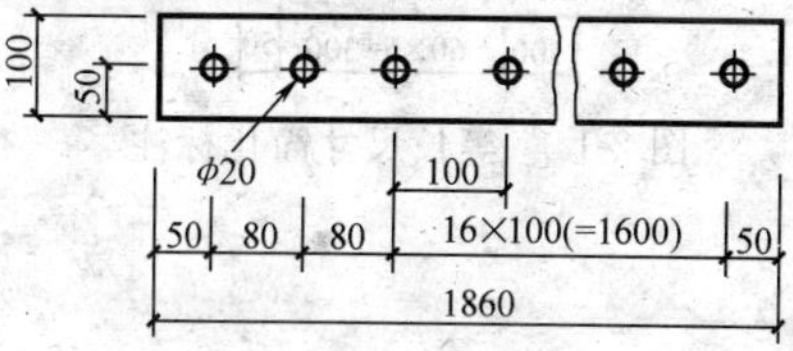

图 2-12　连续间距的尺寸标注方法

3) 对称构配件采用对称省略画法时，该对称构配件的尺寸线应略超过对称符号，仅在尺寸线的一端画尺寸起止符号，尺寸数字应按整体全尺寸标注，其标注位置宜与对称符号对齐。如图 2-16 所示。

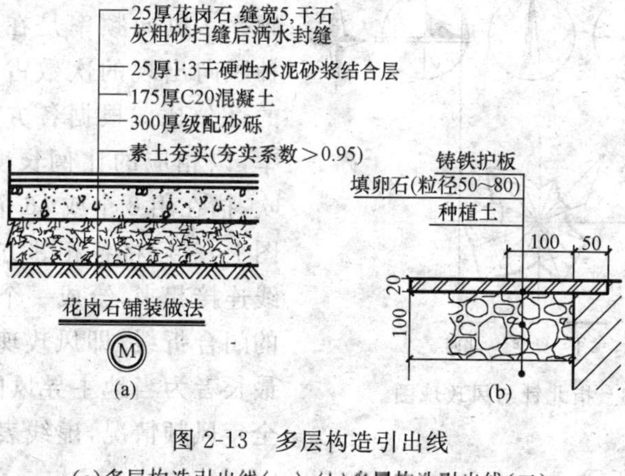

图 2-13　多层构造引出线

(a)多层构造引出线(一)；(b)多层构造引出线(二)

4) 两个构配件，若个别尺寸数字不同，可在同一图样中将其中一个构配件的不同尺寸数字标注在括号内，该构配件的名称也应标注在相应的括号内。如

图 2-17 所示。

◆**指北针与风玫瑰图**

指北针一般用细实线绘制，其形状如图 2-18 所示。

风玫瑰图是根据某一地区气象台观测的风气象资料绘制出的图形，分为风向玫瑰图和风速玫瑰图两种，通常多用风向玫瑰图。

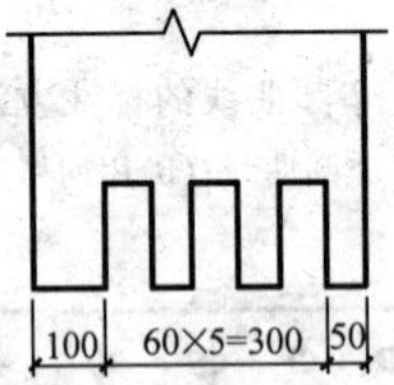

图 2-14　等长尺寸简化标注

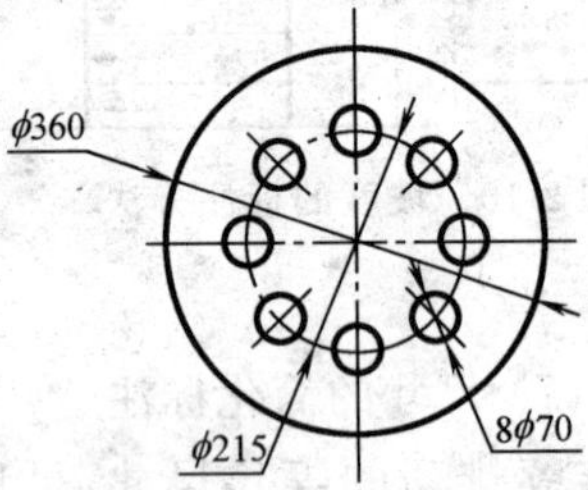

图 2-15　相同尺寸简化标注

图 2-16　对称构件尺寸简化标注

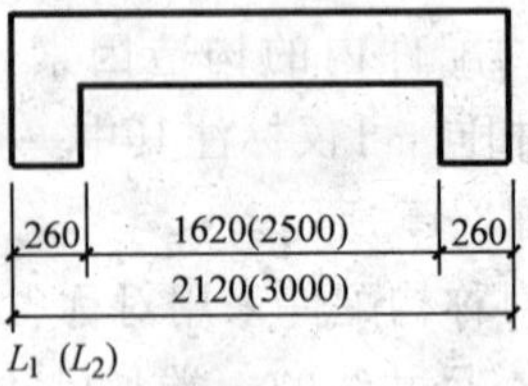

图 2-17　相似构件尺寸简化标注

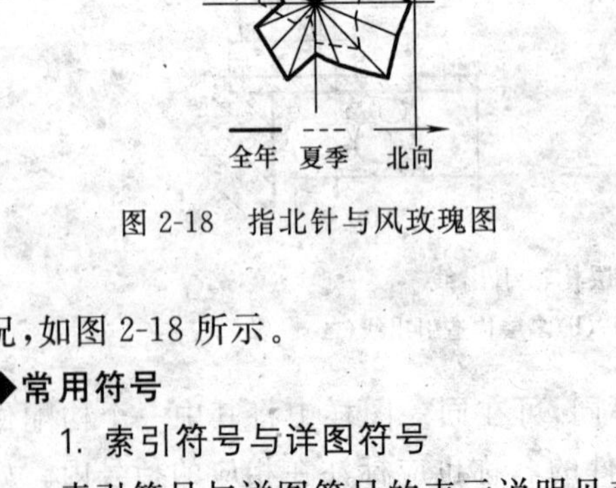

图 2-18　指北针与风玫瑰图

风向玫瑰图表示风向和风向的频率。风向频率是在一定时间内各种风向出现的次数占所有观察次数的百分比。根据各方向风的出现频率，以相应的比例长度，按风向中心吹，描在用 8 个或 16 个方向所表示的图上，然后将各相邻方向的端点用直线连接起来，绘成一个形式宛如玫瑰的闭合折线，即风玫瑰图。图中线段最长者为当地主导风向，粗实线表示全年风频情况，虚线表示夏季风频情况，如图 2-18 所示。

◆**常用符号**

1. 索引符号与详图符号

索引符号与详图符号的表示说明见表 2-5。

表 2-5　索引符号与详图符号的表示说明

名称		符号	说明
索引符号	局部放大详图的索引符号	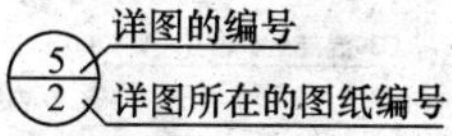 5/2：详图的编号；详图所在的图纸编号	索引出的详图与被索引的图不在同一张图纸内
		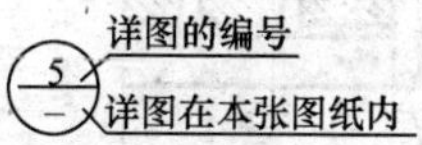 5/—：详图的编号；详图在本张图纸内	索引出的详图与被索引的图在同一张图纸内
		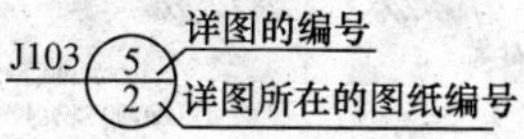 J103 5/2：详图的编号；详图所在的图纸编号	索引出的详图采用标准图集 103 册
	剖视详图的索引符号	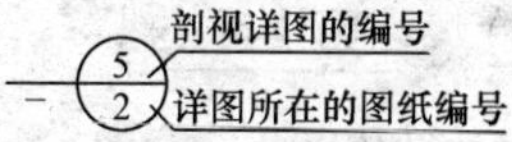 5/2：剖视详图的编号；详图所在的图纸编号	从下向上投射得到剖视详图
		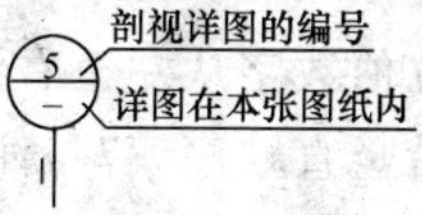 5/—：剖视详图的编号；详图在本张图纸内	从左向右投射得到剖视详图
详图符号		 5：详图的编号	详图与被索引的图在同一张图纸内
		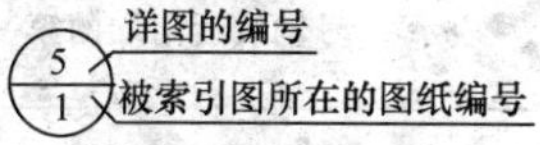 5/1：详图的编号；被索引图所在的图纸编号	详图与被索引的图不在同一张图纸内

（1）索引符号

索引符号用以说明详图所在的位置编号。索引符号是由直径为 10mm 的圆和水平直径组成，圆及水平直径均应以细实线绘制。

（2）详图符号

详图符号用以表明详图的编号及被索引图样的位置。详图符号的圆应以直径为 14mm 的粗实线绘制。

（3）引出线

作为索引符号、详图符号及文字说明的引出线如图 2-19 所示。

2. 定位轴线及编号

定位轴线用点划线绘制。定位轴线编号标注在轴线端部的圆内。

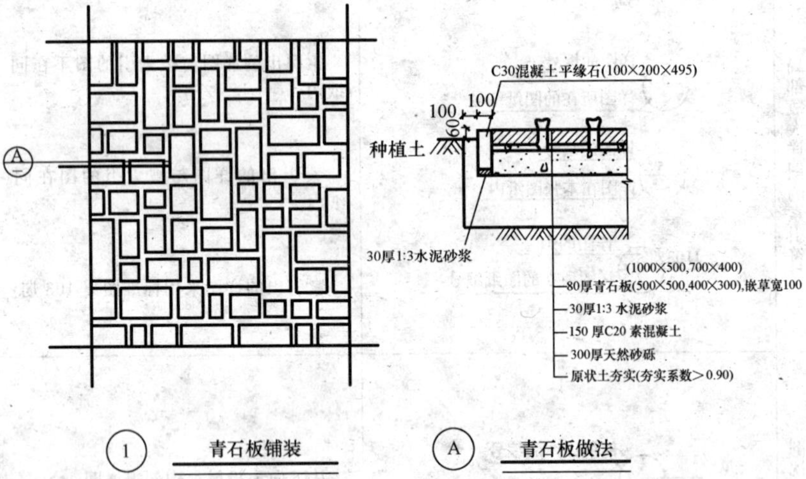

图 2-19　引出线的画法及使用

建筑平面图中,横向轴线的编号采用阿拉伯数字从左至右沿水平方向顺序编写,纵向轴线的编号用大写字母从下至上沿竖直顺序编写(注:I、Q、Z 不得用于轴线编号),其标注及使用方法见表 2-6。

表 2-6　定位轴线的标注方法及使用说明

类型	轴线编号	说　明
附加轴线编号	②/④ ①/Ⓐ	表示 4 号轴线后附加的第二根轴线 表示 A 号轴线后附加的第一根轴线
详图的轴线编号	① ③	用于两根轴线
	① ～ ⑩	用于三根以上连续编号的轴线
	① 3、6…	用于三根或三根以上的轴线
	○	用于通用详图

相关知识

◆常用绘图工具的使用

1. 图板

图板是用质地较软的木材制成的，板面通常采用表面平坦光滑的胶合板，板的四周（或左、右两边）镶有平直的硬木边框，如图2-20所示。

图板放在绘图桌上，板身略为倾斜，与水平面倾斜约20°。固定图纸要用胶带纸粘贴。使用时要注意爱护，要防止水浸、曝晒和重压。

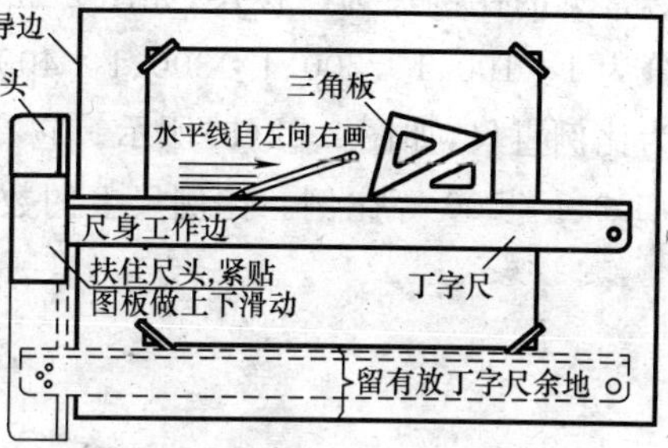

图2-20　图板、丁字尺、三角板

2. 丁字尺

丁字尺是用木材或有机玻璃等材料制成的，其规格尺寸有640mm、900mm、1200mm等数种，可以配合图板使用（图2-20）。

丁字尺由尺头和尺身组成，两者结合牢固，尺头的内侧与尺身工作边垂直。尺身工作边必须保持平直光滑。丁字尺用毕后应挂置妥当，防止尺身变形。

丁字尺主要用来绘水平线，并可与三角板配合绘垂直线及15°倍数的倾斜线。使用时左手扶住尺头，使它紧靠图板左导边，然后上下推动使尺身工作边对准画线位置，按住尺身，从左向右、自上而下逐条绘出水平线。

为了保证绘图的准确性，不可用尺身的下边缘画线；绘制同一张图纸，只能用图板的同侧导边为工作边。

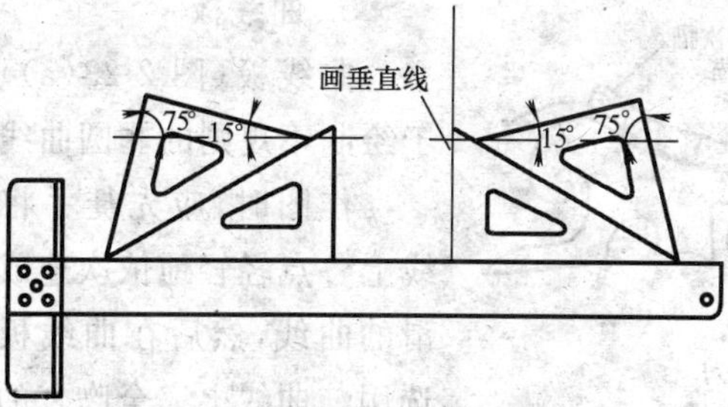

图2-21　丁字尺与三角板配合使用

3. 三角板

一副三角板有30°、60°、90°和45°、45°、90°两块。三角板与丁字尺配合使用，可画垂直线和与15°角成倍角的斜线，如图2-21所示。绘垂直线时将三角板的一直角边紧靠待画线的右边，另一直角边紧靠丁字尺工作边，然后左手按住尺身和三角板，右手持笔自下而上画线。同时还可利用两块三角板相互配合对圆周进行4、

5、8、12 等分，并可画任意斜线的平行线和垂直线。

4. 比例尺

根据实际需要和图纸大小，可采用比例尺将物体按比例缩小或放大绘成图样。常见的比例尺为三棱尺，如图 2-22(a)所示。三棱尺上有 6 种比例刻度，一般分为 1∶100、1∶200、1∶300、1∶400、1∶500、1∶600 等。也有直尺形状的，称为比例直尺，如图 2-22(b)所示。它有 1 行刻度和 3 行数字，分别表示1∶100、1∶200、1∶500 等比例。比例尺上的数字以"m"为单位。

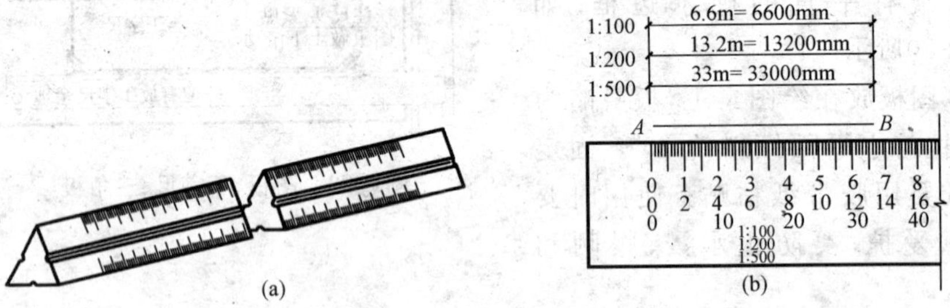

图 2-22　比例尺及其用法

(a)三棱比例尺；(b)直尺形比例尺

采用比例尺直接度量尺寸，尺上的比例应与图样上的比例相同，其尺寸不用通过计算，便可直接读出。例如已知图形的比例是 1∶200，想知道图上线段 AB 的实长，就可用比例尺上 1∶200 的刻度去度量。将刻度上的零点对准点 A，而点 B 在刻度 13.2 处，则可读得线段 AB 的长度为 13.2，即 13200mm。1∶200 的刻度还可作 1∶2、1∶20 和 1∶2000 的比例使用。如果比例改为 1∶2 时，读数应为 13.2×2/200m＝0.132m；比例改为 1∶20 时，应为 13.2×20/200m＝1.32m；比例改为 1∶2000 时，则为 13.2×2000/200m＝132m。

比例尺只用来量取尺寸，不可用来画线，尺的棱边应保持平直，以免影响使用。

5. 曲线板

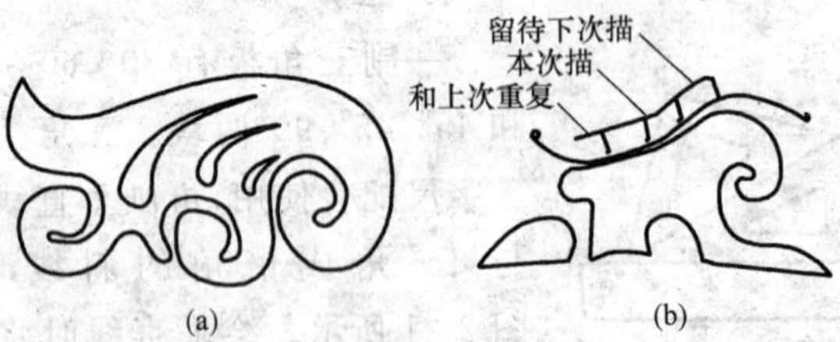

图 2-23　曲线的描绘方法

曲线板(图 2-23(a))用于绘制不规则的非圆曲线。

作图时，应先徒手将曲线上各点轻轻地依次连成光滑的曲线，然后在曲线板上选用与曲线上完全吻合的一段描绘，吻合点越多所得曲线越光滑。若吻合段有 4 个连接点，可先描绘前三点的一段，留下最后两个点给下一段描，这样中间有一小段前后吻合两次，依次描绘就可连出光滑曲线(图 2-23(b))。

描绘对称曲线时，应自顶点一小段开始，对称地使用曲线板的同一段曲线描绘对称部分。

第二节　园林工程常用识图图例

要点

园林工程常用识图图例包括：绿化工程，园路、园桥、假山工程以及园林景观工程，本节将分别予以介绍。

解释

◆绿化工程常用识图图例

1. 园林绿地规划设计图例

园林绿地规划设计图例见表 2-7。

表 2-7　园林绿地规划设计图例

序　号	名　　称	图　　例	说　　明
		建筑	
1	规划的建筑物		用粗实线表示
2	原有的建筑物	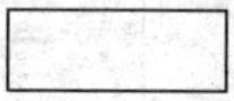	用细实线表示
3	规划扩建的预留地或建筑物		用中虚线表示
4	拆除的建筑物		用细实线表示
5	地下建筑物		用粗虚线表示
6	坡屋顶建筑		包括瓦顶、石片顶、饰面砖顶等
7	草顶建筑或简易建筑		—
8	温室建筑	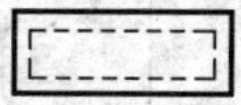	—
		水体	
9	自然形水体		—
10	规则形水体	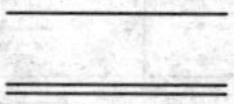	—
11	跌水、瀑布	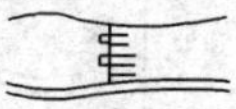	—

续表

序号	名称	图例	说明
		水体	
12	旱涧		—
13	溪涧	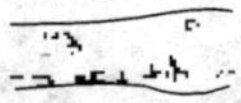	—
		工程设施	
14	护坡		—
15	挡土墙	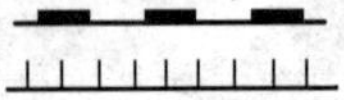	突出的一侧表示被挡土的一方
16	排水明沟	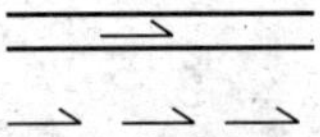	上图用于比例较大的图面 下图用于比例较小的图面
17	有盖的排水沟	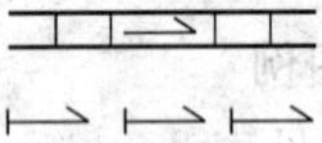	上图用于比例较大的图面 下图用于比例较小的图面
18	雨水井		—
19	消火栓井		—
20	喷灌点		—
21	道路	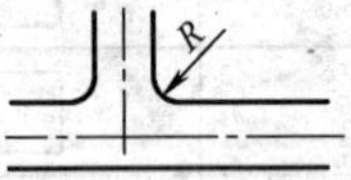	—
22	铺装路面		—
23	台阶	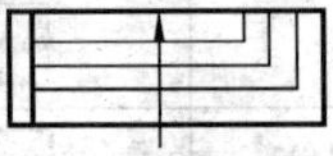	箭头指向表示向上
24	铺砌场地	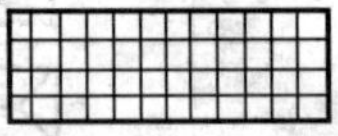	也可依据设计形态表示
25	车行桥	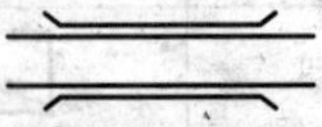	也可依据设计形态表示
26	人行桥	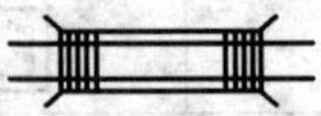	
27	亭桥	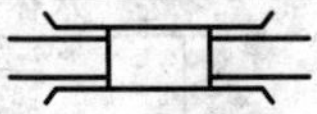	—
28	铁索桥		—
29	汀步		—

续表

序　号	名　　称	图　　例	说　　明
		工程设施	
30	涵洞	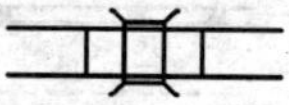	—
31	水闸	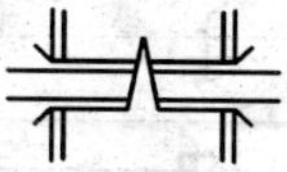	—
32	码头	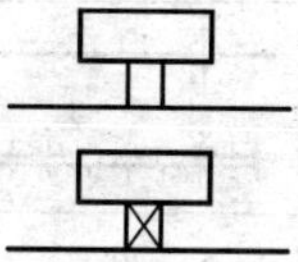	上图为固定码头 下图为浮动码头
33	驳岸	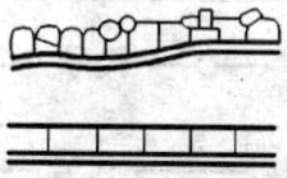	上图为假山石自然式驳岸 下图为整形砌筑规划式驳岸

2. 城市绿地系统规划图例

城市绿地系统规划图例见表 2-8。

表 2-8　城市绿地系统规划图例

序　号	名　　称	图　　例	说　　明
		工程设施	
1	电视差转台		—
2	发电站		—
3	变电所		—
4	给水厂		—
5	污水处理厂		—
6	垃圾处理站		—
7	公路、汽车游览路		上图以双线表示，用中实线；下图以单线表示，用粗实线
8	小路、步行游览路		上图以双线表示，用细实线；下图以单线表示，用中实线

续表

序号	名称	图例	说明
		工程设施	
9	山地步游小路	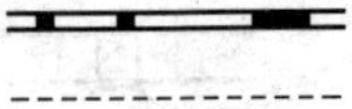	上图以双线加台阶表示，用细实线；下图以单线表示，用虚线
10	隧道		—
11	架空索道线		—
12	斜坡缆车线		—
13	高架轻轨线	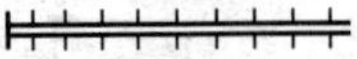	—
14	水上游览线	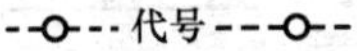	细虚线
15	架空电力电信线	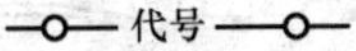	粗实线中插入管线代号，管线代号按现行国家有关标准的规定标注
16	管线	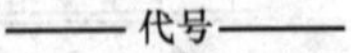	—
		用地类型	
17	村镇建设地	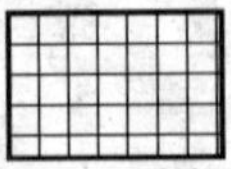	—
18	风景游览地	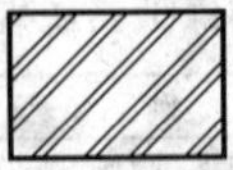	图中斜线与水平线成45°角
19	旅游度假地		—
20	服务设施地	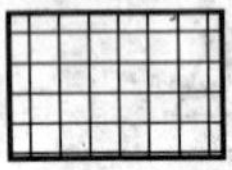	—
21	市政设施地	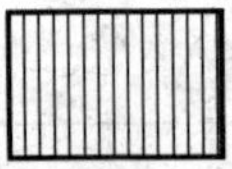	—
22	农业用地	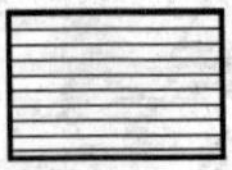	—
23	游憩、观赏绿地	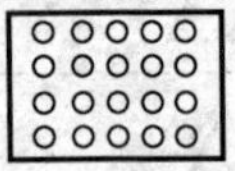	—
24	防护绿地		—
25	文物保护地	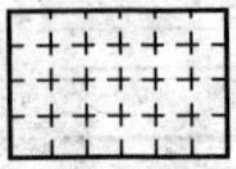	包括地面和地下两大类，地下文物保护地外框用粗虚线表示

续表

序　号	名　　称	图　　例	说　　明
		用地类型	
26	苗圃、花圃用地	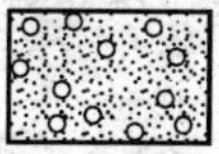	—
27	特殊用地	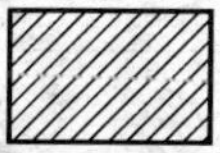	—
28	针叶林地		需区分天然林地、人工林地时，可用细线界框表示天然林地，粗线界框表示人工林地
29	阔叶林地	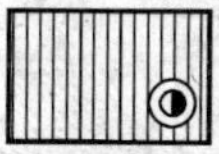	—
30	针阔混交林地		—
31	灌木林地	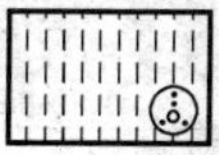	—
32	竹林地	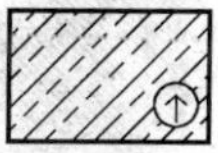	—
33	经济林地	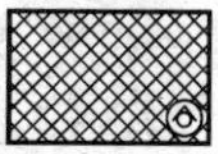	—
34	草原、草甸	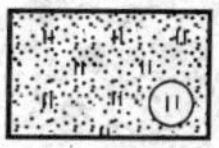	—

3. 种植工程常用图例

种植工程常用图例见表 2-9～表 2-11。

表 2-9　植物

序　号	名　　称	图　　例	说　　明
1	落叶阔叶乔木		落叶乔、灌木均不填斜线；常绿乔、灌木加画 45°细斜线 阔叶树的外围线用弧裂形或圆形线；针叶树的外围线用锯齿形或斜刺形线 乔木外形成圆形；灌木外形成不规则形
2	常绿阔叶乔木	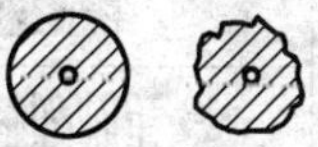	
3	落叶针叶乔木		

续表

序号	名称	图例	说明
4	常绿针叶乔木	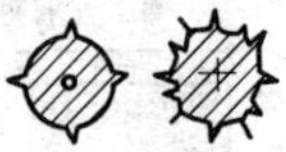	乔木图例中粗线小圆表示现有乔木，细线小十字表示设计乔木；灌木图例中黑点表示种植位置 凡大片树林可省略图例中的小圆、小十字及黑点
5	落叶灌木		
6	常绿灌木		
7	阔叶乔木疏林		—
8	针叶乔木疏林		常绿林或落叶林根据图画表现的需要加或不加45°细斜线
9	阔叶乔木密林		—
10	针叶乔木密林		—
11	落叶灌木疏林		—
12	落叶花灌木疏林		—
13	常绿灌木密林		—
14	常绿花灌木密林		—
15	自然形绿篱		—
16	整形绿篱		—
17	镶边植物		—
18	一、二年生草本花卉	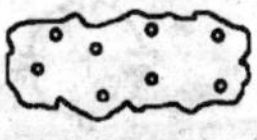	—

续表

序　号	名　　称	图　　例	说　　明
19	多年生及宿根草本花卉		—
20	一般草皮	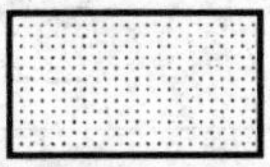	—
21	缀花草皮	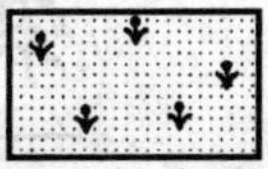	—
22	整形树木		—
23	竹丛		—
24	棕榈植物	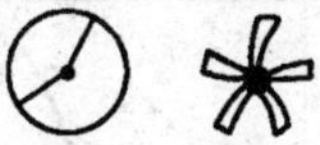	—
25	仙人掌植物		—
26	藤本植物		—
27	水生植物	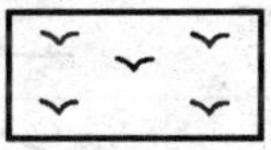	—

表 2-10　枝干形态

序　号	名　　称	图　　例	说　　明
1	主轴干侧分枝形		—
2	主轴干无分枝形		—

续表

序　号	名　　称	图　　例	说　　明
3	无主轴干多枝形		—
4	无主轴干垂枝形		—
5	无主轴干丛生形		—
6	无主轴干匍匐形		—

表 2-11　树冠形态

序　号	名　　称	图　　例	说　　明
1	圆锥形		树冠轮廓线，凡针叶树用锯齿形；凡阔叶树用弧裂形表示
2	椭圆形		—
3	圆球形		—
4	垂枝形		—
5	伞形		—
6	匍匐形		—

4. 绿地喷灌工程图例

绿地喷灌工程图例见表 2-12。

表 2-12　绿地喷灌工程图例

序　号	名　　称	图　　例	说　　明
1	永久螺栓	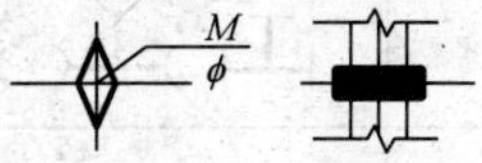	(1)细"＋"线表示定位线 (2)M 表示螺栓型号 (3)ϕ 表示螺栓孔直径 (4)d 表示膨胀螺栓、电焊铆钉直径 (5)采用引出线标注螺栓时，横线上标注螺栓规格，横线下标注螺栓孔直径 (6)b 表示长圆形螺栓孔的宽度
2	高强螺栓	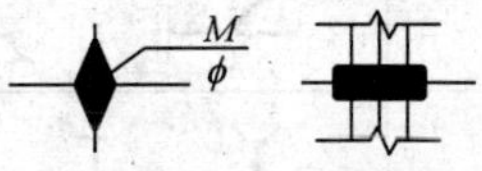	
3	安装螺栓	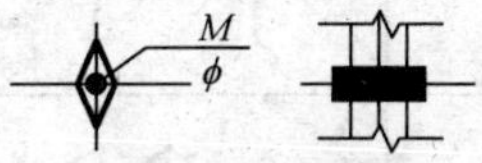	
4	胀锚螺栓	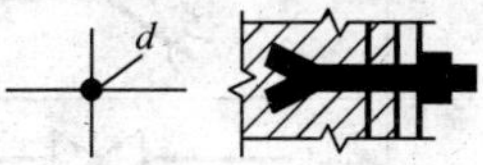	
5	圆形螺栓孔	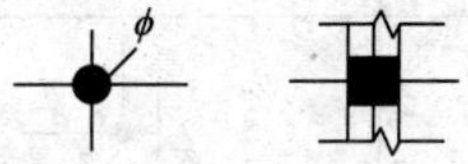	
6	长圆形螺栓孔	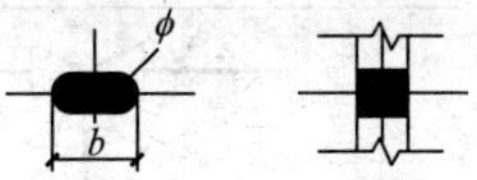	
7	电焊铆钉	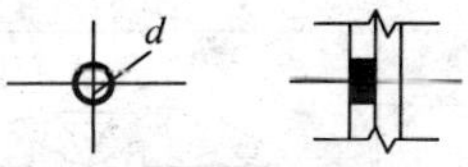	
8	偏心异径管		—
9	异径管	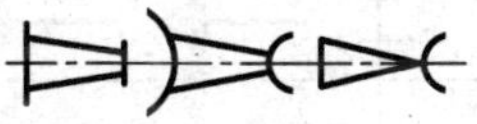	—
10	乙字管	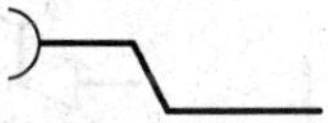	—
11	喇叭口	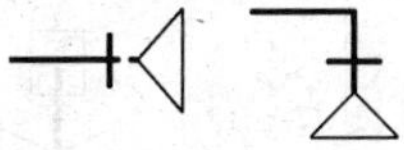	—
12	转动接头	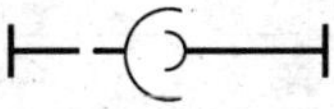	—
13	短管	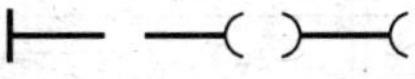	—
14	存水弯	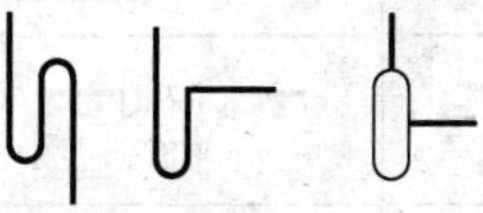	—
15	弯头	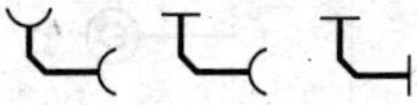	—

续表

序　号	名　　称	图　　例	说　　明
16	正三通	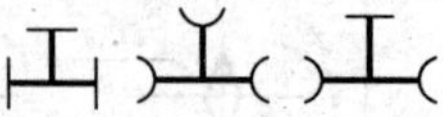	—
17	斜三通		—
18	正四通		—
19	斜四通	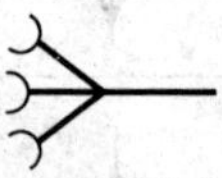	—
20	闸阀		—
21	角阀		—
22	三通阀	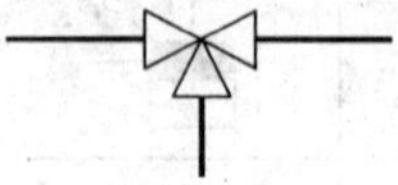	—
23	四通阀	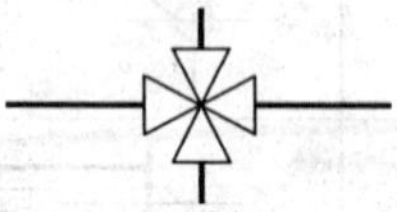	—
24	截止阀	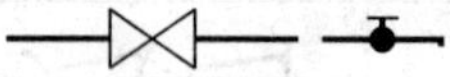	—
25	电动阀		—
26	液动阀	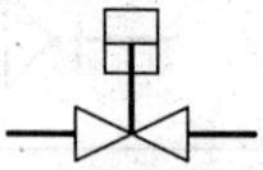	—
27	气动阀		—
28	减压阀	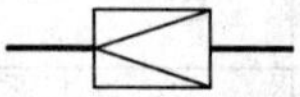	左侧为高压端
29	旋塞阀	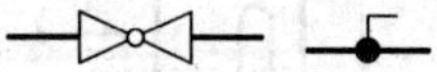 平面　系统	—
30	底阀		—

续表

序　号	名　　称	图　　例	说　　明
31	球阀		—
32	隔膜阀		—
33	气开隔膜阀	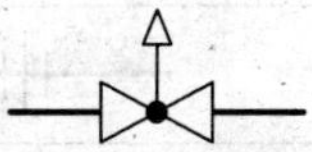	—
34	气闭隔膜阀	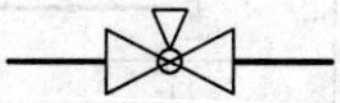	—
35	温度调节阀		—
36	压力调节阀		—
37	电磁阀		—
38	止回阀		—
39	消声止回阀	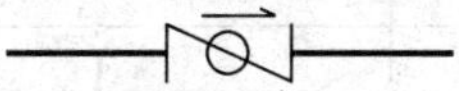	—
40	蝶阀	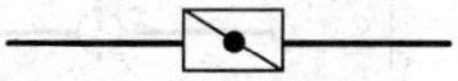	—
41	弹簧安全阀	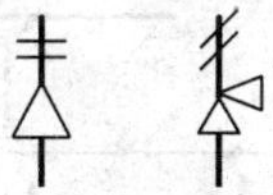	左为通用
42	平衡锤安全阀	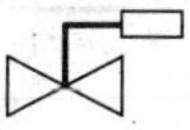	—
43	自动排气阀	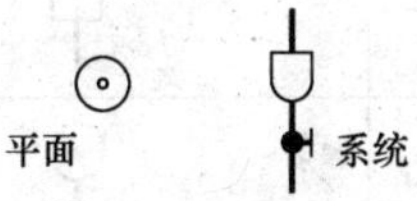	—
44	浮球阀	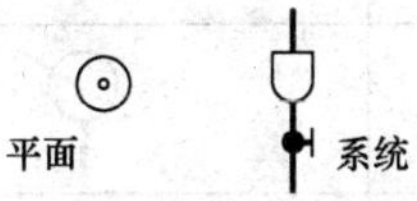	—
45	延时自闭冲洗阀		—
46	吸水喇叭口	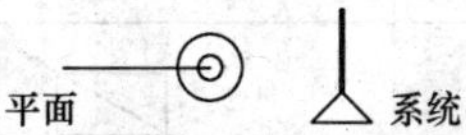	—

续表

序号	名称	图例	说明
47	疏水器		—
48	法兰连接	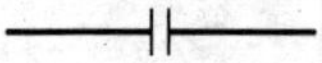	—
49	承插连接		—
50	、活接头	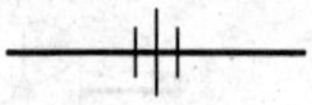	—
51	管堵		—
52	法兰堵盖		—
53	弯折管	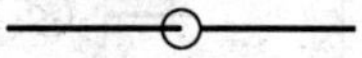	表示管道向后及向下弯转 90°
54	三通连接	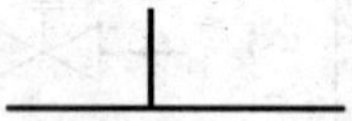	—
55	四通连接	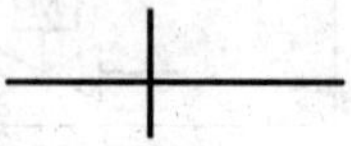	—
56	盲板		—
57	管道丁字上接	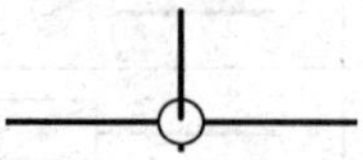	—
58	管道丁字下接		—
59	管道交叉	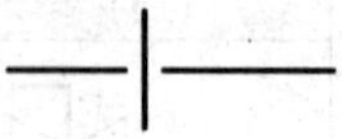	在下方和后面的管道应断开
60	温度计	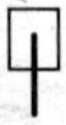	—
61	压力表		—
62	自动记录压力表		—
63	压力控制器		—
64	水表		—
65	自动记录流量计	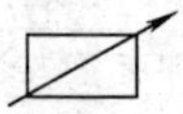	—

续表

序　号	名　称	图　例	说　明
66	转子流量计		—
67	真空表		—
68	温度传感器	----[T]----	—
69	压力传感器	----[P]----	—
70	pH 值传感器	----[pH]----	—
71	酸传感器	----[H]----	—
72	碱传感器	----[Na]----	—
73	氯传感器	----[Cl]----	—

◆园路、园桥、假山工程常用识图图例

驳岸挡土墙工程图例见表 2-13。

表 2-13　驳岸挡土墙工程图例

序　号	名　称	图　例
1	天然石材	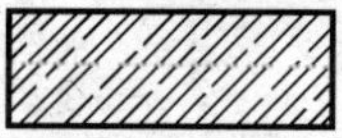
2	毛石	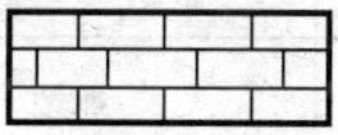
3	普通砖	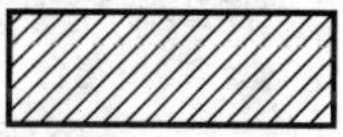
4	耐火砖	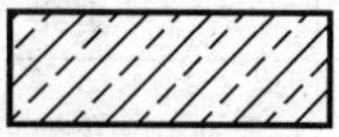
5	空心砖	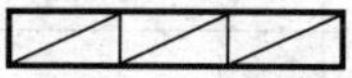
6	饰面砖	
7	混凝土	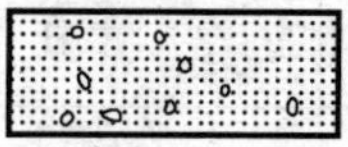
8	钢筋混凝土	
9	焦砟、矿渣	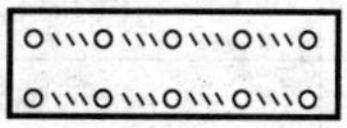

续表

序号	名称	图例
10	金属	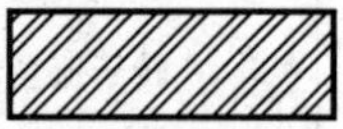
11	松散材料	
12	木材	
13	胶合板	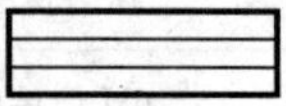
14	石膏板	
15	多孔材料	
16	玻璃	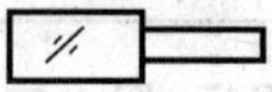
17	纤维材料或人造板	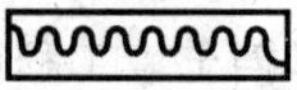

◆园林景观工程常用识图图例

水池、花架及小品工程图例见表 2-14。

表 2-14　水池、花架及小品工程图例

序号	名称	图例	说明
1	雕塑		仅表示位置。不表示具体形态,以下同,也可依据设计形态表示
2	花台		
3	坐凳		
4	花架	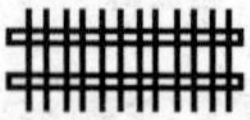	
5	围墙		上图为实砌或漏空围墙 下图为栅栏或篱笆围墙
6	栏杆	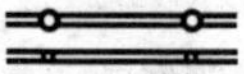	上图为非金属栏杆 下图为金属栏杆
7	园灯		—
8	饮水台		—
9	指示牌		—

相关知识

◆常用绘图仪器的使用

1. 圆规

圆规主要用以画圆及圆弧，也可配以针尖插脚作分规使用，如图 2-24 所示。

圆规有 1 只活动腿和 1 只固定腿。固定腿上装有针尖。针尖的一端为圆锥形，可作为分规使用；另一端根部呈小平台状，画圆或圆弧时，将小平台下的针尖插入图板中定圆心用。活动腿上可选用 3 种插腿：铅心插腿用来画铅笔线型图，直线笔插腿用来上墨描图，钢针尖插腿用做分规使用。此外，在活动腿上还可接上延长杆，用以画大圆或大圆弧，如图 2-25 所示。

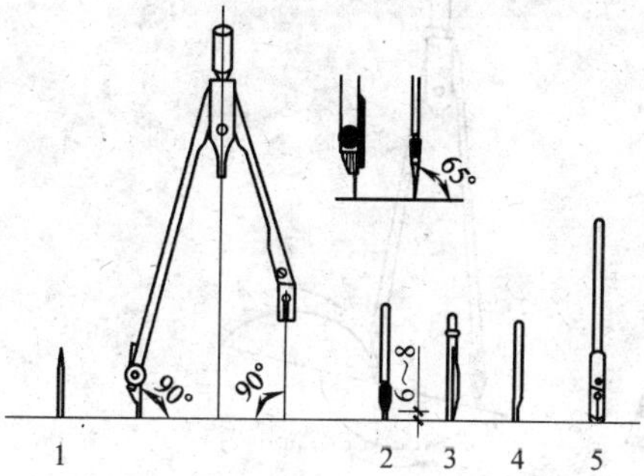

图 2-24　圆规

1—钢针；2—铅心插腿；3—直线笔插腿；4—钢针尖插腿；5—延长杆

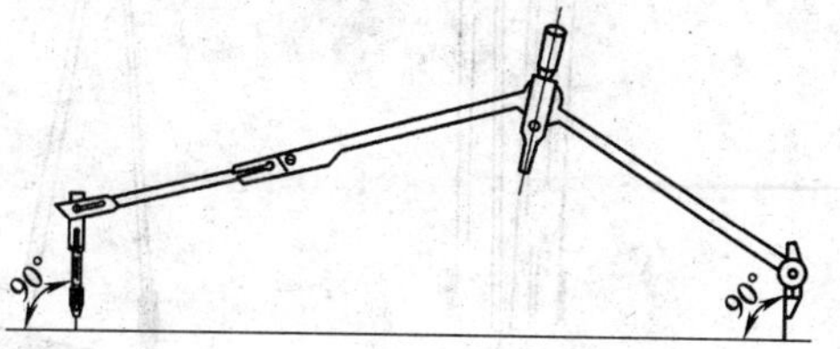

图 2 25　画大圆的方法

用圆规绘图，选用的铅心要比画线用铅笔的铅心软一级，且铅心尖应与钢针的小台阶平齐。同时，不论所画圆的直径多大，针尖和插腿应尽可能垂直纸面。画图时，先将圆规按所画圆的半径大小张开，然后将圆规针尖放在圆心的位置上，使铅心接触纸面，再用右手的食指和拇指转动圆规端杆，习惯上按顺时针方向旋转画圆。旋转时保持圆规向画线方向稍微倾斜，切勿往复旋动，具体使用方法如图 2-26 所示。

2. 分规

分规主要作用有：等分线段、移置线段和量度尺寸。常用的有大分规和弹簧分规两种，使用时它的两个针尖必须平齐，如图 2-27(a)所示。

用分规量度尺寸时，注意不应把针尖扎入尺面，如图 2-27(b)所示。用分规等分线段时，先凭目测估计，使两针尖张开距离大致接近等分段的长度，然后在线段上试分。如有差额，则将两针头距离再进行调整，直到恰好等分时为止，如图 2-27(c)所示。

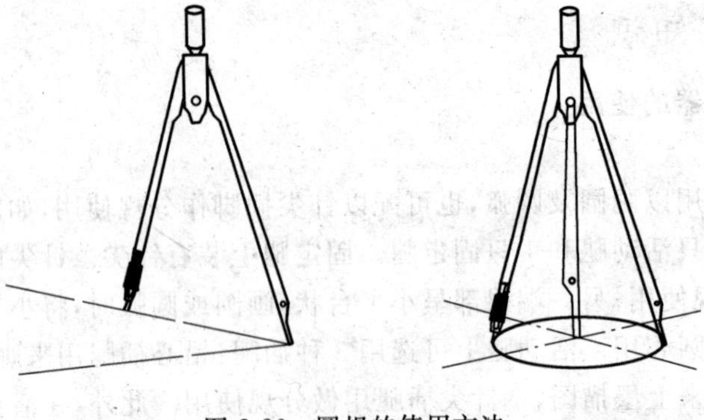

图 2-26　圆规的使用方法

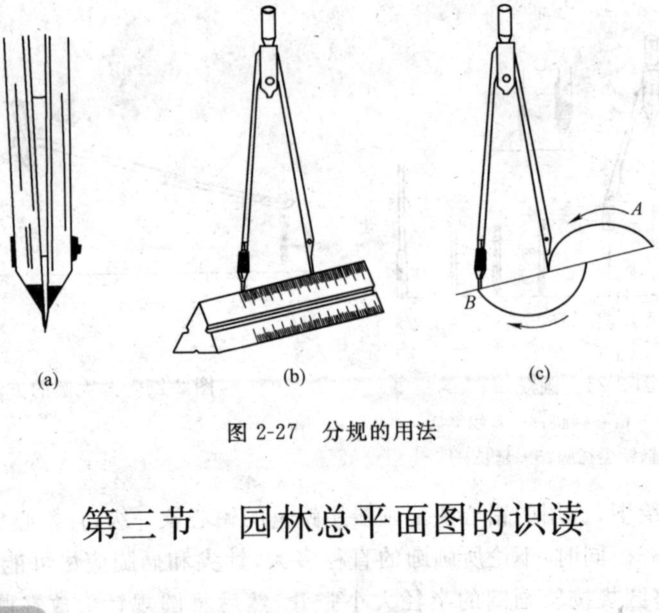

图 2-27　分规的用法

第三节　园林总平面图的识读

要点

园林总平面图是表现规划范围内的各种造园因素（如地形、山石、水体、建筑及植物等）布局位置的水平投影图，它是反映园林工程总体设计意图的主要图纸，也是绘制其他图纸及造园施工定位的依据。

解释

◆园林总平面图表达的内容

总平面图反映的是设计地段总的设计内容，包括建筑、道路、广场、植物种植、景观设施、地形、水体等各种构景要素的表现，此外，通常在总平面图中还配有一小段文字说明和相关的设计指标。总平面图设计内容包括：

1）标题。在园林设计图中通常在图纸的显要位置列出设计项目及设计图纸的名称，除了起到标示、说明作用之外，标题还应该具有一定的装饰效果，以增强图面的观赏效果。

2）图例表。说明图中一些自定义的图例对应的含义。

3）用地周边环境。表现设计地段所处的位置，在环境图中标注出设计地段的位置、所处的环境、周边的用地情况、交通道路情况、景观条件等。

4）设计红线。给出设计用地的范围，用红色粗双点划线标出，即规划红线范围。

5）建筑和园林小品。在总平面图中应该标示出建筑物、构筑物及其出入口、围墙的位置，并标注建筑物的编号。在大比例图纸中，对有门窗的建筑可采用通过窗台以上部位的水平剖面图来表示，对没有门窗的建筑采用通过支撑柱部位的水平剖面图来表示。用粗实线画断面轮廓，用中实线画出其他可见轮廓。此外，也可采用屋顶平面图来表示（仅适用于坡屋顶和曲面屋顶），用粗实线画出外轮廓，用细实线画出屋面。对花坛、花架等建筑小品用细实线画出投影轮廓。

在小比例图纸中（1∶1000 以上），只需用粗实线画出水平投影外轮廓线。建筑小品可不画。

6）道路、广场。道路中心线位置，主要的出入口位置，及其附属设施停车库（场）的车位位置。标示广场的位置、范围、名称等。

7）地形水体。原地形、地貌，设计标高、高程，城市坐标。绘制地形等高线，水体的轮廓线，并填充图案与其他部分区分。水体一般用两条线表示，外面的一条表示水体边界线（即驳岸线），用特粗实线绘制；里面的一条表示水面，用细实线绘制。

8）植物种植。园林植物由于种类繁多、姿态各异，平面图中无法详尽地表达，一般采用"图例"作概括地表示，所绘图例应区分出针叶树、阔叶树、常绿树、落叶树、乔木、灌木、绿篱、花卉、草坪、水生植物等，对常绿植物在图例中应画出间距相等的细斜线表示。标示植物种植点的位置，如果是大片的树丛，可以仅标注出林缘线。

绘制植物平面图图例时，要注意曲线过渡自然，图形应形象、概括。树冠的投影要按成龄以后的树冠大小画。

9）山石。山石应采用其水平投影轮廓线概括表示，以粗实线绘出边缘轮廓，以细实线概括绘出皴纹。

10）园路、广场和铺地。园路用细实线画出路缘，对铺装路面也可按设计图案简略示出。

11）标注定位尺寸或坐标网。设计平面图中定位方式有两种，一种是根据原有景物定位，标注新设计的主要景物与原有景物之间的相对距离；另一种是采用直角坐标网定位。直角坐标网有建筑坐标网和测量坐标网两种标注方式。建筑坐标网是以工程范围内的某一点为“零”点，再按一定的距离画出网格，水平方向为 B 轴，垂直方向为 A 轴，便可确定网格坐标。测量坐标网是根据造园所在地的测量基准点的坐标，确定网格的坐标，水平方向为 Y 轴，垂直方向为 X 轴，坐标网格用细实线绘制。

12）其他。图纸中其他说明性的标示和文字。比如：指北针、风玫瑰（图 2-28）、绘图比例等。

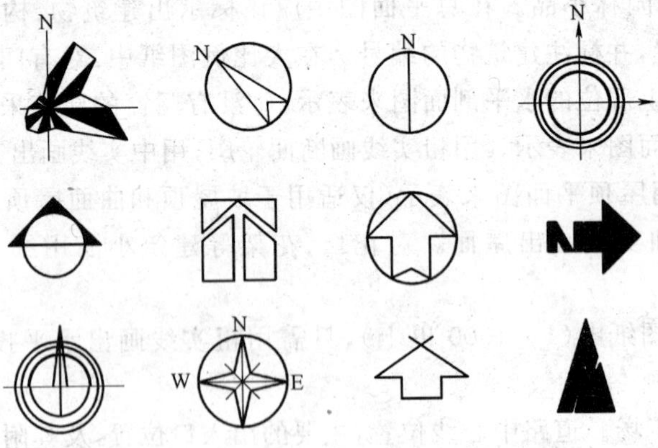

图 2-28　指北针和风玫瑰

◆**园林总平面图的阅读步骤**

1）看图名、比例、风玫瑰图或指北针。首先了解项目概况。

2）看等高线和水位线。了解地形和水体布置情况。着重注意用地范围内地形最底点、最高点、水底等特征地形的标高，从而大致了解地形走势、特征。

3）看图例和文字说明。明确新建景物的平面位置和功能，了解总体布局情况。

4）看坐标和尺寸。根据坐标或尺寸查找施工放线的依据。

◆**总平面图的绘制要求与方法**

1. 总平面图的绘制要求

1）布局与比例。在绘制总平面图之前需要根据出图的要求确定适宜的图幅，然后再确定适宜的绘图比例。图纸应按上北下南方向绘制，据场地形状或布局可向左或向右偏转，但不宜超过 45°。总平面图中包括图纸、文字、标题、表格等，所以在绘制的过程中要注意图纸各个组成部分的布局，充分合理的利用图纸空间。

2）图例。建筑物、构筑物、道路、铁路以及植物等的图例见《总图制图标准》

(GB/T 50103—2001)。如因某些原因必须另行设定图例时，应该在总图上绘制专门的图表进行说明。

3）图线。绘制总图时根据具体内容采用不同的图线，具体可参见表 2-2。

4）单位。施工总平面图中的坐标、标高、距离以“m”为单位，精确至小数点后两位。详图以“mm”为单位。使用其他单位应另加说明。

建筑物、构筑物、铁路、道路方位角、铁路、道路转向角的度数，应精确到“秒”，特殊情况应另加说明。道路纵坡度、场地平整坡度、排水沟沟底纵坡度以百分率计，并精确至小数点后 1 位。

5）坐标网格。较复杂的工程，在施工图中利用坐标定位，坐标分为测量坐标和施工坐标。测量坐标为绝对坐标，可画成交叉十字线，坐标代号用“X,Y”表示；施工坐标为相对坐标，相对零点可选已有建筑物的交叉点或道路的交叉点，坐标用大写英文字母 A，B 表示。施工坐标网格应以细实线绘制，可画成 100m×100m 或 50m×50m 的方格网，也可根据实际需要调整，对于面积较小的可用 5m×5m 或者 10m×10m 的坐标网。

6）坐标标注。坐标宜直接标注在图上，如图面无足够位置，也可列表标注。若数字的位数太多时，可将前面相同的位数省略，省略位数应在附注中加以说明。

建筑物、构筑物、铁路、道路等应标注建筑物、构筑物的定位轴线（或外墙线）或其交点；圆形建筑物、构筑物应标注其中心；挡土墙应标注墙顶外边缘线或转折点。建筑物、构筑物位置的坐标应有 3 个角的坐标，如建筑物、构筑物与坐标轴线平行，可标注两对角坐标。

7）标高标注。施工图中标注的标高为绝对标高，如标注相对标高，则应注明相对标高与绝对标高的关系。建筑物室内地坪，标注图中±0.00 处的标高，对不同高度的地坪，分别标注其标高；建筑物室外散水，标注建筑物四周转角或两对角的散水坡脚处的标高；构筑物标注其有代表性的标高，并用文字注明标高所指的位置；道路标注路面中心交点及变坡点的标高；挡土墙标注墙顶和墙脚标高，路堤、边坡标注坡顶和坡脚标高，排水沟标注沟顶和沟底标高；场地平整标注其控制位置标高；铺砌场地标注其铺砌面标高。

2. 施工总平面图绘制方法

1）绘制设计平面图。

2）根据需要确定坐标原点及坐标网格的精度，绘制测量和施工坐标网。

3）标注尺寸、标高。

4）绘制图框、比例尺、指北针，填写标题、标题栏、会签栏、编写说明及图例表。对于面积较大的施工区域，除了绘制施工总平面图之外，还要绘制分区施工放线图和局部放线详图，它们同施工总平面图的作用相同，都是为了提高施工放线的精确度，绘制的内容、要求和方法也比较相似，只不过在某些方面略有差异。

① 表现内容方面，为了方便图纸阅读，避免混乱，分区施工放线图和局部放线详图一般不用绘制植物，仅将道路、园林小品等绘制出来。

② 分区施工放线图和局部放线详图的绘图比例根据需要选定，一般不应该小于 1∶500。

③ 分区施工放线图和局部放线详图以“mm”为单位。

④ 绘图网格用 5m×5m，10m×10m。应标注施工的相对坐标，但须说明与绝对坐标的换算关系。坐标标注精确到小数点后 2 位，标高标注精确到小数点后 3 位。

相关知识

◆园林分区平面图

当园林用地范围比较大，总平面图绘制比例小（1∶500～1∶5000），在总平面图上清晰地表达设计元素比较困难时，通常会分区绘制大比例平面图（1∶50～1∶300）。园林分区平面图除了没有标题、设计说明、周边用地环境、用地红线外，其他表达内容与总平面一样，只是标注更详细，其读图步骤、绘图要求、绘图方法、步骤也与园林总平面图基本一致。

第四节　园林建筑图的识读

要点

园林建筑是园林设计中必不可少的一个组成部分，其形态结构、功能作用都不同于一般意义的民用建筑。园林建筑的形式多种多样，主要包括亭、台、楼、阁、塔、轩、榭、斋，以及游廊、花架、大门等，被当做园林景观的主体或被称为园林的“点睛之笔”。在园林设计时须提供园林建筑单体的设计，给出建筑的外形、尺度和材料要求等。在施工阶段要求提供建筑的基础、各构件的结构以及各节点的施工方法等。

园林建筑图根据表现的内容和形式分为平面图、立面图和剖面图。

解释

◆园林建筑平面图

园林建筑平面图有两种表现形式，即顶平面和平剖图。

1. 建筑平面图的形成及作用

建筑平面图就是用一个假想的水平面，在距所绘楼层的楼面或地面 1.5m 高处将整个建筑物剖开，移去剖切平面上方的部分，将剩余部分向水平投影面作投影，就是所求的建筑物平剖图，称为建筑平面图，简称为平面图，如图 2-29 所示。建筑平面图主要用于表现建筑的平面布置情况和建筑物内部的空间划分等，在施工过程中，建筑平面图是施工放线、砌筑墙体和柱体、安装门窗等的依据。

2. 建筑平面图的内容及要求

1）内容。建筑平面图主要表现建筑物内部空间的划分、房间名称、出入口的位置、墙体的位置、主要承重构件的位置、其他附属构件的位置，配合适当的尺寸标注和位置说明。如果是非单层的建筑，应该提供建筑物各层平面图，并且在底层平面图中通过指北针标明房屋的朝向。

2）具体要求

① 图名、比例尺和指北针。在图纸的下方标注清楚图纸的名称；如建筑平面图、底层平面图、二层平面图等。建筑物平面图的比例一般采用 1∶100、1∶200等，必要时可用比例是 1∶150、1∶300 等。

对于单层建筑或者多层建筑的底层平面图还应该标注指北针，以标明建筑物的朝向。

② 定位轴线及其编号。定位轴线用来确定建筑物承重构件的位置，对于施工放线非常重要。定位轴线用细单点长划线绘制，其编号注写在轴线端部用细实线绘制的圆内，圆的直径为 8mm，圆心在定位轴线的延长线上。定位轴线上的编号一般标注在建筑平面图的下方和左侧，横向编号用阿拉伯数字从左至右编写，竖向编号用大写英文字母由下至上标注。对于结构比较复杂的建筑还需要在定位轴线之间添画附加轴线，附加轴线的编号要用分数表示，其中分母表示前一轴线的编号，分子表示附加轴线的编号。

③ 标注索引符号。绘制其他构件，如门窗、平台、台阶、台明、座凳等，如需要给出补充图纸时，应在对应位置用索引符号标注，如图 2-29 中的茶室后面的篱笆就给出了索引标注，表示关于篱笆的详图对应本图中编号为 1 的图示。当详图与被索引的图纸不在同一图纸上的时候，还要标注出索引的图纸的图号。

④ 必要的尺寸，地面、平台、顶面等的标高。建筑尺寸标注一般分 3 道，最外一道是总尺寸，表明建筑物的总长和总宽，如图 2-29 中茶室的总长为 10.20m，总宽为 8.60m；中间一道是轴间尺寸，一般表示建筑物的开间和进深，如图 2-29 中的 1.75m，4.20m 便是柱子之间的尺寸；最里一道是细部尺寸，如图 2-29 中的茶室门窗、窗台、立柱等的尺寸及其相对位置关系。

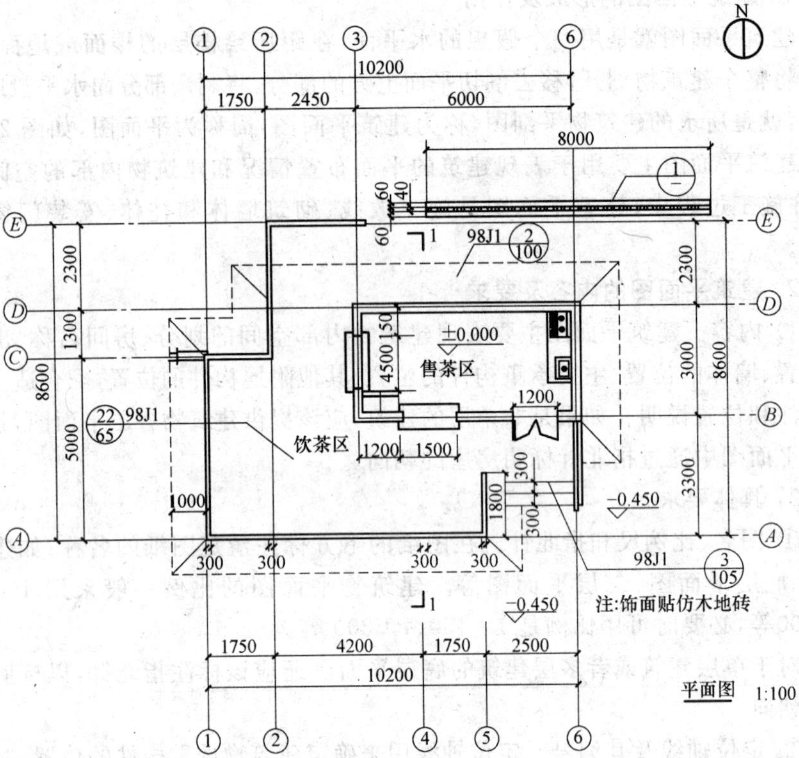

图 2-29 茶室的平面图

在平面图上,除了标注出长度和宽度方向的尺寸之外,还要标注出楼面、地面等的相对标高,以表明楼地面对标高零点的相对高度,如图 2-29 所示,室内地坪作为基准标高,标注为±0.000,室外相对于室内的标高为－0.450m,也就是说,室外地坪相对于室内地坪低 0.45m。

⑤ 图线。

粗实线:凡是被水平剖切平面剖切到的墙、柱的断面轮廓。

中实线:可见部分的轮廓线和没有被剖切到的可见构件轮廓线等。

细实线:尺寸线、尺寸界线、引出线。

中虚线或细虚线:某些需要表示的高窗、洞口、通气孔、槽、地沟等不可见部分。

材料图例:平面图中的断面图,比例大于 1∶50 时应画出材料图例,比例为 1∶100～1∶200 时可简化材料图例,如钢筋混凝土墙断面涂红、钢筋混凝土柱断面涂黑。

⑥ 标注尺寸、书写文字说明,绘制图框、标题栏等。

◆园林建筑立面图

建筑物或者构筑物在某一立面平行面上所作的正投影(图 2-30)，用以表现建筑物或者构筑物的形体外观、外部装饰材料等。

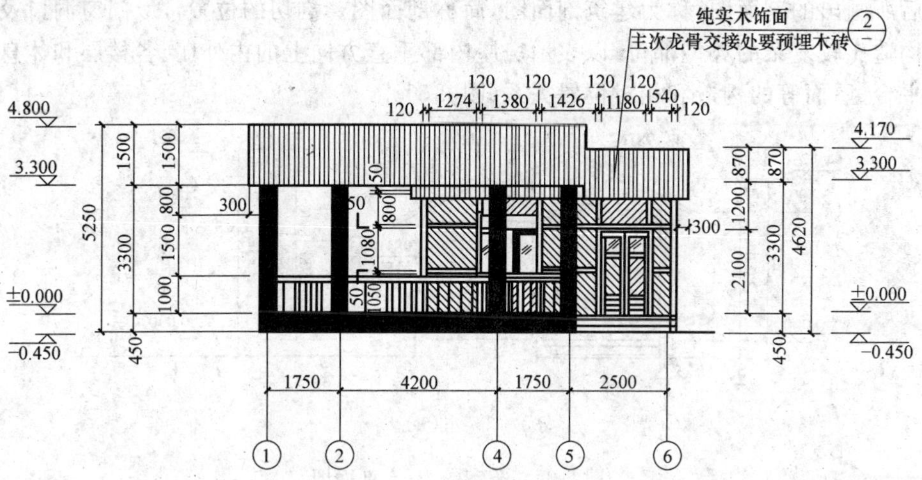

图 2-30　茶室南立面图

1. 建筑立面图的表达内容

建筑立面图主要表明建筑物外立面的形状，门窗在外立面上的分布、外形，屋顶、阳台、台阶、雨篷、窗台、勒脚、雨水管的外形和位置，外墙面装修做法，室内外地坪、窗台、窗顶、檐口等各部位的相对标高及详图索引符号等。

2. 建筑立面图的具体要求

1）图名、比例。图名中应该注明建筑物的朝向，可以按照方位命名，如南立面、北立面等，也可以按照建筑物立面的主次进行命名，如正门所在的立面称为正立面，其他立面称为侧立面。

2）主要承重构件的定位轴线及其编号。立面图中的定位轴线及其编号要与平面图中的一致，并注意所绘制的建筑物的朝向。

3）外部装饰材料规格、颜色、名称。利用图例或者文字标示建筑物外墙或者其他构件所采用的材料。

4）标高尺寸。在立面图上，重要高度尺寸应采用标高标注，一般要标注出室内外地坪、窗洞口的上下口、屋面(屋顶)、入口及雨篷底面等的标高。

5）图线。为增加图面层次，画图采用不同的线型。

粗实线：外形轮廓线；

加粗实线：室外地坪线，(线宽为粗实线的 1.4 倍左右)；

中实线：门窗洞、檐口、窗台、阳台、雨篷、台阶等的轮廓线；

细实线：其余的门窗扇及其分格、门窗格子、雨水管以及引出线、栏杆、墙面分割线等。

◆**园林建筑剖面图**

建筑剖面图一般特指竖直剖视图，用一个假想的铅垂剖切平面把房屋剖开后所画出的剖面图，称为建筑剖面图，简称剖面图。剖切的位置常取门窗洞口及构造比较复杂的典型部位，以表示房屋内部垂直方向上的内外墙、各楼层和休息平台、屋面等的构造和相对位置关系(图 2-31)。

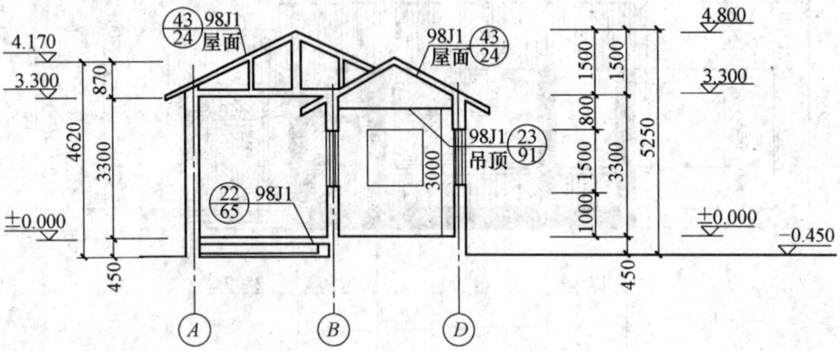

图 2-31　茶室的 1—1 剖面图

建筑剖面图的内容及要求：

1）图名和比例。图名与平面图中的剖切编号一致，如 1—1 剖面，在图名并列位置注写剖面图的比例。

2）定位轴线。在剖面图中，应注出被剖切到的各承重构件的定位轴线，并标注编号，编号一定要与平面图一致。

3）剖切断面和没有被剖到但可见部分的轮廓线。需要绘制与剖切平面相交的墙体或者其他构件的断面轮廓线，对于没有剖切到但可见部分的轮廓线也要绘制出来。

4）标注尺寸及标高。在剖面图中，应标注出垂直方向上的分段尺寸和标高。垂直分段尺寸一般分 3 道，最外一道是总高尺寸，表示室外地坪到楼顶部的总高度，如图 2-31 中，茶室的总高度是 5.25m；中间一道是层高尺寸，主要表示各层次的高度；最里一道是门窗洞、窗间墙及勒脚等的高度尺寸，由图 2-31 可以看出，窗洞高为 1.5m，距离室内地坪 1.0m。

相关知识

◆**建筑标高与结构标高**

标高有建筑标高与结构标高之分。建筑标高是指地面、楼面、楼梯休息平台面等完成抹面装修之后的上皮表面的相对标高。如图 2-31 中的±0.000 是室内铺完地板之后的表面高度。结构标高一般是指梁、板等承重构件的下皮表面(不包括抹面装修层的厚度)的相对标高。

第五节　园林竖向设计图的识读

要点

竖向设计图也叫地形设计图，是根据设计平面图及原地形图绘制的地形详图，借助标注高程的方法，表示地形在竖直方向上的变化情况。

解释

◆园林竖向设计图包括的内容

园林工程竖向设计施工图的内容一般包括以下几点：

1）指北针、图例、比例、图名和文字说明。文字说明中应当包括标注单位、绘图比例、高程系统的名称和补充图例等。

2）现状与原地形标高、地形等高线。设计等高线的等高距时，一般应取0.25～0.5m，当地形较为复杂时，还需要绘制地形等高线放样网格。

3）最高点或某些特殊点的坐标及该点的标高。例如，道路的起点、变坡点、转折点和终点等的设计标高（道路在路面中、阴沟在沟顶和沟底）、纵坡度、纵坡距、纵坡向、平曲线要素、竖曲线半径、关键点的坐标；建筑物、构筑物室内外的设计标高；挡土墙、护坡或土坡等构筑物的坡顶和坡脚的设计标高；水体驳岸、岸顶、岸底标高，池底标高，水面最低、最高以及常水位。

4）地形的汇水线和分水线，或用坡向箭头标明设计地面坡向，指明地表排水的方向以及排水的坡度等。

5）绘制重点地区、坡度变化复杂的地段的地形断面图，并标注标高和比例尺等。

竖向设计施工平面图在工程比较简单时，可与施工放线图合并。

◆园林竖向设计图绘制方法

以图 2-32 为例，介绍竖向设计图绘图方法。

1）绘制等高线。根据设计要求，用细实线先绘出等高线，用特粗实线表示水体边界线，用标高符号标注湖底高程，如图 2-33 所示。

2）标注高程。用水平投影法将建筑、山石、广场、道路绘制在其相应位置，并标注其高程，如图 2-33 所示。

3）标注排水方向。用单箭头在图 2-33 的相应位置标注雨水排除方向，如图 2-34 所示。

4）绘制方格网，如图 2-35 所示。

5）绘制比例、指北针、注写标题栏、技术要求，如图 2-35 所示。

6）绘制局部断面图。为了直观地表达该剖面上竖向变化的情况，绘制该部分的局部断面图，如图 2-32 中 1—1 断面图所示。

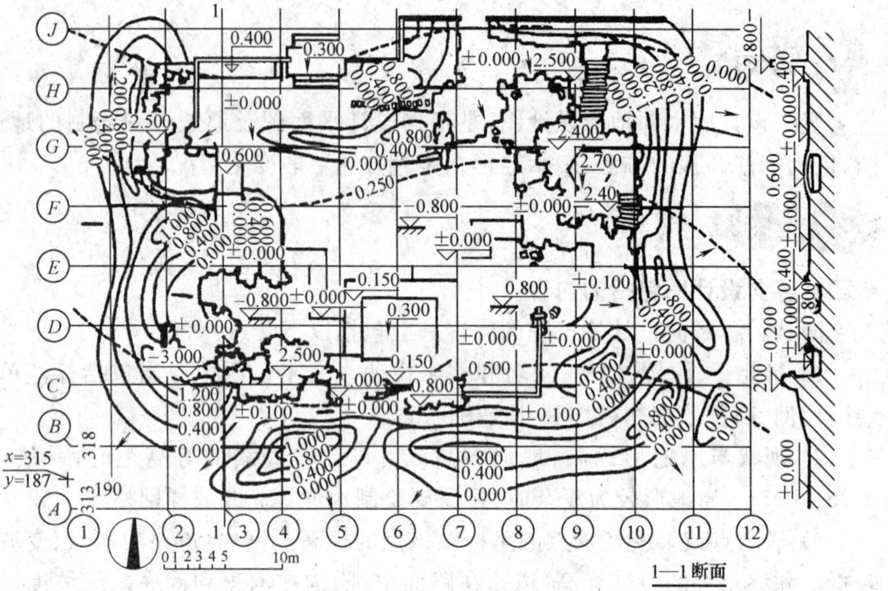

图 2-32　游园的竖向设计图

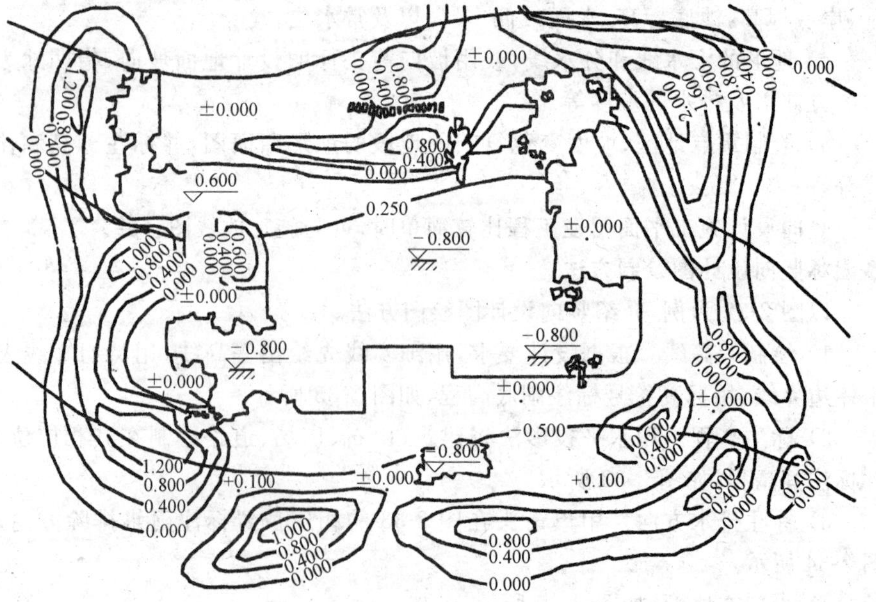

图 2-33　绘制等高线及标注高程

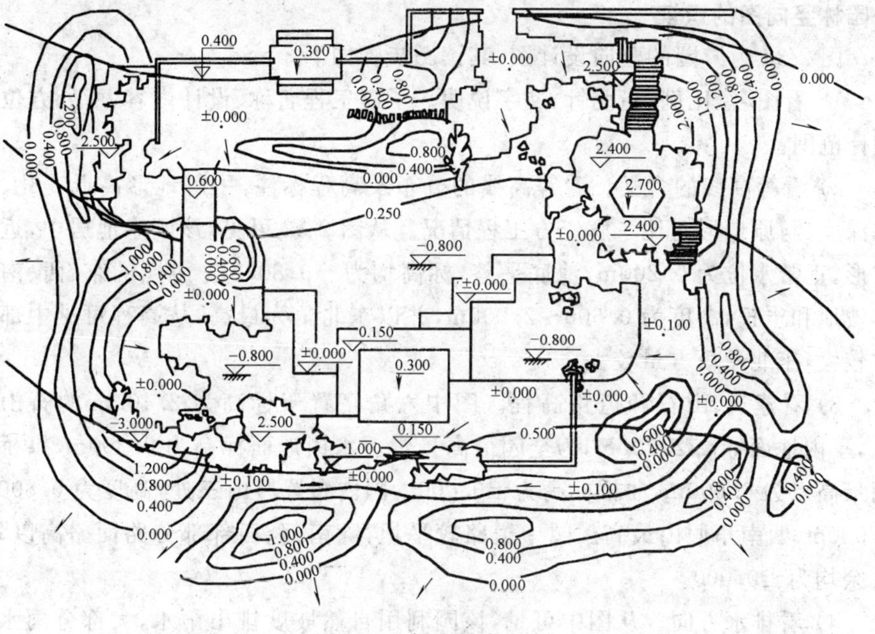

图 2-34　标注排水方向

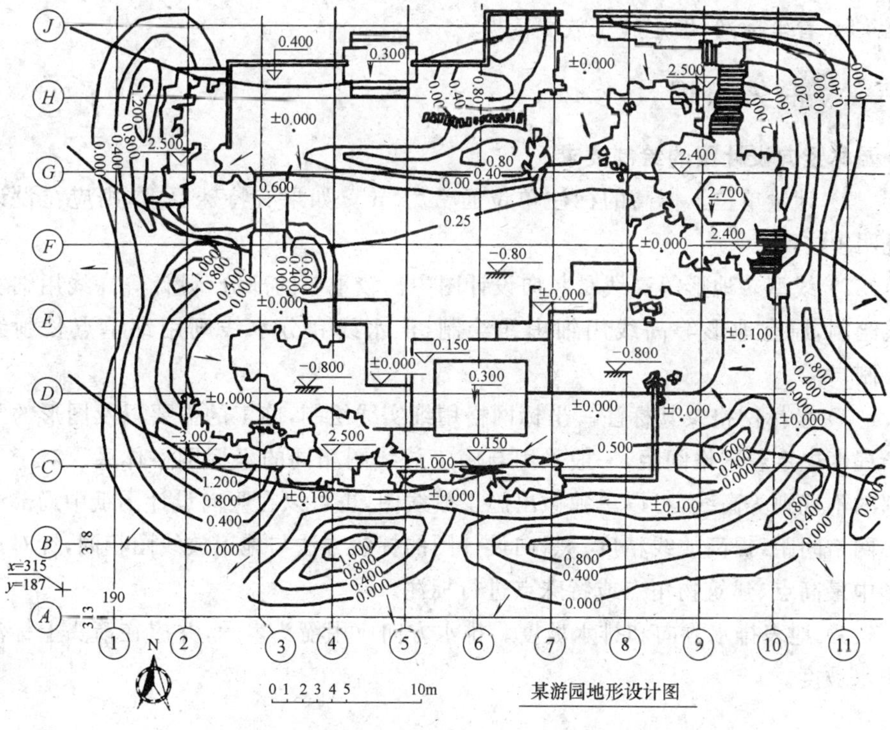

图 2-35　绘制方格网及指北针

◆园林竖向图的识读

图 2-32 为游园的竖向设计图，其读图步骤如下：

1）看图名、比例、指北针、文字说明。了解工程名称、设计内容、所处方位和设计范围。

2）看等高线的含义。看等高线的分布及高程标注，了解地形高低变化、水体深度、与原地形对比了解土方工程情况。从图 2-32 可见，该园水池居中，近似方形，正常水位为 0.200m，池底平整，标高均为－0.800m。游园的东、西、南部有坡地和土丘，高度为 0.600～2.000m，并以东北角为最高，从高程可见中部挖方较大，东北角填方量较大。

3）看建筑、山石和道路高程。图中六角亭置于标高为 2.400m 的石山之上，亭内地面标高 2.700m，为全园最高景观。水榭地面标高为 0.300m，拱桥桥面最高点为 0.600m，曲桥标高为±0.000。园内布置假山三处，高度为 0.800～3.000m，西南角假山最高。园中道路较平坦，除南部、西部部分路面略高以外，其余均为±0.000。

4）看排水方向。从图中可见，该园利用自然坡度排出雨水，大部分雨水流入中部水池，四周流出园外。

5）看坐标网，确定施工放线依据。

相关知识

◆园林竖向设计图的绘制要求

1）计量单位。标高的标注单位通常为“m”，如果有特殊要求，则应在设计说明中注明。

2）线型。地形等高线是竖向设计图中比较重要的部分，设计等高线用细实线绘制，原有地形等高线用细虚线绘制，汇水线和分水线则用细单点长画线绘制。

3）坐标网格及其标注。坐标网格用细实线绘制，施工的需要以及图形的复杂程度决定着网格间距，一般采用与施工放线图相同的坐标网格体系。对于局部的不规则等高线，可以单独做出施工放线图，也可以在竖向设计图纸中局部缩小网格间距，提高放线精度。竖向设计图的标注方法与施工放线图相同，针对地形中最高点、建筑物角点或特殊点进行标注。

4）地表排水方向和排水坡度。排水方向应用箭头表示，并应在箭头上标注排水坡度。

第六节 园路、假山、驳岸工程图的识读

要点

为了表达园林设计的内容和意图，并组织各工程的施工，必须绘制出园林工程图。本节主要介绍园路工程图、假山工程图以及驳岸工程图的识读。

解释

◆园路工程图

园路是园林的脉络，是联系各个风景点的纽带。园路在园林中起着组织交通的作用，同时更重要的是它具有引导游览、组织景观、划分空间、构成园景的功能。

园路工程图主要包括：园路路线平面图、路线纵断面图、路基横断面图、铺装详图和园路透视效果图。园路工程图用来说明园路的游览方向和平面位置、线型状况、沿线的地形和地物、纵断面标高和坡度、路基的宽度和边坡、路面结构、铺装图案、路线上的附属构筑物（如桥梁、涵洞、挡土墙的位置等）。由于园路的竖向高差和路线的弯曲变化都与地面起伏密切相关，因此园路工程图的图示方法与一般工程图样不完全相同。

1. 路线平面图

路线平面图表达路线的线型（直线或曲线）状况和方向，以及沿线两侧一定范围内的地形和地物等。地形和地物一般用等高线和图例来表示，图例画法应符合总图制图标准的规定。路线平面图通常采用1∶500～1∶2000的比例。所以在路线平面图中依道路中心画一条粗实线来表示路线。如比例较大，也可按路面宽画双线表示路线。新建道路用中粗线，原有道路用细实线。路线平面由直线段和曲线段（平曲线）组成。在图纸的适当位置画路线平曲线表，按交角点编号表列平曲线要素。包括交角点里程桩、转折角α（按前进方向右转或左转）、曲线半径R、切线长T、曲线长L、外距E（交角点到曲线中心距离）。

2. 路线纵断面图

路线纵断面图用透明方格纸画，用来表示路线中心地面起伏状况。纵断面图是用铅垂剖切面沿着道路的中线进行剖切，然后将剖切面展开成一立面，纵断面的横向长度就是路线的长度。园路立面由直线和竖曲线（凸形竖曲线和凹形竖曲线）组成。由于路线的横向长度和纵向高度之比相差很大，故路线纵断面图通常采用两种比例，如长度采用1∶2000，高度采用1∶200，相差10倍。

纵断面图用粗实线表示顺路线方向的设计坡度线，简称设计线。地面线用

细实线绘制，具体画法是将水准测量测得的各桩高程按图样比例绘在相应的里程桩上，然后用细实线顺序连接各点，故纵断面图上的地面线为不规则曲折状。路线上的桥涵构筑物和水准点都应对应所在里程注在设计线上，并标出其名称、种类、大小、桩号等。在图样的正下方还应绘制资料表，主要内容包括：

1）每段设计线的坡度和坡长。用对角线表示坡度方向，对角线上方标注坡度，下方标注坡长，水平段用水平线表示。

2）每个桩号的设计高程和地面高程。

3）变坡点。

4）与园路平面图对应的区段信息，包括区段编号、区段路线长度。

资料表应与路线纵断面图的各段对应。

3. 路基横断面图

路基横断面图是用垂直于设计路线的剖切面进行剖切所得到的图形，作为计算土石方和路基施工的依据。沿道路路线一般每隔 20m 画一路基横断面图，沿着桩号从下到上、从左到右布置图形。横断面地平线用细实线绘制，设计线用粗实线绘制，且每一图形下标注桩号、断面面积 F、地面中心到路基中心的高差 H。断面图表达的内容一般有 3 种形式：填方段称路堤、挖方段称路堑、半填半挖的称路基。横断面图一般用 1∶50、1∶100、1∶200 的比例。横断面图一般用透明方格纸绘制。

4. 铺装详图

铺装详图表达园路面层的结构和铺装图案，常用平面图表示。

◆假山工程图

假山是庭院、园林中用土、石经艺术加工堆砌起来以满足游赏、造景要求的小山，根据使用材料的不同，可分为土山和石山。

1. 假山施工图的内容

假山施工图包括平面图、立面图、剖（断）面图、基础平面图，对于要求较高的细部，还应绘制详图说明。

1）平面图。表示假山的平面布置、各部的平面形状、周围地形和假山在总平面图中的位置。

2）立面图。表现山体的立面造型及主要部位高度，与平面图配合，可反映出峰、峦、洞、壑的相互位置。为了完整地表现山体各面形态，便于施工，一般应绘出前、后、左、右 4 个方向的立面图（因篇幅所限，例图中只绘出正立面图）。

3）剖面图。表示假山某处的内部构造及结构形式、断面形状、材料、做法和施工要求。

4）基础平面图。表示基础的平面位置及形状。基础剖面图表示基础的构造和做法，当基础结构简单时，可同假山剖面图绘在一起或用文字说明。

假山施工图中，由于山石素材形态奇特，施工难以完全符合设计尺寸要求。因此，没有必要也不可能将各部尺寸全部标注，一般采用坐标方格网法控制。在方格网的绘制中，平面图以长度为横坐标、宽度为纵坐标；立面图以长度为横坐标、高度为纵坐标；剖面图以宽度为横坐标、高度为纵坐标。网格的大小根据所需精度而定，对要求精细的局部，可以用较小的网格示出。网格坐标的比例应与图中比例一致。

2. 假山施工图的阅读

1）看标题栏及说明。从标题栏及说明中了解工程名称、材料和技术要求。

2）看平面图。从平面图中了解比例、方位、轴线编号，明确假山在总平面图中的位置、平面形状和大小及其周围地形等。

3）看立面图。从立面图中了解山体各部的立面形状及其高度，结合平面图辨析其前后层次及布局特点，领会造型特征。

4）看剖面图。对照平面图的剖切位置、轴线编号，了解断面形状、结构形式、材料、做法及各部高度。

5）看基础平面图和基础剖面图。了解基础平面形状、大小、结构、材料、做法等。由于本例基础结构简单，基础剖面图绘在假山剖面图中，毛石基础底部标高为－1.50m，顶部标高为－0.30m。具体做法见说明。

◆驳岸工程图

园林水体须有稳定、美观的水岸来维持陆地和水面一定的面积比例，防止因陆地被淹或水岸塌陷而扩大水面。因此在水体边缘必须建造驳岸，驳岸是支持和防止坍塌的水工构筑物，如图 2-36 所示。

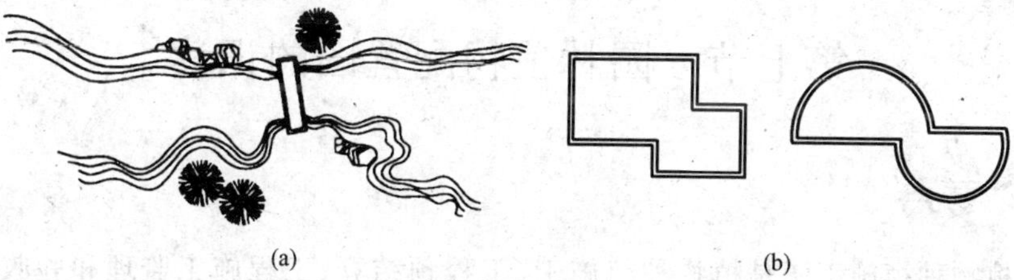

(a)　　(b)

图 2-36　水体驳岸

(a)自然式；(b)规则式

1. 驳岸工程图的内容

驳岸工程图包括驳岸平面图及断面详图。

驳岸平面图表示驳岸线（即水体边界线）的位置及形状。对构造不同的驳岸应进行分段（分段线为细实线，应与驳岸垂直），并逐段标注详图索引符号。

由于驳岸线平面形状多为自然曲线，无法标注各部尺寸，为了便于施工，一般采用方格网控制。方格网的轴线编号应与总平面图相符。详图表示某一区段的构造、尺寸、材料、做法要求及主要部位标高（岸顶、常水位、最高水位、最低水位、基础底面）。

2. 驳岸工程图的阅读

驳岸工程图的阅读方法同假山。

相关知识

◆园林工程图包括的图纸类型

园林工程图一般包括以下各种工程图纸：

1）总平面图。图纸上应反映出地形现状、山石水体、道路系统、建筑位置、风景透视线、定点放线的依据等。若想反映出园林的全貌，可再画一张鸟瞰图。

2）竖向设计图。包括地形图和地形剖面图。图中要反映出地形设计、等高线、山石水体、道路和建筑的标高。

3）管线综合平面图。反映管道的布置和标高，闸门井、检查井的位置和标高，地上供电线的位置等。

4）园路工程图。用平面图表达游览路线，用断面图表达道路结构，路面铺设图案可以用平面大样图表达。

5）种植设计图。主要是平面图。用以表达植物配置、树木的种植形式、种植位置、树种、株数等。树丛、树群、花坛应配以透视图。

6）园林设施的工程图。这部分图纸主要有园林建筑工程图（包括建筑施工图和结构施工图）、水景工程图（包括设施总体布置图和构造物结构图）、假山工程图、园桥工程图等。

第七节　园林植物配置图的识读

要点

植物种植施工图是植物种植施工、工程预结算、工程施工监理和验收的依据，它应能准确表达出种植设计的内容和意图，并且对于施工组织、施工管理以及后期的养护都起到很大的作用。

解释

◆园林植物配置图的内容与用途

植物种植施工图应包含图名、比例、指北针、苗木表以及文字说明。

1）苗木表，在种植施工图中应该配备准确统一的苗木表，通常苗木表的内容应包括编号、树种名称、数量、规格、苗木来源和备注等内容，有时还要标注上植物的拉丁学名、植物种植时和后续管理时的形状姿态，整形修剪的特殊要求等。

2）施工说明，针对植物选苗、栽植和养护过程中需要注意的问题进行说明。

3）植物种植位置，并通过不同图例区分植物种类以及原有植被和设计植被。

4）利用引线标注每一组植物的种类、组合方式、规格、数量（或者面积）。

5）植物种植点的定位尺寸，规则式栽植标注出株间距、行间距以及端点植物与参照物之间的距离；自然式栽植往往借助坐标网格定位。

6）某些有着特殊要求的植物景观还需给出这一景观的施工放样图和剖断面图。

◆园林植物配置图的识读

阅读植物种植设计图，是为了了解工程设计意图、绿化目的及其所达到的效果，明确种植要求，以便组织施工和做工程预算，识读方法如下。

1）看标题栏、比例、风玫瑰图或方位标。明确工程名程、所处方位和当地主导风向。

2）看图中索引编号和苗木统计表。根据图示各植物编号，对照苗木统计表及技术说明，了解植物的种类、数量、规格和配置方式。如图 2-37 所示，游园周围以油松、白皮松、黄栌、银杏、五角枫等针叶、阔叶乔木为主，配以黄刺玫、紫丁香等灌木。西北角种植黄栌 5 株、五角枫 2 株，以观红叶。东北、西南假山处配植油松 11 株，与山石结合显得古拙。六角亭后配植悬铃木 4 株，形成高低层次。中部沿驳岸孤植垂柳 4 株，形成垂柳入水之势。

3）看植物种植定位尺寸。明确植物种植的位置及定点放线的基准。

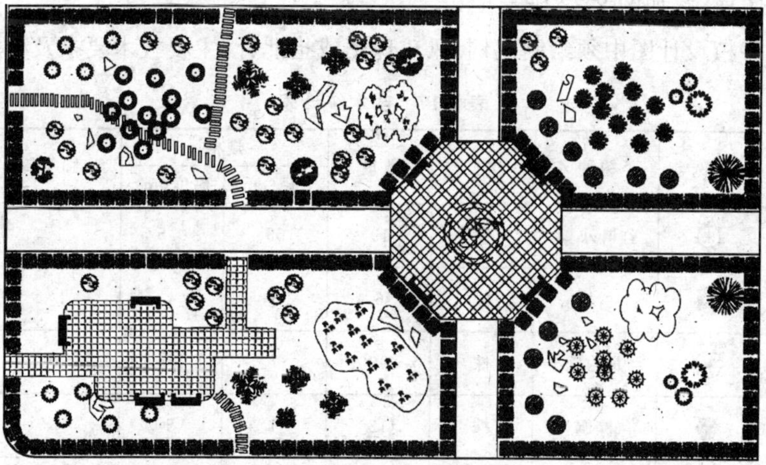

图 2-37　某园区种植绿化设计图

4）看种植详图。明确具体种植要求，组织种植施工。

◆园林植物配置图的绘制

1. 植物种植施工图绘制要求

1）种植设计平面图。用粗实线绘水体边界线，水体边界线内侧用细实线表示水面，建筑用中实线，道路用细实线，地下管道或构筑物用中虚线。各种植物按平面图中的图例绘制在所设计的种植位置上，以圆点示出树干位置。树冠大小按成龄后冠幅绘制，如图 2-37 所示。

2）苗木统计表。为了利于区别树种和计算株数，将不同树种进行统一编号，标注在树冠图例内（采用阿拉伯数字）。列表说明所设计的植物编号、树种名称、拉丁文名称、单位、数量、规格、出圃年龄等。表 2-17 所示为图 2-37 的苗木统计表。

3）标注。用坐标网确定种植位置，或者用相对某一原有地上物，用标注株行距的方法确定种植位置。

4）种植详图。必要时按苗木统计表中的编号（即图号）绘制种植详图，说明种植某一种植物时挖坑、覆土、施肥、支撑等种植施工要求，如图 2-38 所示。

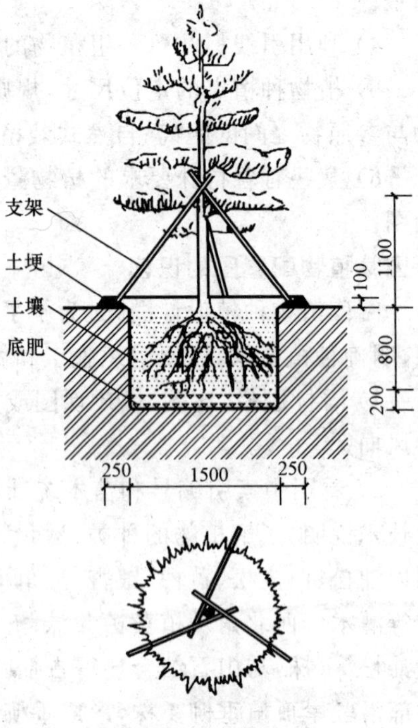

图 2-38　种植详图

在种植设计图中须绘制比例、风玫瑰图或指北针、主要技术要求及标题栏。

表 2-17　苗木统计表

编号	图例	树种	单位	数量	规格		出圃年龄	备注
					干径(cm)	高度(m)		
1		红叶小檗	株	19	68	0.5	1	
2		雪松	株	6	8	4	5	
3		龙柏球	株	2900	7	1.5	3	
4		棕榈	株	12	4	5		
5		桂花	株	9	6			

续表

编号	图例	树种	单位	数量	规格		出圃年龄	备注
					干径(cm)	高度(m)		
6		圆柏球	株	2000	80			
7		小叶女贞	株	3000		0.8		
8		红枫	株	15	6			
9		洒金柏球	株	90	70	0.6		
10		龙爪槐	株	18	6	2	5	
11		樱花	株	20	6	5		
12		竹子	株	100	3			
13		寿星桃	株	8	5	4		
14		华山松	株	6	6	5		
15		牡丹	株	68				
16		月季	株	60				

2. 园林植物配置图的绘制步骤

1）定绘图比例。根据用地范围大小与总体布局的内容，选定适宜的绘图比例。

2）确定图幅，布置图面。比例确定后，可据图形的大小确定图纸幅面和进行图面布置。

3）确定定位轴线或绘制直角坐标网，绘制现状地形与将保留的地物。

4）绘制设计地形与新设计的各造园要素。编制如表2-17所示的苗木统计表。

① 现状植物的表示如果基地中有需要保留的植被，应该使用测量仪器测出设计范围内保留植被种植点的坐标数据，叠加在现状地形图上，绘出准确的植物现状图，利用此图指导方案的实施。在施工图中，用乔木图例内加竖细线的方法区分原有树木与设计树木，再在说明中讲明其区别（如果国家制图规范有这点规定，就不必再加文字说明了）。

② 图例及尺寸标注植物种植形式可分为点状种植、片状种植和草皮种植3种类型，从简化制图步骤和方便标注的角度出发，可用不同的方法进行标注。

a. 行列式栽植：对于行列式的种植形式（如行道树，树阵等），可用尺寸标注出株行距，始末树种植点与参照物的距离。

b. 自然式栽植：对于自然式的种植形式（如孤植树），可用坐标标注种植点的位置或采用三角形标注法进行标注。孤植树往往对植物造型、规格的要求较严格，应在施工图中表达清楚，除利用立面图、剖面图表示以外，可与苗木表相结合，用文字来加以标注。

c. 片植、丛植：施工图应绘出清晰的种植范围边界线，标明植物名称、规格、密度等。对于边缘线呈规则几何形状的片状种植，可用尺寸标注方法标注，为施工放线提供依据，而对边缘线呈不规则曲线的片状种植，应绘坐标网格，并结合文字标注。

d. 草皮种植：草皮用打点的方法表示，标注时应标明草种名及种植面积等。

设计范围的面积有大有小，技术要求有繁有简，如果一概都只画一张平面图，则很难表达清楚设计思想与技术要求，制图时应区别对待。对于景观要求细致的种植局部，施工图应有表达植物高低关系、植物造型形式的立面图、剖面图、参考图或通过文字说明与标注。

此外，对于种植层次较为复杂的区域应该绘制分层种植图，即分别绘制上层乔木的种植施工图和中下层灌木地被等的种植施工图。

5）检查底稿，加深图线。

6）标注尺寸和标高。

7）注写图例说明与设计说明。绘制种植详图。

如果图纸上有空间，可注写图例说明与设计说明。说明种植某一种植物时挖坑、覆土、施肥、支撑等种植施工要求。

8）绘制指北针或风玫瑰图等符号，注写比例尺，填写标题栏、会签栏。检查并完成全图。有时为提高图面效果，可进行色彩渲染。

相关知识

◆识图注意事项

1）植物的规格在图中为冠幅，根据说明确定。

2）借助网格定出种植点的位置。

3）图中应写清植物的数量。

4）对于景观要求细致的种植局部，施工图应当有表达植物高低关系、植物造型形式的立面图、剖面图和参考图，或通过文字说明与标注。

5）对于种植层次较为复杂的区域，应当绘制分层种植图，即分别绘制上层乔木和中下层灌木地被等的种植施工图。

第八节　园林给排水图的识读

要点

园林给排水图是表达园林给排水及其设施的结构形状、大小、位置、材料及有关技术要求的图样，以供交流设计和施工人员按图施工。园林给排水图一般是由给排水管道平面布置图、管道纵断面图、管网节点详图及说明等构成。

解释

◆园林给排水图表达的方法

1. 给水排水管道平面布置图

(1) 表达的内容与要点

1) 建筑物、构筑物及各种附属设施。厂区或小区内的各种建筑物、构筑物、道路、广场、绿地、围墙等，均按建筑总平面的图例根据其相对位置关系用细实线绘出其外形轮廓线。多层或高层建筑在左上角用小黑点数表示其层数。用文字注明各部分的名称。

2) 管线及附属设备。厂区或小区内各种类型的管线是本图表述的重点内容，以不同类型的线型表达相应的管线，并标注相关尺寸，以满足水平定位要求。水表井、检查井、消火栓、化粪池等附属设备的布置情况以专用图例绘出，并标注其位置。

(2) 绘图的基本要求

建筑物、构筑物、道路、广场、绿地、围墙等应与总图一致。给水、排水、雨水、热水、消防、中水、工艺管线等应绘制在同一张图上。如管线种类繁多、地形复杂，使得在同一图上表达出现困难时，可按不同管道种类分别绘制。各类管线及附属设备用专用图例绘制，并按规定的编号方法进行编号。注明同厂(小区)外进水、出水、排水、雨水等相关管道的连接点位置、连接方式、分界井号、管径、标高、定位尺寸与水流方向。绘制厂(小区)各构筑物，建筑物的进水管、出水管、供水管、排泥管、加药管，并标注管径和进行定位。在图上标明各类管道的管径与定位尺寸。图上应绘制风玫瑰，无污染源时可以指北针代替。

构筑物、建筑物及管线定位采用下列两种方法。

1) 坐标法。对于构筑物、建筑物，标注其中心坐标(圆形类)或两对角坐标(方形类)；对于管线类，标注其管道转弯点(井)的中心坐标。

2) 控制尺寸线法。以永久建筑物、构筑物的外墙(壁)线、轴线、道路中心线为控制基线，标注管道的水平位置。

2. 给水排水管道纵断面图

(1) 表达的内容与要点

1) 原始地形地貌与原有管道、其他设施等。给水及排水管道纵断面图中，应标注原始地面线、设计地面线、道路、铁路、排水沟、河谷及与本管道相关的各种地下管道、地沟、电缆沟等的相对距离和各自的标高。

2) 设计地面、管线及相关的建筑物、构筑物。绘出管线纵断面以及与之相关的设计地面、附属构筑物、建筑物，并进行编号。标明管道结构(管材、接口形式、基础形式)、管线长度、坡度与坡向、地面标高、管线标高(重力流标注内底，压力流标注管道中心线)、管道埋深、井号以及交叉管线的性质、大小与位置。

3) 标高标尺。一般在图的左前方绘制一标高标尺，表达地面与管线等的标高及其变化。

(2) 绘图的基本要求

1) 压力流管道用单粗实线表示，重力流管道用双中粗实线表示。在对应的平面图中均采用单中粗实线表示。如管道直径大于400mm时，纵断面图可用双中粗实线表示。

2) 设计地面线、阀门井、检查井、相交的管线、道路、河流、竖向定位线等均采用细实线绘制，自然地面线用细虚线绘制。

◆园林给排水图的识读

1. 给水排水管道平面图

图2-39所示为某居住小区室外给水排水管网平面布置情况。建筑总平面图是小区室外给水排水管网平面布置的设计依据，由于作用不同，建筑总平面图的重点在于表示建筑群的总体布置(如道路交通、环境绿化等)，小区室外给水排水管网平面布置图则以管网布置为重点。

室外给水、排水管道平面图识读的主要内容和注意事项如下：

1) 查明管路平面布置与走向。通常给水管道用中粗实线表示，排水管道用中粗虚线表示，检查井用直径2～3mm的小圆表示。给水管道的走向是从大管径到小管径与室内引水管相连。排水管道的走向则是从建筑物排出污水管连接检查井，管径是从小管径到大管径，直通城市排水管道。

2) 要查看与室外给水管道相连的消火栓、水表井、阀门井的具体位置，了解给水排水管道的埋深及管径。

3) 室外排水管的起端、两管相交点和转折点均设置了检查井，排水管是重力自流管，故在小区内只能汇集于一点而向排水干管排出，并用箭头表示流水方向。从图中还可以看到雨水管与污水管分别由2根管道排放，这种排水方式通常称为分流制。

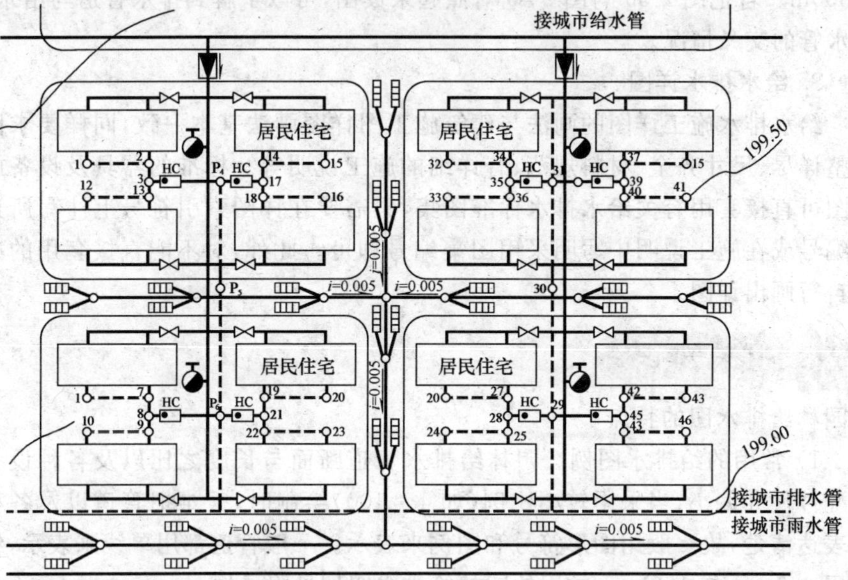

图 2-39　某居住小区室外给水排水管网平面布置图

2. 纵断面图

从图 2 39 所示的平面布置图中可读到检查井的编号 P_4、P_5、P_6，与之相对应的图 2-40 排水管道纵断面图中的检查井编号 P_4，是从西北角出发向南经编号 P_5 来到编号 P_6，再与城市排水管道相连接。

由图 2-40 可见，上部为埋地铺设的排水管道纵断面，其左部为标高尺寸，下部为有关排水管道的设计数据表格。读图时，可直接查出有关排水管道每一节点处的设计地面标高、管底标高、管道埋深、管径、坡度、距离、检查井编号等。如编号 P_4 检查井处的设计地面标高为 4.100m，管底标高 2.750m，管道埋深为

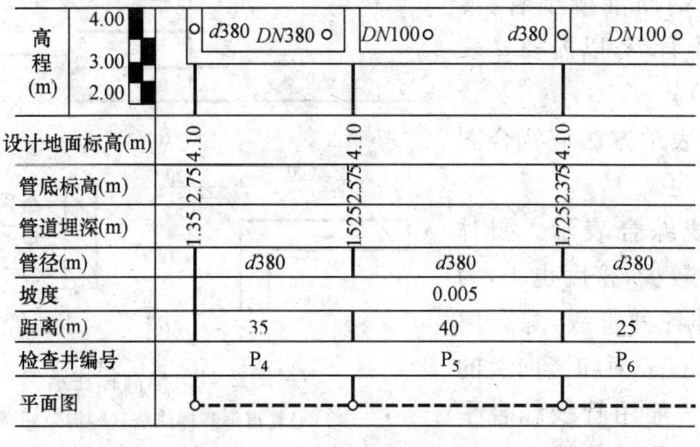

图 2-40　排水管道纵断面图

1.350m。若把图 2-39 与图 2-40 对照起来读图，可以了解到排水管道与给水管、雨水管的交叉情况。

3. 给水排水详图

给水排水施工详图的画法与建筑施工图详图画法基本一致，同样要求图样完整详尽、尺寸齐全、材料规范、有详细的施工说明等。标准的器具及设备施工详图可直接套用有关给水排水标准图集，只需要在详图索引符号上注写所选图集编号或在施工说明中写明采用图集编号即可。此外，对不能直接套用的则需要自行画出详图。

相关知识

◆园林给排水图的特点

1) 常用的给排水图例。园林给排水管道断面与长度之比以及各种设备等构配件尺寸偏小，当采用较小比例（如 1 ∶ 100）绘制时，很难把管道以及各种设备表达清楚，故一般用图形符号和图例来表示。一般管道都用单线来表示，线宽宜用 0.7mm 或 1.0mm，常用的园林给排水图例见附录Ⅷ。

2) 标高标注。平面图、系统图中，管道标高应按图 2-41(a)所示方式标注；沟渠标高应按图 2-41(b)所示方式标注；剖面图中，管道及水位的标高应按图 2-41(c)所示方式标注。

3) 管径。管径的单位一般用“mm”表示。水输送钢管（镀锌或水镀锌）、铸铁管等材料，以公称直径 *DN* 表示（如 *DN*50）；焊接钢管、无缝钢管等，以外径 *D*× 壁厚表示（如 *D*108×4）；钢筋混凝土管、混凝土管、陶土管等，以内径 *d* 表示（如 *d*230）。

管径的表示方法应符合图 2-42 中的规定。

4) 管线综合表示。园林中管线种类较少，密度也小，为了合理安排各种管线，综合解决各种管线在平面和竖向上的相互关系，一般用管线综合平面图来表示，遇到管线交叉处

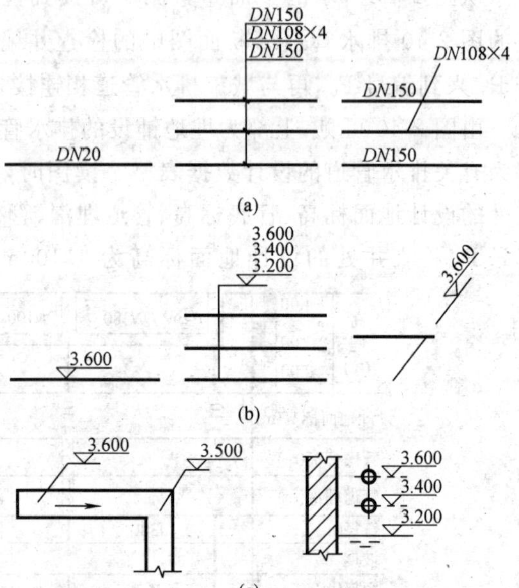

图 2-41　标高标注示例

(a)管道标高标注法；(b)沟渠标高标注法；(c)管道剖面及水位标高标注法

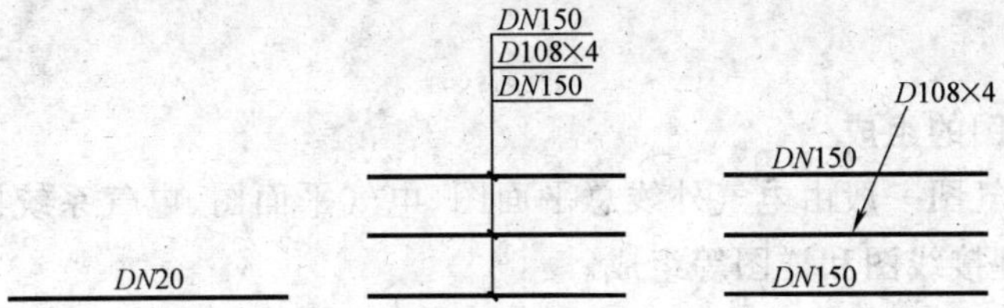

图 2-42 管径的标注

可用垂距简表表示，如图 2-43 所示。

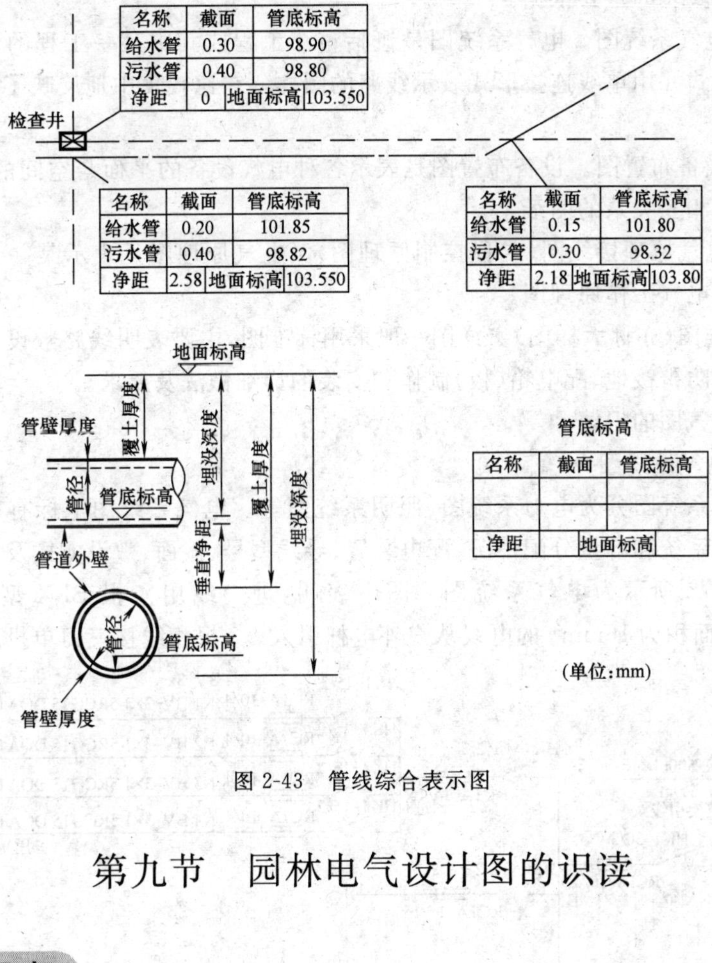

图 2-43 管线综合表示图

第九节 园林电气设计图的识读

要点

园林电气一般分为设备用电和照明用电，设备用电主要指喷泉等高负载用电设备，照明用电则指各种灯具的用电。本节主要介绍园林电气设计图的识读。

解释

◆园林电气图的组成

园林电气图一般由电气外线总平面图、电气平面图、电气系统图、设备布置图、电气原理接线图和详图等组成。

1）电气外线总平面图。电气外线总平面图是根据公园总平面图绘制的变电所、架空线路或地下电缆位置并注明有关施工方法的图样。

2）电气平面图。电气平面图是表示各种电气设备与线路平面布置的图纸，它是电气安装的重要依据。

3）电气系统图。电气系统图是概括整个工程或其中某一工程的供电方案与供电方式并用单线连接形式表示线路的图样。它比较集中地反映了电气工程的规模。

4）设备布置图。设备布置图是表示各种电气设备的平面与空间的位置、安装方式及相互关系的图纸。

5）电气原理接线图（或称控制原理图）。电气原理图是表示某一具体设备或系统的电气工作原理图。

6）详图（亦称大样图）。详图一般采用标准图，主要表明线路敷设、灯具、电器安装及防雷接地、配电箱（板）制作和安装的详细做法及要求。

◆园林电气图的识读

1. 电气系统图

电气系统图分为电力系统图、照明系统图等。电气系统图上标有整个公园内的配电系统和容量分配情况、配电装置、导线型号、截面、敷设方式及管径等。

图 2-44 所示为电气系统图。图中表明，进户线用 4 根 BLX 型、耐压为 500V、截面积为 $16mm^2$ 的电线从户外电杆引入。3 根相线接三刀单投胶盖切开

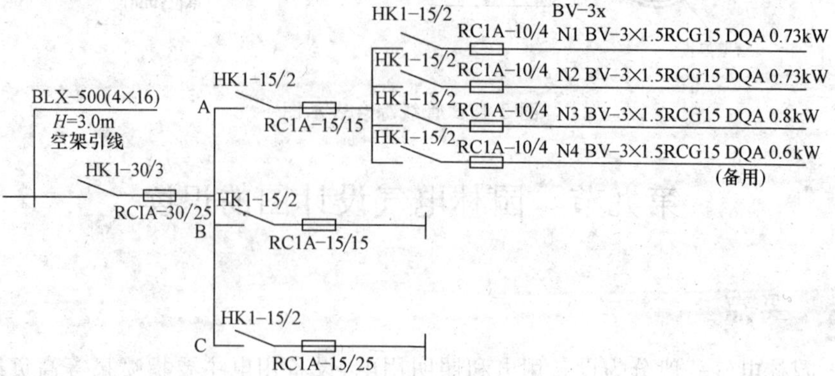

图 2-44 电气系统图

关(规格为 HK1—30/3),然后接入 3 个插入式熔断器(规格为 RC1A—30/25)。再将 A、B、C 三相各带一根零线引到分配电盘。A 相到达底层分配电盘,通过双刀单投胶盖切开关(规格为 HK1—15/2),接入插入式熔断器(规格为 RC1A—15/15),再分 N1、N2、N3 和一个备用支路,分别通过规格为 HK1—15/2 的胶盖切开关和规格为 RC1A—10/4 的熔断器,各线路用直径为 5mm 的软塑管沿地板和墙暗敷。管内穿 3 根截面积为 1.5mm² 的铜芯线。

2. 电气平面图

电气平面图是电气安装的重要依据,它是将同一层内不同高度的电器设备及线路都投影到同一平面上来表示的。

平面图一般包括变配电平面图、动力平面图、照明平面图、防雷接地平面图等。照明平面图就是在公园施工平面图上绘出的电气照明分布图,图上标有电源实际进线的位置、规格、穿线管径,配电箱的位置,配电线路的走向,干支线的编号、敷设方法,开关,插座,照明器具的种类、型号、规格、安装方式和位置等。

一般照明线路的走向是电源从建筑物某处进户后,经总配电箱和分配电箱,由干线、支线连接起来,通向各用电设备。其中干线是由外线引入总配电箱及由总配电箱到分配电箱的连接线,支线是自分配电箱引至各用电设备的导线。图 2-45 所示为底层照明平面图。图中电源由 2 楼引入,用两根 BLX 型、耐压 500V、截面积为 6mm² 的电线,穿 VG20 塑料管沿墙暗敷,由配电箱引 3 条供电回路 N_1、N_2、N_3 和 1 条备用回路。N_1 回路照明装置有 8 套 YG

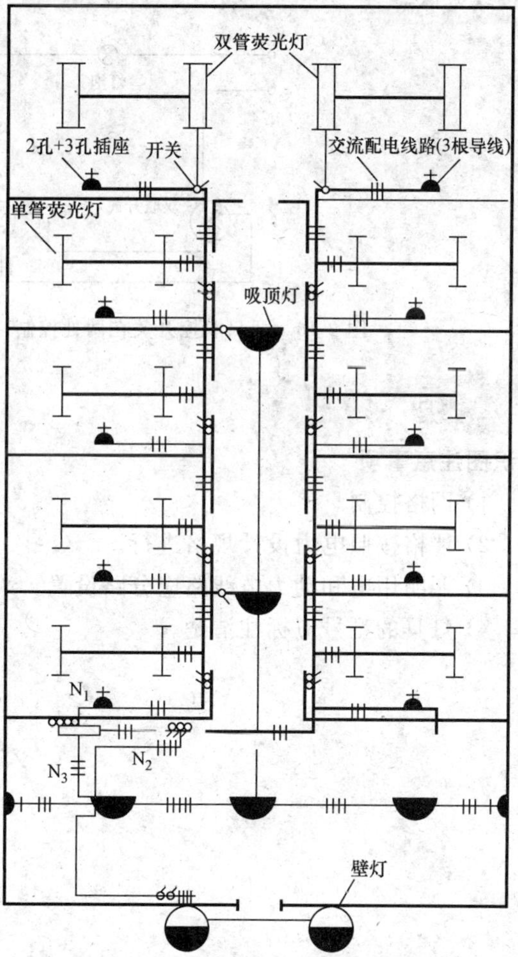

图 2-45　底层照明平面图

单管 1×40W 日光灯，悬挂高度距地 3m，悬吊方式为链(L)吊；2 套 YG 双管 40W 日光灯，悬挂高度距地 3m，悬挂方式为链(L)吊。日光灯均装有对应的开关。带接地插孔的单箱插座有 5 个。N_2 回路与 N_1 回路相同。N_3 回路上装有 3 套 100W、2 套 60W 的大棚灯和 2 套 100W 壁灯，灯具装有相应的开关，带接地插孔的单相插座有 2 个。

3. 电气详图

电气安装工程的局部安装大样、配件构造等均要用电气详图表示出来才能施工。一般的施工图不绘制电气详图，电气详图与一些具体工程的做法均参考标准图或通用图册施工。有些设计单位为避免重复做图，提高设计速度，还自行编绘了通用图集供安装施工使用。图 2-46 是两只双控开关在两处控制一盏灯的接线方法。

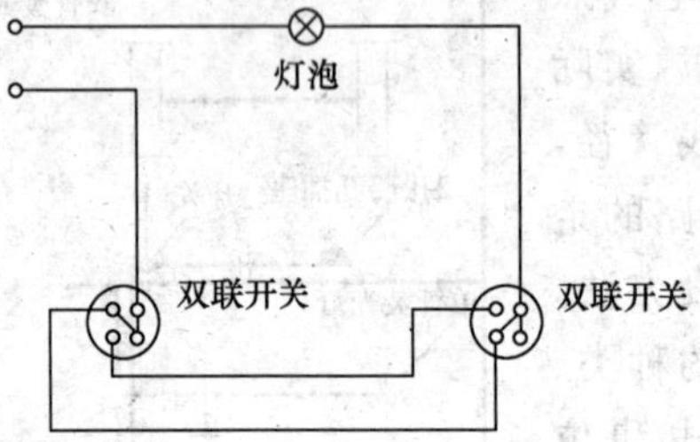

图 2-46　两只双控开关在两处控制一盏灯接线方法详图

相关知识

◆识图注意事项

1）网格控制。

2）严格按照电力设计规格进行。

3）照明用电和动力电线路应分路设置。

4）灯具的型号应标注清楚。

第三章　园林工程定额计价基础

第一节　园林工程定额概述

要点

定额是指规定的额度或限额，它是一种标准，是一种对事、物和活动在时间、空间上的数量规定或数量尺度。它反映生产与生产消费之间的客观数量关系。定额随生产力水平的提高自然地发生、发展、变化，是生产和劳动社会化的客观要求，而不是某种社会经济形态的产物，不受社会政治、经济、意识形态的影响，不为某种社会制度所专有。

园林工程定额是指在施工过程按生产工艺和施工验收规范操作、施工条件完善、劳动组织合理、机械运转正常、材料储备合理等情况下，完成单位园林工程施工作业所必须消耗的人工、材料、机具设备、能源、时间以及资金等的数量标准。

解释

◆园林工程定额的作用

园林工程定额是工程企业实现管理科学化的基础和必备条件，在企业管理科学化中占有重要的地位。在园林工程建设中，其作用主要体现在以下几方面：

1）定额是编制计划的基础。园林工程建设活动需要编制各种计划来组织与指导生产，而计划编制中又需要各种定额来作为计算人力、物力和财力等资源需要量的依据。

2）定额是确定工程造价的依据和比较、评价设计方案经济合理性的尺度。工程造价是根据设计规定的工程规模、工程数量以及相应需要的劳动力、材料、机械设备消耗量及其他必须消耗的资金确定的，而劳动力、材料、机械设备的消耗量又是根据定额计算出来的。同时，园林项目投资的大小也反映了各种不同设计方案技术经济水平的高低。

3）定额是组织和管理施工的工具。定额用于施工企业计算、平衡资源需要量、组织材料供应、调配劳动力、签发任务单、组织劳动竞赛、调动人的积极因素、考核工程消耗和劳动生产率、贯彻按劳分配工资制度以及计算工人报酬等。从组织施工和管理生产的角度来说，企业定额又是施工企业组织和管理施工的工具。

4）定额是总结先进生产方法的手段。定额是在平均先进的条件下，通过对生产流程的观察、分析及综合等过程制定的，它能够最严格地反映出生产技术和劳动组织的先进合理程度。所以，我们可以以定额方法为手段，对同一产品在同一操作条件下的不同的生产方法进行观察、分析及总结，进而得到一套比较完整且优良的生产方法，并以此作为生产中推广的范例。

◆**园林工程定额的分类**

在园林工程建设过程中，由于使用对象和目的不同，园林工程定额的分类方法有很多。一般根据内容、用途和使用范围的不同，可将其分为以下几类（如图 3-1 所示）。

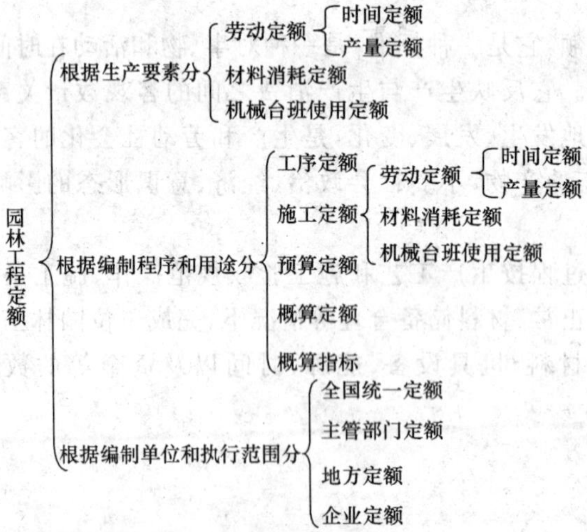

图 3-1　定额的不同分类

1. 根据生产要素分类

生产要素包括三部分，即劳动者、劳动手段和劳动对象。由此可相应地将定额分为劳动定额（又称人工定额）、材料消耗定额和机械台班使用定额。这三种定额被称为三大基本定额。

1）劳动定额。劳动定额是指在正常施工条件下，生产单位合格产品所必需消耗的劳动时间，或是在单位时间内生产合格产品的数量标准。

2）材料消耗定额。材料消耗定额是指在合理使用材料的条件下，生产单位合格产品所必需消耗的一定品种、规格的原材料、半成品及成品或结构件的数量标准。

3）机械台班使用定额。机械台班使用定额是指在正常施工条件下，利用某种施工机械生产单位合格产品所必需消耗的机械工作时间，或在单位时间内机械完成合格产品的数量标准。

2. 根据编制程序和用途分类

根据定额的编制程序和用途不同，园林工程定额可分为工序定额、施工定额、预算定额、概算定额和概算指标。

1）工序定额。工序定额以最基本的施工过程为标定对象，表示其产品数量与时间消耗关系。工序定额比较细，一般主要作为制定施工定额时的原始资料。

2）施工定额。施工定额由劳动定额、材料消耗定额和机械台班使用定额三部分组成。它主要用于编制施工预算，是施工企业管理的基础。

3）预算定额。预算定额是确定一定计量单位的分项工程或结构构件的人工、材料和机械台班耗用量及其资金消耗的数量标准，它主要用于编制施工图预算。

4）概算定额。概算定额即扩大结构定额，是确定一定计量单位的扩大分项工程或结构构件的人工、材料和机械台班耗用量及其资金消耗的数量标准，它主要用于编制设计概算。

5）概算指标。概算指标是以每个建筑物或构筑物为对象，规定人工、材料和机械台班耗用量及其资金消耗的数量标准，它主要用于投资估算或编制设计概算。

3. 根据编制单位和执行范围分类

园林工程定额按编制单位和执行范围分为全国统一定额、主管部门定额、地方定额和企业定额。

1）全国统一定额。全国统一定额是由国家主管部门或授权单位综合全国基本建设的施工技术、施工组织管理和生产劳动的一般情况编制的，并在全国范围内执行的定额。

2）主管部门定额。主管部门定额是根据各专业生产部门的生产技术措施所引起的施工生产和组织管理上的不同，并参照统一定额水平编制的。它通常只在本部门和专业性质相同的范围内执行，例如矿井建设工程定额、铁路建设工程定额等。

3）地方定额。地方定额是在综合考虑全国统一定额水平的条件和地区特点的基础上编制并只在规定的地区范围内执行的定额，例如各省、直辖市、自治区等编制的定额。

4）企业定额。企业定额是由园林施工企业考虑本企业的具体情况和特点，参照统一定额或主管部门定额、地方定额的水平编制的。它只在本企业内部使用，适用于某些园林工程施工水平比较高的企业，在外部定额不能满足其需要时编制而成。

相关知识

◆园林工程定额的性质

1. 权威性

权威性反映统一的意志和要求，也反映信誉和信赖程度以及定额的严肃性。

工程建设定额具有很大的权威性，这种权威性在一些情况下具有经济法规性质。

定额的科学性是工程建设定额权威性的客观基础，只有科学的定额才具有权威性。但是在社会主义市场经济条件下，它必然涉及各有关方面的经济和利益关系。赋予工程建设定额一定的权威性，就意味着在规定的范围内，对于定额的使用者和执行者来说，不论其主观上愿意与否，都必须按照定额的规定执行。所以，在当前市场不规范的情况下，赋予工程建设定额权威性是非常重要的。但是在竞争机制引入工程建设的情况下，定额的水平必然会受到市场供求状况的影响，从而可能使得定额水平在执行中产生浮动。

2. 科学性

定额是在大量测算、分析研究实际生产中的数据的基础上，运用科学的方法，按照客观规律要求并结合群众的经验制定的。定额吸取当代科学管理的成就，其各项内容采用经实践证明是行之有效的先进技术和操作方法，能反映社会生产力水平。

3. 针对性

一般来说，在生产领域中，由于所生产的产品多种多样，并且每种产品的质量标准、安全要求、操作方法以及完成该产品的工作内容也各不相同，所以，以每种不同产品为对象的资源消耗量的标准也是不同的，不能互相通用，这一点在园林工程中尤为重要。

4. 相对稳定性与可变性

一定时期的社会生产力水平决定着定额中所规定的各项指标的多少。社会生产力水平会随着科技水平的提高而有所增长，但社会生产力的发展是一个由量变到质变的过程，即有一个周期，而且定额的执行也有个实践过程。授权部门只有在生产条件发生变化、技术水平有较大的提高、原有定额不能适应生产需要时，才会根据新的情况制定出新的定额或补充定额。所以，每一次制定的定额必须具有相对稳定性。但是随着科技水平的发展，定额也要改变，以适应生产力发展。另外，随着市场经济的不断深化，定额水平随商品价格也会发生波动，使得企业在执行定额标准过程中可能会有所调整，体现出可变性。

5. 地域性

我国幅员辽阔，地域复杂，各地的自然资源条件和社会经济条件相差悬殊，所以，必须采用不同的定额。

6. 统一性

国家对经济发展的宏观调控职能决定着定额的统一性。工程建设定额的统一性按其影响力和执行范围可有全国定额、地区定额和行业定额等；按其制定和贯彻使用可有统一的程序、原则、要求和用途。

第二节　施 工 定 额

要点

施工定额是以同一性质的施工过程或工序为测定对象，确定工人在正常施工条件下，为完成单位合格产品所需劳动、机械、材料消耗的数量标准。施工定额是施工企业直接用于工程施工管理的一种定额。施工定额是由劳动定额、材料消耗定额和机械台班定额组成，是最基本的定额。

解释

◆劳动定额

1. 劳动定额的概念、作用和形式

(1) 劳动定额的概念

劳动定额又称人工定额，是建筑安装工人在正常的施工(生产)条件、一定的生产技术和生产组织条件下，在平均先进水平的基础上制定的。它表明每个建筑安装工人生产单位合格产品所必须消耗的劳动时间，或在单位时间所生产的合格产品的数量。

(2) 劳动定额的作用

主要表现在组织生产和按劳分配两个方面。在一般情况下，两者是相辅相成的，即生产决定分配，分配促进生产。当前对企业基层推行的各种形式的经济责任制的分配形式，无一不是以劳动定额作为核算基础的。具体来说，劳动定额的作用主要表现在以下几个方面：

1) 劳动定额是编制施工作业计划的依据。

2) 劳动定额是贯彻按劳分配原则的重要依据。

3) 劳动定额是开展社会主义劳动竞赛的必要条件。

4) 劳动定额是企业经济核算的重要基础。

(3) 劳动定额的形式

劳动定额按照用途不同，可以分为时间定额和产量定额两种形式。

1) 时间定额就是某种专业(工种)、某种技术等级的工人小组或个人，在合理的劳动组合、合理的使用材料、合理的施工机械配合条件下，生产某一单位合格产品所必需的工作时间，包括准备与结束时间、基本生产时间、辅助生产时间、不可避免的中断时间以及工人必要的休息时间。

时间定额以工日为单位，每一工日按 8h 计算。其计算公式如下：

$$单位产品时间定额(工日)=\frac{1}{每工产量} \tag{3-1}$$

或
$$单位产品时间定额(工日)=\frac{小组成员工日数总和}{台班产量} \tag{3-2}$$

2）产量定额就是在合理的劳动组合、合理的使用材料、合理的机械配合条件下，某种专业(工种)、某种技术等级的工人小组或个人，在单位工日中所完成的合格产品的数量。

产量定额依据时间定额计算，其计算公式如下：

$$每工产量=\frac{1}{单位产品时间定额(工日)} \tag{3-3}$$

或
$$台班产量=\frac{小组成员工日数总和}{单位产品时间定额(工日)} \tag{3-4}$$

产量定额的计量单位，通常以自然单位或物理单位来表示。例如台、套、个、m、m^2、m^3 等。

产量定额的高低与时间定额成反比，两者互为倒数。生产某一单位合格产品所消耗的工时越少，则在单位时间内的产品产量就越高，反之就越低。

$$时间定额\times产量定额=1 \tag{3-5}$$

时间定额和产量定额是同一个劳动定额量的不同表示方法，具有各自不同的用处。时间定额便于综合，便于计算总工日数，便于核算工资，所以劳动定额一般均采用时间定额的形式。产量定额便于施工班组分配任务，便于编制施工作业计划。

2. 劳动定额的编制

(1) 分析基础资料，拟定编制方案

1）影响工时消耗因素的确定。

① 技术因素：包括完成产品的类别；材料、构配件的种类和型号等级；机械和机具的种类、型号和尺寸；产品质量等。

② 组织因素：包括操作方法和施工的管理与组织、工作地点的组织、人员组成和分工、工资与奖励制度、原材料和构配件的质量及供应的组织、气候条件等。

2）计时观察资料的整理。对每次计时观察的资料进行整理之后，要对整个施工过程的观察资料进行系统的分析、研究和整理。

整理观察资料的方法大多采用平均修正法。它是一种在对测时数列进行修正的基础上求出平均值的方法。修正测时数列，就是剔除或修正那些偏高、偏低的可疑数值，目的是保证不受那些偶然性因素的影响。

若测时数列受到产品数量的影响时，采用加权平均值则是比较适当的，因为采用加权平均值，可在计算单位产品工时消耗时考虑到每次观察中产品数量变化的影响，从而使我们也能获得可靠的值。

3）日常积累资料的整理和分析。日常积累的资料主要有四类：

① 现行定额的执行情况及存在问题的资料。

② 企业和现场补充的定额资料。例如因现行定额漏项而编制的补充定额资料，因解决采用新技术、新结构、新材料和新机械而产生的定额缺项所编制的补充定额资料。

③ 已采用的新工艺和新的操作方法的资料。

④ 现行的施工技术规范、操作规程、安全规程和质量标准等。

4）拟定定额的编制方案。编制方案的内容包括以下几项：

① 提出对拟编定额的定额水平总的设想；

② 拟定定额分章、分节、分项的目录；

③ 选择产品和人工、材料、机械的计量单位；

④ 设计定额表格的形式和内容。

（2）确定正常的施工条件

1）拟定工作地点的组织。拟定工作地点的组织时，要特别注意使人在操作时不受妨碍，所使用的工具和材料应按使用顺序放置于工人最便于取用的地方，以减少疲劳和提高工作效率，工作地点应保持清洁和秩序井然。

2）拟定工作组成。拟定工作组成就是将工作过程按照劳动分工的可能划分为若干工序，以达到合理使用技术工人的目的。可以采用两种基本方法。一种是把工作过程中简单的工序划分给技术熟练程度较低的工人去完成；另一种是分出若干个技术程度较低的工人去帮助技术程度较高的工人工作。采用后一种方法就把个人完成的工作过程，变成小组完成的工作过程。

3）拟定施工人员编制。拟定施工人员编制即确定小组人数、技术工人的配备以及劳动的分工和协作。原则是使每个工人都能充分发挥作用，均衡地担负工作。

（3）确定劳动定额消耗量的方法

时间定额是在拟定基本工作时间、辅助工作时间、不可避免中断时间、准备与结束的工作时间以及休息时间的基础上制定的。

1）拟定基本工作时间。基本工作时间在必需消耗的工作时间中占的比重最大。在确定基本工作时间时，必须细致、精确。基本工作时间消耗一般应根据计时观察资料来确定。其做法是，首先确定工作过程每一组成部分的工时消耗，然后再综合算出工作过程的工时消耗。如果组成部分的产品计量单位和工作过程的产品计量单位不符，就需先求出不同计量单位的换算系数，进行产品计量单位的换算，然后再相加，求得工作过程的工时消耗。

2）拟定辅助工作时间和准备与结束工作时间。辅助工作和准备与结束工作时间的确定方法与基本工作时间相同。但是，若这两项工作时间在整个工作班工作时间消耗中所占比重范围不超过5%～6%，则可归纳为一项，以工作过程的计量单位表示，确定出工作过程的工时消耗。

若在计时观察时不能取得足够的资料，也可采用工时规范或经验数据来确定。若具有现行的工时规范，可以直接利用工时规范中规定的辅助和准备与结束工作时间的百分比来计算。

3）拟定不可避免的中断时间。在确定不可避免中断时间的定额时，必须注意由工艺特点所引起的不可避免中断方可列入工作过程的时间定额。

不可避免中断时间也需要根据测时资料通过整理分析获得，也可以根据经验数据或工时规范，以占工作日的百分比表示此项工时消耗的时间定额。

4）拟定休息时间。休息时间应根据工作班作息制度、经验资料、计时观察资料，以及对工作的疲劳程度作全面分析来确定。同时，应考虑尽可能利用不可避免中断时间作为休息时间。

从事不同工作的工人，疲劳程度有很大差别。为了合理确定休息时间，往往要对从事各种工作的工人进行观察、测定，以及进行生理和心理方面的测试，以便确定其疲劳程度。国内外往往按工作轻重和工作条件好坏，将各种工作划分为不同的级别。例如我国某地区工时规范将体力劳动分为六类：最沉重、沉重、较重、中等、较轻、轻便，见表3-1。

划分出疲劳程度的等级，就可以合理规定休息需要的时间。

表3-1 休息时间占工作日的比重

疲劳程度	轻便	较轻	中等	较重	沉重	最沉重
等级	1	2	3	4	5	6
占工作日比重(%)	4.16	6.25	8.33	11.45	16.7	22.9

5)拟定定额时间。确定的基本工作时间、辅助工作时间、准备与结束工作时间、不可避免中断时间和休息时间之和，就是劳动定额的时间定额。根据时间定额可计算出产量定额，时间定额和产量定额互成倒数。

利用工时规范，可以计算劳动定额的时间定额。计算公式是：

$$\text{作业时间}=\text{基本工作时间}+\text{辅助工作时间} \tag{3-6}$$

$$\text{规范时间}=\text{准备与结束工作时间}+\text{不可避免的中断时间}+\text{休息时间} \tag{3-7}$$

$$\begin{aligned}\text{工序作业时间}&=\text{基本工作时间}+\text{辅助工作时间}\\&=\text{基本工作时间}/[1-\text{辅助时间}(\%)]\end{aligned} \tag{3-8}$$

$$\text{定额时间}=\frac{\text{作业时间}}{1-\text{规范时间}(\%)} \tag{3-9}$$

◆**机械台班使用定额**

1. 机械台班使用定额的概念和表现形式

(1) 机械台班使用定额的概念

机械台班使用定额是在正常施工条件下，合理的劳动组合和使用机械完成单位合格产品或某项工作所必须的机械工作时间，包括准备与结束时间、基本工作时间、辅助工作时间、不可避免的中断时间以及使用机械的工人生理需要与休息时间。

(2) 机械台班使用定额的表现形式

机械台班使用定额的形式按其表现形式不同，可分为时间定额和产量定额。

1) 机械时间定额：是指在合理劳动组织与合理使用机械条件下，完成单位合格产品所必需的工作时间，包括有效工作时间(正常负荷下的工作时间和降低负荷下的工作时间)、不可避免的中断时间、不可避免的无负荷工作时间。机械时间定额以“台班”表示，即一台机械工作一个作业班时间。一个作业班时间为 8h。

$$\text{单位产品机械时间定额(台班)}=\frac{1}{\text{台班产量}} \tag{3-10}$$

由于机械必须由工人小组配合，所以完成单位合格产品的时间定额，同时列出人工时间定额。即

$$\text{单位产品人工时间定额(工日)}=\frac{\text{小组成员总人数}}{\text{台班产量}} \tag{3-11}$$

2) 机械产量定额：是指在合理劳动组织与合理使用机械条件下，机械在每个台班时间内应完成合格产品的数量。机械时间定额和机械产量定额互为倒数关系。

复式表示法有如下形式：

$$\frac{\text{人工时间定额}}{\text{机械台班产量}}\text{或}\frac{\text{人工时间定额}}{\text{机械台班产量}}\Bigg|\text{台班车次} \tag{3-12}$$

2. 机械台班使用定额的编制

(1) 确定正常的施工条件

拟定机械工作正常条件，主要是拟定工作地点的合理组织和合理的工人编制。

工作地点的合理组织，就是对施工地点机械和材料的放置位置、工人从事操作的场所，做出科学合理的平面布置和空间安排。它要求施工机械和操纵机械的工人在最小范围内移动，但是又不阻碍机械运转和工人操作，应使机械的开关和操纵装置尽可能集中地装置在操纵工人的近旁，以节省工作时间和减轻劳动强度；应最大限度发挥机械的效能，减少工人的手工操作。

拟定合理的工人编制，就是根据施工机械的性能和设计能力、工人的专业分

工和劳动工效，合理确定操纵机械的工人和直接参加机械化施工过程的工人的编制人数。它应要求保持机械的正常生产率和工人正常的劳动工效。

(2) 确定机械 1h 纯工作正常生产率

确定机械正常生产率时，必须首先确定出机械纯工作 1h 的正常生产率。

机械纯工作时间是机械的必需消耗时间。机械 1h 纯工作正常生产率，是在正常施工组织条件下，具有必需的知识和技能的技术工人操纵机械 1h 的生产率。

根据机械工作特点的不同，机械 1h 纯工作正常生产率的确定方法，也有所不同。对于循环动作机械，确定机械纯工作 1h 正常生产率的计算公式如下：

$$\text{机械一次循环的正常延续时间} = \sum(\text{循环各组成部分正常延续时间}) - \text{交叠时间} \tag{3-13}$$

$$\text{机械纯工作1h 循环次数} = \frac{60 \times 60(\text{s})}{\text{一次循环的正常延续时间}} \tag{3-14}$$

$$\text{机械纯工作1h 正常生产率} = \text{机械纯工作1h 正常循环次数} \times \text{一次循环生产的产品数量} \tag{3-15}$$

对于连续动作机械，确定机械纯工作 1h 正常生产率要根据机械的类型和结构特征，以及工作过程的特点来进行。计算公式如下：

$$\text{连续动作机械纯工作1h 正常生产率} = \frac{\text{工作时间内生产的产品数量}}{\text{工作时间(h)}} \tag{3-16}$$

工作时间内的产品数量和工作时间的消耗，要通过多次现场观察和机械说明书来取得数据。

对于同一机械进行作业属于不同的工作过程，例如挖掘机所挖土壤的类别不同、碎石机所破碎的石块硬度和粒径不同，均需分别确定其纯工作 1h 的正常生产率。

(3) 确定施工机械的正常利用系数

它是机械在工作班内对工作时间的利用率。机械的利用系数和机械在工作班内的工作状况有着密切的关系。所以，要确定机械的正常利用系数，首先要拟定机械工作班的正常工作状况，保证合理利用工时。

确定机械正常利用系数，要计算工作班正常状况下准备与结束工作、机械启动及机械维护等工作所必须消耗的时间，以及机械有效工作的开始与结束时间，从而进一步计算出机械在工作班内的纯工作时间和机械正常利用系数。机械正常利用系数的计算公式如下：

$$\text{机械正常利用系数} = \frac{\text{机械在一个工作班内纯工作时间}}{\text{一个工作班延续时间(8h)}} \tag{3-17}$$

(4) 计算施工机械台班定额

它是编制机械定额工作的最后一步。在确定了机械工作正常条件、机械1h纯工作正常生产率和机械正常利用系数之后，采用下列公式计算施工机械的产量定额：

$$施工机械台班产量定额=机械1h纯工作正常生产率\times工作班纯工作时间 \quad (3\text{-}18)$$

或

$$施工机械台班产量定额=机械1h纯工作正常生产率\times工作班延续时间\times机械正常利用系数 \quad (3\text{-}19)$$

$$施工机械时间定额=\frac{1}{机械台班产量定额指标} \quad (3\text{-}20)$$

◆材料消耗定额

1. 材料消耗定额的概念与组成

(1) 材料消耗定额的概念

材料消耗定额是在正常的施工(生产)条件下，在节约和合理使用材料的情况下，生产单位合格产品所必须消耗的一定品种、规格的材料、半成品、配件等的数量标准。

材料消耗定额是编制材料需要量计划、运输计划、供应计划、计算仓库面积、签发限额领料单和经济核算的根据。制定合理的材料消耗定额，是组织材料的正常供应，保证生产顺利进行，以及合理利用资源、减少积压和浪费的必要前提。

(2) 施工中材料消耗的组成

施工中材料的消耗，可分为必须的材料消耗和损失的材料两类性质。

必须消耗的材料，是在合理用料的条件下，生产合格产品所需消耗的材料。它包括：直接用于建筑和安装工程的材料；不可避免的施工废料；不可避免的材料损耗。

必须消耗的材料属于施工正常消耗，是确定材料消耗定额的基本数据。其中：直接用于建筑和安装工程的材料，编制材料净用量定额；不可避免的施工废料和材料损耗，编制材料损耗定额。

材料各种类型的损耗量之和称为材料损耗量，除去损耗量之后净用于工程实体上的数量称为材料净用量。材料净用量与材料损耗量之和称为材料总消耗量，损耗量与总消耗量之比称为材料损耗率。总消耗量亦可用下式计算。

$$总消耗量=\frac{净用量}{1-损耗率} \quad (3\text{-}21)$$

为了简便，通常将损耗量与净用量之比作为损耗率。即：

$$损耗率=\frac{损耗量}{净用量}\times100\% \quad (3\text{-}22)$$

$$总消耗量=净用量\times(1+损耗率) \quad (3\text{-}23)$$

2. 材料消耗定额的制定方法

(1) 观测法

观测法也称现场测定法，是在合理使用材料的条件下，在施工现场按一定程序对完成合格产品的材料耗用量进行测定，通过分析、整理，最后得出一定的施工过程单位产品的材料消耗定额。

利用现场测定法主要是编制材料损耗定额，也可以提供编制材料净用量定额的数据。其优点是能通过现场观察、测定取得产品产量和材料消耗的情况，为编制材料定额提供技术根据。

观测法的首要任务是选择典型的工程项目，其施工技术、组织及产品质量，均要符合技术规范的要求；材料的品种、型号、质量也应符合设计要求；产品检验合格；操作工人能合理使用材料和保证产品质量。

在观测前要充分做好准备工作，例如选用标准的运输工具和衡量工具，采取减少材料损耗的措施等。

观测的目的是要取得材料消耗的数量和产品数量的数据资料。

观测法是在现场实际施工中进行的。观测法的优点是真实可靠，能发现一些问题，也能消除一部分消耗材料不合理的浪费因素。但是，用这种方法制定材料消耗定额，由于受到一定的生产技术条件和观测人员的水平等限制，仍然不能把所消耗材料不合理的因素都揭露出来。同时，也有可能把生产和管理工作中的某些与消耗材料有关的缺点保存下来。

对观测取得的数据资料要进行分析研究，区分哪些是合理的、哪些是不合理的、哪些是不可避免的，以制定出在一般情况下都可以达到的材料消耗定额。

(2) 试验法

试验法是在材料试验室中进行试验和测定数据。例如，以各种原材料为变量因素，求得不同强度等级混凝土的配合比，从而计算出每立方米混凝土的各种材料耗用量。

利用试验法，主要是编制材料净用量定额。通过试验，能够对材料的结构、化学成分和物理性能以及按强度等级控制的混凝土、砂浆配比作出科学的结论，为编制材料消耗定额提供有技术根据的、比较精确的计算数据。

但是，试验法不能取得在施工现场实际条件下由于各种客观因素对材料耗用量影响的实际数据。

试验室试验必须符合国家有关标准规范，计量要使用标准容器和称量设备，质量要符合施工与验收规范要求，以保证获得可靠的定额编制依据。

(3) 统计法

统计法是通过对现场进料、用料的大量统计资料进行分析计算，获得材料消耗的数据。该方法由于不能分清材料消耗的性质，因而不能作为确定材料净用量定额和材料损耗定额的精确依据。

对积累的各分部分项工程结算的产品所耗用材料的统计分析，是根据各分部分项工程拨付材料数量、剩余材料数量及总共完成产品数量来进行计算的。

采用统计法，必须要保证统计和测算的耗用材料和相应产品一致。在施工现场中的某些材料，往往难以区分用在各个不同部位上的准确数量。所以，要有意识地加以区分，才能得到有效的统计数据。

用统计法制定材料消耗定额一般采取以下两种方法。

1）经验估算法：指以有关人员的经验或以往同类产品的材料实耗统计资料为依据，在研究分析并考虑有关影响因素的基础上制定材料消耗定额的方法。

2）统计法：这是对某一确定的单位工程拨付一定的材料，待工程完工后，根据已完产品数量和领、退材料的数量进行统计和计算的一种方法。该方法的优点是不需要专门人员测定和试验。由统计得到的定额有一定的参考价值，但其准确程度较差，应对其分析研究后才能采用。

（4）理论计算法

理论计算法是根据施工图，运用一定的数学公式，直接计算材料耗用量。计算法只能计算出单位产品的材料净用量，材料的损耗量仍要在现场通过实测取得。采用这种方法必须对工程结构、图纸要求、材料特性和规格、施工及验收规范、施工方法等先进行了解和研究。计算法适宜于不易产生损耗，且容易确定废料的材料，例如木材、钢材、砖瓦、预制构件等材料。因为这些材料根据施工图纸和技术资料从理论上都可以计算出来，不可避免的损耗也有一定的规律可找。

理论计算法是材料消耗定额制定方法中比较先进的方法。但是，用该方法制定材料消耗定额，要求掌握一定的技术资料和各方面的知识，以及有较丰富的现场施工经验。

3. 周转性材料消耗量的计算

在编制材料消耗定额时，某些工序定额、单项定额和综合定额中涉及周转材料的确定和计算。例如劳动定额中的架子工程、模板工程等。

周转性材料在施工过程中不属于通常的一次性消耗材料，而是可多次周转使用，经过修理、补充才逐渐消耗尽的材料。例如模板、钢板桩、脚手架等，实际上它也是作为一种施工工具和措施。在编制材料消耗定额时，应按多次使用、分次摊销的办法确定。

周转性材料消耗的定额量是每使用一次摊销的数量，其计算必须考虑一次使用量、周转使用量、回收价值和摊销量之间的关系。

相关知识

◆施工定额的作用

施工定额是施工企业进行科学管理的基础。施工定额的作用主要体现在以下几个方面。

1）是施工企业编制施工预算，进行工料分析和“两算对比”的基础。

2）是编制施工组织设计、施工作业设计和确定人工、材料及机械台班需要量计划的基础。

3）是施工企业向工作班（组）签发任务单、限额领料的依据。

4）是组织工人班（组）开展劳动竞赛、实行内部经济核算、承发包、计取劳动报酬和奖励工作的依据。

5）是编制预算定额和企业补充定额的基础。

例题分析

◆例 3-1

某人工挖土方工程，土壤为潮湿的黏性土，属于二类土（普通土）。测试资料表明，挖 1m^3 需消耗基本工作时间 65min，辅助工作时间占工作班延续时间 2%，准备与结束工作时间占工作延续时间 2%，不可避免中断时间占 1%，休息时间占 21%，试计算时间定额和产量定额。

解：

时间定额＝65/(1－2%－2%－1%－21%)＝87.84(min)＝0.183（工日）

产量定额＝1/0.183＝5.46（m^3）

◆例 3-2

某土方工程，挖基槽的工作量为 480m^3，每天有 25 个人负责施工，时间定额为 0.206 工日/m^3，试计算完成该分项工程的施工天数。

解：1）计算完成该分项工程所需的总劳动量：

总劳动量＝480×0.206＝98.88（工日）

2）计算施工天数：

施工天数＝98.88÷25＝3.96(d)≈4（d）

第三节　预算定额

要点

园林工程预算定额是指在正常的施工技术和组织条件下，规定完成园林工程一定计量单位的分项工程或结构构件所必需的人工(工日)、材料、机械(台班)以及资金合理消耗的量价合一的计价标准。

园林工程预算定额是由国家主管部门或被授权单位组织编制并颁发的一种参考性指标,它规定了行业平均的必要劳动量和工程内容、质量和安全要求,是一项重要的经济法规。定额中的各项指标反映了国家对完成单位产品基本构造要素(即每一单位分项工程或结构构件)所规定的人工、材料、机械台班等消耗的数量限额。

解释

◆园林工程预算定额的内容

要正确地使用园林工程预算定额,首先必须了解园林工程预算定额手册的基本结构。

园林工程预算定额手册主要由文字说明、定额项目表和附录三部分内容所组成。文字说明包括总说明、分部工程说明、分项工程说明等,如图 3-2 所示。

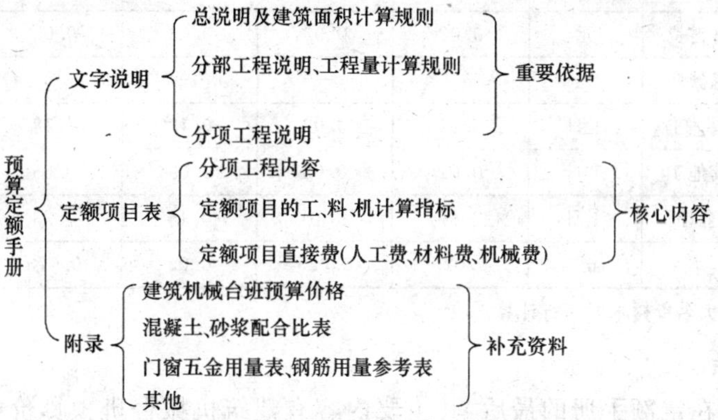

图 3-2　预算定额组成示意图

1. 文字说明部分

1) 总说明列在预算定额最前面,主要阐述预算定额编制原则、指导思想、编制依据、适用范围、使用定额遵循的规则及其作用、定额中已考虑的因素和未考虑的因素、使用方法和有关规定。

2) 分部工程说明。分部工程说明附在各分部定额项目表前面,它是定额手册的重要组成部分,主要阐述该分部工程所包括的主要项目、编制中有关问题的说明、定额应用时的具体规定和处理方法等。

3) 分项工程说明。分项工程说明列在定额项目表的表头上方,说明该分项工程主要工序内容及使用说明。

上述文字说明是预算定额正确使用的重要依据和原则,应用前须仔细阅读体会，不然就会造成错套、漏套及重套定额的错误。

2. 定额项目表

定额项目表包括了分项工程名称，计量单位，定额编号，预算单价，分项工程人工费、材料费、机械费及人工、材料、机械台班消耗量指标。定额项目表是预算定额手册的核心内容。有些定额项目表下面列有附注，说明设计与定额不符时如何进行调整及对有关问题的说明，见表3-2。

表3-2 栽植灌木(带土球)

工作内容：挖坑、栽植(扶正、捣实、回土、筑水围)、浇水、覆土保墒、整形、清理。

(单位：株)

定额编号			3-52	3-53	3-54	3-55	3-56
项目		单位	栽植灌木(带土球)土球直径在(cm)(以内)				
			20	30	40	50	60
基价		元	1.13	2.23	3.35	5.14	9.35
其中	人工费	元	1.11	2.21	3.32	5.09	9.29
	材料费	元	0.02	0.02	0.03	0.05	0.06
	机械费	元	—	—	—	—	—
人工	园艺工	工日	0.04	0.08	0.12	0.18	0.34
	其他工	工日	0.01	0.02	0.03	0.05	0.08
	合计	工日	0.05	0.10	0.15	0.23	0.42
材料	水	m^3	0.025	0.025	0.05	0.075	0.10

注：栽植特大名贵树木时另行计算。

3. 附录

附录编在定额手册的最后，其主要内容有建筑机械台班预算价格，混凝土、砂浆配合比表，材料名称规格表，门窗五金用量表及钢筋用量参考表等。这些资料供定额换算之用，也可供编制施工计划参考，是定额应用的重要补充资料。

◆预算定额的编制依据

编制预算定额要以施工定额为基础，并且和现行的各种规范、技术水平、管理方法相匹配，主要的编制依据有：

1) 现行的劳动定额和施工定额。预算定额以现行的劳动定额和施工定额为基础编制。预算定额中人工、材料和机械台班的消耗水平需要根据劳动定额或施工定额取定。预算定额计量单位的选择，也要以施工定额为参考，从而保证两者的协调性和可比性。

2) 现行设计规范、施工及验收规范、质量评定标准和安全操作规程。在确定预算定额的人工、材料和机械台班消耗时，必须考虑上述法规的要求和影响。

3）具有代表性的典型工程施工图及有关标准图。通过对这些图纸的分析研究和工程量的计算，作为定额编制时选择施工方法，确定消耗的依据。

4）新技术、新结构、新材料和先进的施工方法等。这些资料用来调整定额水平和增加新的定额项目。

5）有关试验、技术测定和统计、经验资料。

6）现行预算定额、材料预算价格及有关文件规定等，也包括过去定额编制过程中积累的基础资料。

◆预算定额的编制步骤

预算定额的编制可分为准备工作、收集资料、定额编制、报批和修改定稿五个阶段。各阶段的工作互有交叉，某些工作还有多次反复。

1. 准备工作阶段

1）拟定编制方案。提出编制定额的目的和任务、定额编制范围和内容，明确编制原则、要求、项目划分和编制依据，拟定编制单位和编制人员，做出工作计划、时间、地点安排和经费预算。

2）成立编制小组。抽调人员，按需要成立各编制小组。如土建定额组、设备定额组、费用定额组、综合组等。

2. 收集资料阶段

收集编制依据中的各种资料，并进行专项的测定和试验。

3. 定额编制阶段

1）确定编制细则。该项工作主要包括：统一编制表格和统一编制方法；统一计算口径、计量单位和小数点位数的要求；有关统一性的规定，即用字、专业用语、符号代码的统一以及简化字的规范化和文字的简练明确；人工、材料、机械单价的统一。

2）确定定额的项目划分和工程量计算规则。

3）人工、材料、机械台班消耗量的计算、复核和测算。

4. 定额报批阶段

本阶段包括审核定稿和预算定额水平测算两项工作。

1）审核定稿。定额初稿的审核工作是定额编制工作的法定程序，是保证定额编制质量的措施之一。应由责任心强、经验丰富的专业技术人员承担主要内容的审核工作，审核内容包括文字表达是否简明易懂，数字是否准确无误，章节、项目之间有无矛盾。

2）预算定额水平测算。新定额编制成稿向主管机关报告之前，必须与原定额进行对比测算，分析水平升降原因。新编定额的水平一般应不低于历史上已经达到过的水平，并略有提高。有如下测算方法：

① 单项定额比较测算。对主要分项工程的新旧定额水平进行逐行逐项比

较测算。

② 单项工程比较测算。对同一典型工程用新旧两种定额编制两份预算进行比较，考察定额水平的升降，分析原因。

5. 修改定稿阶段

该阶段的工作包括：

1）征求意见。定额初稿完成后征求各有关方面的意见，并深入分析研究，在统一意见书的基础上制订修改方案。

2）修改整理报批。根据确定的修改方案，按定额的顺序对初稿进行修改，并经审核无误后形成报批稿，经批准后交付印刷。

3）撰写编制说明。为贯彻定额和方便使用，需要撰写新定额编写说明，内容主要包括：项目、子目数量；人工、材料、机械消耗的内容范围；资料的依据和综合取定情况；定额中允许换算和不允许换算的规定；人工、材料、机械单价的计算和资料；施工方法、工艺的选择及材料运距的考虑；各种材料损耗率的取定资料；调整系数的使用；其他应说明的事项与计算数据、资料。

4）立档成卷保存。定额编制资料既是贯彻执行定额需查对资料的依据，也为修编定额提供历史资料数据，应将其分类立卷归档，作为技术档案永久保存。

◆预算定额的编制方法

1. 预算定额编制中的主要工作

1）定额项目的划分。因为工程产品结构复杂，形体庞大，所以要就整个产品来计价是不可能的。但是可依据不同部位、不同消耗或不同构件，将庞大的工程产品分解成各种不同的较为简单、适当的计量单位（称为分部分项工程），作为计算工程量的基本构造要素，在此基础上编制预算定额项目。确定定额项目时要求：便于确定单位估价表；便于编制施工图预算；便于进行计划、统计和成本核算工作。

2）工程内容的确定。基础定额子目中人工、材料消耗量和机械台班使用量是直接由工程内容确定的，所以，工程内容范围的规定是十分重要的。

3）确定预算定额的计量单位。预算定额与施工定额计量单位往往不同。施工定额的计量单位一般按照工序或施工过程确定；而预算定额的计量单位主要是依据分部分项工程和结构构件的形体特征及其变化确定。由于工作内容综合，预算定额的计量单位亦具有综合的性质。工程量计算规则的规定应确切反映定额项目所包含的工作内容。

预算定额的计量单位关系到预算工作的繁简和准确性，所以，要正确地确定各分部分项工程的计量单位，一般依据以下结构构件形状的特点确定：

① 当物体的截面有一定的形状和大小，但长度不同时（例如管道、电缆、导线等分项工程），应当以“延长米”为计量单位。

② 当物体有一定的厚度而面积不固定时（例如通风管、油漆、防腐等分项工程），应当以“m^2”作为计量单位。

③ 若物体的长、宽、高都变化不定（例如土方、保温等分项工程），应当以“m^3”为计量单位。

④ 有的分项工程虽然体积、面积相同，但是重量和价格差异很大，或者是不规则或难以度量的实体（例如金属结构、非标准设备制作等分项工程），应当以重量作为计量单位。

⑤ 当物体无一定规格，并且其构造又较复杂时（例如阀门、机械设备、灯具、仪表等分项工程），可采用自然单位，常以“个”、“台”、“套”、“件”等作为计量单位。

⑥ 定额项目中工料计量单位及小数位数的取定。

a. 计量单位：按法定计量单位取定：

a）长度：“mm”、“cm”、“m”、“km”。

b）面积：“mm^2”、“cm^2”、“m^2”。

c）体积和容积：“cm^3”、“m^3”。

d）重量：“kg”、“t”。

b. 数值单位与小数位数的取定：

a）人工：以“工日”为单位，取两位小数。

b）主要材料及半成品：木材以“m^3”为单位取三位小数；钢板、型钢以“t”为单位，取三位小数；管材以“m”为单位，取两位小数；通风管用薄钢板以“m^2”为单位；导线、电缆以“m”为单位；水泥以“kg”为单位；砂浆、混凝土以“m^3”为单位等。

c）单价以“元”为单位，取两位小数。

d）其他材料费以“元”表示，取两位小数。

e）施工机械以“台班”为单位，取两位小数。

定额单位确定之后，往往会出现人工、材料或机械台班量很小的现象，即小数点后好几位。为了减少小数位数和提高预算定额的准确性，采取扩大单位的办法，把 $1m^3$、$1m^2$、1m 扩大 10、100、1000 倍。这样，相应的消耗量也加大了倍数，取一定小数位四舍五入后，可达到相对的准确性。

4）确定施工方法。编制预算定额，必须选用正常的、合理的施工方法确定各专业的工程和施工机械。

5）确定预算定额中人工、材料、施工机械消耗量。确定预算定额人工、材料、机械台班消耗指标时，必须先按施工定额的分项逐项计算出消耗指标，然后，再按预算定额的项目加以综合。这种综合不是简单的合并和相加，而是需要在综合过程中增加两种定额之间的适当的水平差。预算定额的水平，首先取决于这些消耗量的合理确定。

人工、材料和机械台班消耗量指标，应依据定额编制原则和要求，采用理论与实际相结合、图纸计算与施工现场测算相结合、编制人员与现场工作人员相结合等方法进行计算和确定，使定额既符合政策要求，又与客观情况一致，便于贯彻执行。

6）编制定额表和拟定相关说明。定额项目表的一般格式为：横向排列为各分项工程的项目名称，竖向排列为分项工程的人工、材料和施工机械消耗量指标。有的项目表下部还有附注，以说明设计有特殊要求时如何进行调整和换算。

预算定额的主要内容包括目录、总说明、各章节说明、工程量计算规则及方法、定额项目表以及有关附录等。

① 总说明。主要说明编制预算定额的指导思想、编制原则、编制依据、适用范围以及编制预算定额时相关共性问题的处理意见和定额的使用方法等。

② 各章节说明。各章节说明主要包括以下内容：

a. 编制各分部定额的依据。

b. 项目划分和定额项目步距的确定原则。

c. 施工方法的确定。

d. 定额活口及换算的说明。

e. 选用材料的规格和技术指标。

f. 材料、设备场内水平运输和垂直运输主要材料损耗率的确定。

g. 人工、材料、施工机械台班消耗定额的确定原则及计算方法。

③ 工程量计算规则及方法。

④ 定额项目表。主要包括该项定额的人工、材料、施工机械台班消耗量和附注。

⑤ 附录。一般包括主要材料取定价格表、施工机械台班单价表以及其他相关折算、换算表等。

2. 人工工日消耗量的确定

预算定额中人工工日消耗量是指在正常施工生产条件下，生产单位合格产品必需消耗的人工工日数量，是由分项工程所综合的各个工序劳动定额包括的基本用工、其他用工以及劳动定额与预算定额工日消耗量的幅度差三部分组成的。

1）基本用工。基本用工指完成单位合格产品所必需消耗的技术工种用工。包括：

① 完成定额计量单位的主要用工。按综合取定的工程量和相应劳动定额进行计算。计算公式如下：

基本用工＝Σ(综合取定的工程量×劳动定额)　　(3-24)

② 按劳动定额规定应增加计算的用工量。例如砖墙项目要增加附墙烟囱孔、垃圾道、壁橱等零星组合部分的加工。

③ 由于预算定额是以劳动定额子目综合扩大的，包括的工作内容较多，施工的工效视具体部位而不一样，需要另外增加用工，列入基本用工内。

2）其他用工。它包括材料超运距运输用工和辅助工作用工。

① 材料超运距用工。它是指预算定额取定的材料、半成品等运距，超过劳动定额规定的运距应增加的工日。其用工量以超运距(预算定额取定的运距减去劳动定额取定的运距)和劳动定额计算。计算公式如下：

超运距用工＝Σ(超运距材料数量×时间定额)　　(3-25)

② 辅助工作用工。辅助工作用工是指劳动定额中未包括的各种辅助工序用工，例如材料的零星加工用工，土建工程的筛砂子、淋石灰膏、洗石子等增加的用工量。辅助工作用工量一般按加工的材料数量乘以时间定额计算。

3）人工幅度差。人工幅度差是指预算定额对在劳动定额规定的用工范围内没有包括，而通常不可避免的一些零星用工，常以百分率计算。一般在确定预算定额用工量时，按基本用工、超运距用工、辅助工作用工之和的10％～15％范围内取定。其计算公式为：

人工幅度差(工日)＝(基本用工＋超运距用工＋辅助用工)×人工幅度差百分率。　　(3-26)

在组织编制或修订预算定额时，如果劳动定额的水平已经不能适应编修期生产技术和劳动效率情况，而又来不及修订劳动定额时，可以依据编修期的生产技术与施工管理水平，以及劳动效率的实际情况，确定一个统一的调整系数，供计算人工消耗指标时使用。

3. 材料消耗量计算

预算定额中的材料消耗量是在合理和节约使用材料的条件下，生产单位假定工程产品(即分部分项工程或结构件)必须消耗的一定品种规格的材料、半成品、构配件等的数量标准。材料消耗量按用途划分为以下几种：

1）预算定额中的主要材料消耗量。通常以施工定额中材料消耗定额为基础综合而得，也可通过计算分析法求得。

材料损耗量等于材料净用量乘以相应的材料损耗率。损耗量的内容包括：由工地仓库(堆放地点)到操作地点的运输损耗、操作地点的堆放损耗和操作损耗。损耗量不包括场外运输损耗及储存损耗，这两者已包括在材料预算价格内。

2）预算定额中的次要材料消耗量。对工程中用量不多、价值不大的材料，可采用估算的方法，合并为一个“其他材料费”项目，以“元”为单位。

3）周转材料消耗量。周转性材料是指在施工过程中多次使用、周转的工具性材料，例如模板、脚手架、挡土板等，预算定额中的周转材料是按多次使用、分次摊销的方法进行计算的。

4）其他材料。其他材料指用量较少、难以计量的零星材料。例如棉纱、编号用的油漆等。

材料消耗量的计算方法主要有：

1）凡有标准规格的材料，按规范要求计算定额计量单位的耗用量。例如砖、防水卷材、块料面层等。

2）凡设计图纸标注尺寸及下料要求的按设计图纸尺寸计算材料净用量。如门窗制作用材料和方、板料等。

3）换算法。各种胶结、涂料等材料的配合比用料，可以根据要求条件换算，得出材料用量。

4）测定法。包括试验室试验法和现场观察法。指各种强度等级的混凝土及砌筑砂浆配合比的耗用原材料数量的计算，需按照规范要求试配经过试压合格以后并经过必要的调整后得出的水泥、砂子、石子、水的用量。对新材料、新结构又不能用其他方法计算定额消耗用量时，需用现场测定方法来确定，根据不同条件可以采用写实记录法和观察法，得出定额的消耗量。

材料损耗量，指在正常条件下不可避免的材料损耗，例如现场内材料运输及施工操作过程中的损耗等。其关系式如下：

$$材料损耗率＝损耗量/净用量\times100\% \quad (3\text{-}27)$$

$$材料损耗量＝材料净用量\times损耗率 \quad (3\text{-}28)$$

$$材料消耗量＝材料净用量＋损耗量 \quad (3\text{-}29)$$

或

$$材料消耗量＝材料净用量\times(1＋损耗率) \quad (3\text{-}30)$$

5）其他材料的确定方法。一般按工艺测算并在定额项目材料计算表内列出名称、数量，并依编制期价格以其他材料占主要材料的比率计算，列在定额材料栏之下，定额内可不列材料名称及消耗量。

4. 机械台班消耗量的计算

预算定额中的机械台班消耗量是指在正常施工条件下，生产单位合格产品（分部分项工程或结构件）必须消耗的某类某种型号施工机械的台班数量。它由分项工程综合的有关工序劳动定额确定的机械台班消耗量以及劳动定额与预算定额的机械台班幅度差组成。

垂直运输机械依工期定额分别测算台班量，以台班/100m^2 建筑面积表示。

确定预算定额中的机械台班消耗量指标，应依据劳动定额中各种机械施工项目所规定的台班产量加机械幅度差进行计算。若按实际需要计算机械台班消耗量，不应再增加机械幅度差。

机械幅度差是指在劳动定额（机械台班量）中未包括的，而机械在合理的施工组织条件下所必需的停歇时间。其内容包括：

1）施工机械转移工作面及配套机械互相影响损失的时间。

2）在正常的施工情况下，机械施工中不可避免的工序间歇。

3）检查工程质量影响机械操作的时间。

4）临时水、电线路在施工中移动位置所发生的机械停歇时间。

5）工程结尾时，工作量不饱满所损失的时间。

机械幅度差系数一般依据测定和统计资料取定。大型机械幅度差系数为：土方机械 1.25，打桩机械 1.33，吊装机械 1.3，其他均按统一规定的系数计算。

由于垂直运输用的塔吊、卷扬机以及砂浆、混凝土搅拌机是按小组配合，应以小组产量计算机械台班产量，不另增加机械幅度差。

综上所述，预算定额的机械台班消耗量按下式计算：

$$预算定额机械耗用台班=施工定额机械耗用台班\times(1+机械幅度差系数) \tag{3-31}$$

占比重不大的零星小型机械按劳动定额小组成员计算出机械台班使用量，以"机械费"或"其他机械费"表示，不再列台班数量。

相关知识

◆园林预算定额的作用

1）它是编制地区单位估价表的依据。

2）它是编制园林工程施工图预算、合理确定工程造价的依据。

3）它是施工企业编制人工、材料、机械台班需要量计划，统计完成工程量，考核工程成本，实行经济核算，进行经济活动分析的依据。

4）它是建设工程招标、投标中确定标底和标价的重要依据。

5）它是定额计价工程中，建设单位和建设银行拨付工程价款、建设资金贷款和竣工结算的依据。

6）它是编制概算定额和概算指标的基础资料。

7）它是对新结构、新材料进行技术分析的依据。

8）它是设计部门对设计方案进行技术经济分析的工具。

9）它是控制投资的有效手段，也是有关部门对投资项目进行审核、审计的依据。

第四节　概算定额与概算指标

要点

概算定额也称扩大结构定额，是初步设计阶段编制工程概算时，计算和确定工程概算造价，计算人工、材料及机械台班需要量所使用的定额。它的项目划分粗细，与初步设计深度相适应。概算定额是控制工程项目投资的重要依据，在工程建设的投资管理中有重要的作用。

概算指标是在三阶段设计的初步设计阶段，编制工程概算，计算和确定工程的初步设计概算造价，计算、材料、机械台班需用量时采用的一种定额。这种定额的编制和初步设计的深度相适应，一般是在概算定额的基础上编制的。

解释

◆概算定额的内容与形式

1. 文字说明部分

文字说明部分有总说明和分部工程说明。在总说明中，主要阐述概算定额的编制依据、使用范围、包括的内容及作用、应遵守的规则及建筑面积计算规则等。分部工程说明主要阐述本分部工程包括的综合工作内容及分部工程的工程量计算规则等。

2. 定额项目表

(1) 定额项目的划分

建设工程概算定额项目一般按以下两种方法划分，一是按结构划分：一般是按土方、基础、墙、梁板柱、门窗、楼地面、屋面、装饰、构筑物等工程结构划分；二是按工程部位（分部）划分：一般是按基础、墙体、梁柱、楼地面、屋盖、其他工程部位等划分，如基础工程中包括了砖、石、混凝土基础等项目。公路工程概算定额的项目划分为：路基工程、路面工程、隧道工程、涵洞工程、桥梁工程。

(2) 定额项目表

定额项目表是概算定额手册的主要内容，由若干个分节组成。各节定额有工程内容、定额表及附注说明组成。定额表中列有定额编号，计量单位，概算价格人工、材料、机械台班消耗指标，综合了预算定额的若干项目与数量。

◆概算定额的编制

1. 概算定额的编制原则

概算定额应该贯彻社会平均水平和简明适用的原则。由于概算定额和预算定额都是工程计价的依据，所以应符合价值规律和反映现阶段大多数企业的设计、生产及施工管理水平。概算定额的内容和深度是以预算定额为基础的综合和扩大。在合并中不得遗漏或增减项目，以保证其严密性和正确性。概算定额务必达到简化、准确和适用。

2. 概算定额的编制依据

1) 现行的设计规范和建筑工程预算定额。

2）具有代表性的标准设计图纸和其他设计资料。

3）现行的人工工资标准、材料预算价格、机械台班预算价格及其他的价格资料。

3. 概算定额的编制步骤

概算定额的编制一般分三阶段进行，即准备阶段、编制初稿阶段和审查定稿阶段。

（1）准备阶段

该阶段主要是确定编制机构和人员组成，进行调查研究，了解现行概算定额执行情况和存在的问题，明确编制的目的，制定概算定额的编制方案和确定概算定额的项目。

（2）编制初稿阶段

该阶段是根据已经确定的编制方案和概算定额项目，收集和整理各种编制依据，对各种资料进行深入细致的测算和分析，确定人工、材料和机械台班的消耗量指标，最后编制概算定额初稿。

(3)审查定稿阶段

该阶段的主要工作是测算定额水平，即测算新编制概算定额与原概算定额及现行预算定额之间的水平。测算既要分项进行，又要通过编制单位工程概算以单位工程为对象综合进行。概算定额水平与预算定额水平之间有一定的幅度差，幅度差一般在5%以内。

概算定额经测算比较后，可报送国家授权机关审批。

◆概算指标的分类和表现形式

1. 概算指标的分类

概算指标可分为两大类，一类是建筑工程概算指标，另一类是安装工程概算指标，如图3-3所示。

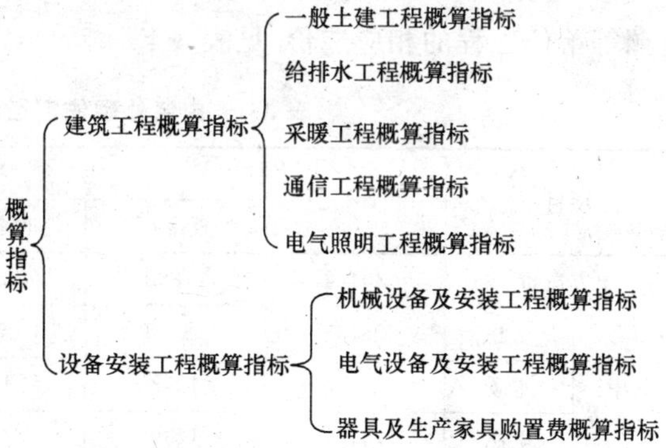

图3-3　概算指标分类

2. 概算指标的组成内容现表

（1）概算指标的组成内容

一般分为文字说明和列表两部分，以及必要的附录。

1）总说明和分册说明。其内容一般包括：概算指标的编制范围、编制依据、分册情况、指标包括的内容、指标未包括的内容、指标的使用方法、指标允许调整的范围及调整方法等。

2）列表。建筑工程的列表形式，房屋建筑、构筑物的列表一般是以建筑面积、建筑体积、“座”、“个”等为计算单位，附以必要的示意图，示意图画出建筑物的轮廓示意或单线平面图，列出综合指标：元/100m^2 或元/1000m^3，自然条件（如地耐力、地震烈度等），建筑物的类型、结构形式及各部位中结构的主要特点，主要工程量。安装工程的列表形式，设备以“t”或“台”为计算单位，也可以设备购置费或设备原价的百分比（%）表示；工艺管道一般以“t”为计算单位；通信电话站安装以“站”为计算单位。列出指标编号、项目名称、规格、综合指标（元/计算单位）之后一般还要列出其中的人工费，必要时还要列出主要材料费、辅材费。

总体来讲，建筑工程列表形式分为以下几个部分：

① 示意图。表明工程的结构、工业项目，还表示出吊车及起重能力等。

② 工程特征。对采暖工程特征应列出采暖热媒及采暖形式；对电气照明工程特征可列出建筑层数、结构类型、配线方式、灯具名称等；对房屋建筑工程特征主要须说明工程的结构形式、层高、层数和建筑面积。见表 3-3。

表 3-3　内浇外砌住宅结构特征

结构类型	层数	层高	檐高	建筑面积
内浇外砌	六层	2.8m	17.7m	4206m^2

③ 经济指标。说明该项目每 100m^2，每座的造价指标及其中土建、水暖和电照等单位工程的相应造价，见表 3-4。

表 3-4　内浇外砌住宅经济指标　　单位：100m^2 建筑面积

项目		合计（元）	其中（元）			
			直接费	间接费	利润	税金
单方造价		30422	21860	5576	1893	1093
其中	土建	26133	18778	4790	1626	939
	水暖	2565	1843	470	160	92
	电照	614	1239	316	107	62

④ 构造内容及工程量指标。说明该工程项目的构造内容和相应计算单位的工程量指标及人工、材料消耗指标。见表 3-5、表 3-6。

（2）概算指标的表现形式

概算指标在具体内容的表示方法上，分综合指标和单项指标两种形式。

1）综合概算指标：是按照工业或民用建筑及其结构类型而制定的概算指标。综合概算指标的概括性较大，其准确性、针对性不如单项指标。

表 3-5　内浇外砌住宅构造内容及工程量指标

单位:100m² 建筑面积

构造特征		工程量 单位	工程量 数量
一、土建			
基础	灌注桩	m^3	14.64
外墙	二砖墙、清水墙勾缝、内墙抹灰刷白	m^3	24.32
内墙	混凝土墙、一砖墙、抹灰刷白	m^3	22.70
柱	混凝土柱	m^3	0.70
地面	碎砖垫层、水泥砂浆面层	m^2	13
楼面	120mm 预制空心板、水泥砂浆面层	m^2	65
门窗	木门窗	m^2	62
屋面	预制空心板、水泥珍珠岩保温、三毡四油卷材防水	m^2	21.7
脚手架	综合脚手架	m^2	100
二、水暖			
采暖方式	集中采暖		
给水性质	生活给水明设		
排水性质	生活排水		
通风方式	自然通风		
三、电照			
配电方式	塑料管暗配电线		
灯具种类	日光灯		

表 3-6　内浇外砌住宅人工及主要材料消耗指标

单位:100m² 建筑面积

序　号	名称及规格	单　位	数　量
一、土建			
1	人工	工日	506
2	钢筋	t	3.25
3	型钢	t	0.13
4	水泥	t	18.10
5	白灰	t	2.10
6	沥青	t	0.29
7	红砖	千块	15.10
8	木材	m^3	4.10
9	砂	m^3	41
10	砾石	m^3	30.5
11	玻璃	m^2	29.2
12	卷材	m^2	80.8

续表

序号	名称及规格	单位	数量
二、水暖			
1	人工	工日	39
2	钢管	t	0.18
3	暖气片	m^2	20
4	卫生器具	套	2.35
5	水表	个	1.84
三、电照			
1	人工	工日	20
2	电线	m	283
3	钢管	t	0.04
4	灯具	套	8.43
5	电表	个	1.84
6	配电箱	套	6.1
四、机械使用费		%	7.5
五、其他材料费		%	19.57

2）单项概算指标：是指为某种建筑物或构筑物而编制的概算指标。单项概算指标的针对性较强，故指标中对工程结构形式要作介绍。只要工程项目的结构形式及工程内容与单项指标中的工程概况相吻合，编制出的设计概算就比较准确。

◆概算指标的编制

1. 概算指标的编制依据

1）标准设计图纸和各类工程典型设计。

2）国家颁发的建筑标准、设计规范、施工规范等。

3）各类工程造价资料。

4）现行的概算定额和预算定额及补充定额。

5）人工工资标准、材料预算价格、机械台班预算价格及其他价格资料。

2. 概算指标的编制步骤

1）首先成立编制小组，拟定工作方案，明确编制原则和方法，确定指标的内容及表现形式，确定基价所依据的人工工资单价、材料预算价格、机械台班单价。

2）收集整理编制指标所必需的标准设计、典型设计以及有代表性的工程设计图纸，设计预算等资料，充分利用有使用价值的已经积累的工程造价资料。

3）编制阶段。主要是选定图纸，并根据图纸资料计算工程量和编制单位工程预算书，以及按编制方案确定的指标项目对照人工及主要材料消耗指标，填写概算指标的表格。

每平方米建筑面积造价指标编制方法如下：

① 编写资料审查意见及填写设计资料名称、设计单位、设计日期、建筑面积及构造情况，提出审查和修改意见。

② 在计算工程量的基础上，编制单位工程预算书，据以确定一定构造情况下每 $100m^2$ 建筑面积的人工、材料、机械消耗指标和单位造价等经济指标。

a. 计算工程量，就是根据审定的图纸和预算定额计算出建筑面积及各分部分项工程量，然后按编制方案规定的项目进行归并，并以每 $100m^2$ 建筑面积为计算单位，换算出所对应的工程量指标。

b. 根据计算出的工程量和预算定额等资料，编出预算书，求出每 $100m^2$ 建筑面积的预算造价及人工、材料、施工机械费用和材料消耗量指标。

构筑物是以“座”为单位编制概算指标，因此，在计算完工程量，编出预算书后，不必进行换算，预算书确定的价值就是每座构筑物概算指标的经济指标。

4）最后经过核对审核、平衡分析、水平测算后审查定稿。

相关知识

◆概算定额的作用

1）概算定额是初步设计阶段编制工程概算、技术设计阶段编制修正概算的主要依据。初步设计、技术设计是采用三阶段设计的第一阶段和第二阶段。根据国家有关规定，按设计的不同阶段对拟建工程进行估价，编制工程概算和修正概算。这样就需要与设计深度相适应的计价定额，概算定额正是适应这种设计深度而编制的。

2）概算定额是编制主要材料申请计划的计算依据。保证材料供应是工程建设的先决条件。根据现行材料供应体制，建设项目需要向物资供应部门提供材料申请计划，申报主要材料，如钢材、木材、水泥等需用量，以获得材料供应指标。由市场采购的材料，也要按照需用量提出采购计划。根据概算定额的材料消耗指标计算工程用料数量比较准确，并可以在施工图设计之前提出计划。

3）概算定额是设计方案进行经济比较的依据。设计方案比较，主要是指建筑结构方案的经济比较。目的是选择出经济合理的建筑结构方案，在满足功能和技术性能要求的条件下，达到降低造价和人工、材料消耗的目的。概算定额按扩大建筑结构构件或扩大综合内容划分定额项目，可为建筑结构方案的比较提供方便条件。

4）概算定额是编制概算指标的依据。

5）概算定额是招投标工程编制招标标底、投标报价的依据。

◆概算定额与概算指标的区别

1. 确定各种消耗量指标的对象不同

概算定额是以单位扩大分项工程或单位扩大结构构件为对象，而概算指标则是以整个建筑物（如 100m² 或 1000m³ 建筑物）和构筑物为对象。因此，概算指标比概算定额更加综合与扩大。

2. 确定各种消耗量指标的依据不同

概算定额以现行预算定额为基础，通过计算之后才综合确定出各种消耗量指标，而概算指标中各种消耗量指标的确定，则主要来自各种预算或结算资料。

概算指标和概算定额、预算定额一样，都是与各个设计阶段相适应的多次性计价的产物，它主要用于投资估价、初步设计阶段，其作用主要有：

1）概算指标可以作为编制投资估算的参考。

2）概算指标中的主要材料指标可以作为匡算主要材料用量的依据。

3）概算指标是设计单位进行设计方案比较、建设单位选址的一种依据。

4）概算指标是编制固定资产投资计划，确定投资额和主要材料计划的主要依据。

第五节　投资估算指标

要点

投资估算指标（简称估算指标）的制定是工程建设管理的一项重要基础工作。估算指标是编制项目建议书和可行性研究报告投资估算的依据，也可作为编制固定资产长远规划投资额的参考。估算指标中的主要材料消耗也是一种扩大材料消耗定额，可作为计算建设项目主要材料消耗量的基础。科学、合理地制定估算指标，对于保证投资估算的准确性和项目决策的科学化，都具有重要意义。

解释

◆投资估算指标的内容

投资估算指标是确定和控制建设项目全过程各项投资支出的技术经济指标，其范围涉及建设前期、建设实施期和竣工验收交付使用期等各个阶段的费用支出，内容因行业不同而各异，一般可分为建设项目综合指标、单项工程指标和单位工程指标三个层次。

1. 建设项目综合指标

建设项目综合指标指按规定应列入建设项目总投资的从立项筹建开始至竣工验收交付使用的全部投资额，包括单项工程投资、工程建设其他费用和预备费等。

建设项目综合指标一般以项目的综合生产能力单位投资表示，如“元/t”、

“元/kW”,或以使用功能表示,如医院床位:“元/床”。

2. 单项工程指标

单项工程指标指按规定应列入能独立发挥生产能力或使用效益的单项工程内的全部投资额,包括建筑工程费、安装工程费、设备、工器具及生产家具购置费和可能包含的其他费用。单项工程一般划分原则如下:

1) 主要生产设施。指直接参加生产产品的工程项目,包括生产车间或生产装置。

2) 辅助生产设施。指为主要生产车间服务的工程项目。包括集中控制室、中央实验室、机修、电修、仪器仪表修理及木工(模)等车间,原材料、半成品、成品及危险品等仓库。

3) 公用工程。包括给排水系统(给排水泵房、水塔、水池及全厂给排水管网)、供热系统(锅炉房及水处理设施、全厂热力管网)、供电及通信系统(变配电所、开关所及全厂输电、电信线路)以及热电站、热力站、煤气站、空压站、冷冻站、冷却塔和全厂管网等。

4) 环境保护工程。包括废气、废渣、废水等处理和综合利用设施及全厂性绿化。

5) 总图运输工程。包括厂区防洪、围墙大门、传达及收发室、汽车库、消防车库、厂区道路、桥涵、厂区码头及厂区大型土石方工程。

6) 厂区服务设施。包括厂部办公室、厂区食堂、医务室、浴室、哺乳室、自行车棚等。

7) 生活福利设施。包括职工医院、住宅、生活区食堂、俱乐部、托儿所、幼儿园、子弟学校、商业服务点以及与之配套的设施。

8) 厂外工程。如水源工程,厂外输电、输水、排水、通信、输油等管线以及公路、铁路专用线等。

单项工程指标一般以单项工程生产能力单位投资,如“元/t”或其他单位表示。如:变配电站:“元/(kV·A)”;锅炉房:“元/蒸汽吨”;供水站:“元/m^3”;办公室、仓库、宿舍、住宅等房屋区别不同结构形式以“元/m^2”表示。

3. 单位工程指标

单位工程指标按规定应列入能独立设计、施工的工程项目的费用,即建筑安装工程费用。

单位工程指标一般以如下方式表示:房屋区别不同结构形式以“元/m^2”表示;道路区别不同结构层、面层以“元/m^2”表示;水塔区别不同结构层、容积以“元/座”表示;管道区别不同材质、管径以“元/m”表示。

◆投资估算指标的编制依据

1) 国家、行业和地方政府的有关规定。

2）工程勘察与设计文件，图示计量或有关专业提供的主要工程量和主要设备清单。

3）行业部门、项目所在地工程造价管理机构或行业协会等编制的投资估算指标、概算指标（定额）、工程建设其他费用定额（规定）、综合单价、价格指数和有关造价文件等。

4）类似工程的各种技术经济指标和参数。

5）工程所在地的同期的工、料、机市场价格，建筑、工艺及附属设备的市场价格和有关费用。

6）政府有关部门、金融机构等部门发布的价格指数、利率、汇率、税率等有关参数。

7）与建设项目有关的工程地质资料、设计文件、图纸等。

8）委托人提供的其他技术经济资料。

◆投资估算指标的编制方法

投资估算指标的编制一般分三个阶段进行。

1. 收集整理资料阶段

收集整理已建成或正在建设的、符合现行技术政策和技术发展方向、有可能重复采用的、有代表性的工程设计施工图、标准设计以及相应的竣工决算或施工图预算资料等，这些资料是编制工作的基础，资料收集越广泛，反映出的问题越多，编制工作考虑越全面，就越有利于提高投资估算指标的实用性和覆盖面。同时，对调查收集到的资料要选择占投资比重大、相互关联多的项目进行认真地分析整理。由于已建成或正在建设的工程的设计意图、建设时间和地点、资料的基础等不同，相互之间的差异很大，需要去粗取精、去伪存真地加以整理，才能重复利用。将整理后的数据资料按项目划分栏目加以归类，按照编制年度的现行定额、费用标准和价格，调整成编制年度的造价水平及相互比例。

2. 平衡调整阶段

由于调查收集的资料来源不同，虽然经过一定的分析整理，但难免会由于设计方案、建设条件和建设时间上的差异带来的某些影响，使数据失准或漏项等。必须对有关资料进行综合平衡调整。

3. 测算审查阶段

测算是将新编的指标和选定工程的概预算在同一价格条件下进行比较，检验其“量差”的偏离程度是否在允许偏差的范围之内，如偏差过大，则要查找原因，进行修正，以保证指标的确切、实用。测算同时也是对指标编制质量进行的一次系统检查，应由专人进行，以保持测算口径的统一，在此基础上组织有关专业人员全面审查定稿。

由于投资估算指标的编制计算工作量非常大，在现阶段计算机已经广泛普及的条件下，应尽可能应用电子计算机进行投资估算指标的编制工作。

相关知识

◆投资估算指标的编制原则

1）投资估算指标项目的确定，应考虑以后几年编制建设项目建议书和可行性研究报告投资估算的需要。

2）投资估算指标的分类、项目划分、项目内容、表现形式等要结合各专业的特点，并且要与项目建议书、可行性研究报告的编制深度相适应。

3）投资估算指标的编制内容，典型工程的选择，必须遵循国家的有关建设方针政策，符合国家技术发展方向，贯彻国家高科技政策和发展方向原则，使指标的编制既能反映现实的高科技成果，反映正常建设条件下的造价水平，也能适应今后若干年的科技发展水平。坚持技术上先进、可行和经济上的合理，力争以较少的投入取得最大的投资效益。

4）投资估算指标的编制要反映不同行业、不同项目和不同工程的特点，投资估算指标要适应项目前期工作深度的需要，而且具有更大的综合性。投资估算指标要密切结合行业特点，项目建设的特定条件，在内容上既要贯彻指导性、准确性和可调性原则，又要有一定的深度和广度。

5）投资估算指标的编制要贯彻静态和动态相结合的原则。要充分考虑到在市场经济条件下建设条件、实施时间、建设期限等因素的不同，考虑到建设期的动态因素，即价格、建设期利息、固定资产投资方向调节税及涉外工程的汇率等因素的变动，导致指标的量差、价差、利息差、费用差等“动态”因素对投资估算的影响，对上述动态因素给予必要的调整办法和调整参数，尽可能减少这些动态因素对投资估算准确度的影响，使指标具有较强的实用性和可操作性。

第六节 施工图预算

要点

施工图预算是在设计的施工图完成以后，以施工图为依据，根据预算定额、费用标准以及工程所在地区的人工、材料、施工机械设备台班的预算价格编制的确定工程预算造价的文件。

解释

◆施工图预算的编制依据

1）各专业设计施工图和文字说明、工程地质勘察资料。

2）当地和主管部门颁布的现行建筑工程和专业安装工程预算定额（基础定额）、单位估价表、地区资料、构配件预算价格（或市场价格）、间接费用定额和有关费用规定等文件。

3）现行的有关设备原价（出厂价或市场价）及运杂费率。

4）现行的有关其他费用定额、指标和价格。

5）建设场地中的自然条件和施工条件，并据以确定的施工方案或施工组织设计。

◆施工图预算的编制方法

1. 工料单价法

工料单价法指分部分项工程量的单价为直接费，直接费以人工、材料、机械的消耗量及其相应价格与措施费确定。间接费、利润、税金按照有关规定另行计算。

按照分部分项工程单价产生的方法不同，工料单价法又可以分为预算单价法和实物法。

1）预算单价法。预算单价法的步骤如下：

① 准备资料，熟悉施工图。准备的资料包括施工组织设计、预算定额、工程量计算标准、取费标准、地区材料预算价格等。

② 计算工程量。第一要根据工程内容和定额项目，列出分项工程目录；第二根据计算顺序和计算规则列出计算式；第三，根据图纸上的设计尺寸及有关数据，代入计算式进行计算；第四，对计算结果进行整理，使之与定额中要求的计量单位保持一致，并予以核对。

③ 套工料单价。核对计算结果后，按单位工程施工图预算直接费计算公式求得单位工程人工费、材料费和机械使用费之和。同时注意以下几项内容：

a. 分项工程的名称、规格、计量单位必须与预算定额工料单价或单位计价表中所列内容完全一致，以防重套、漏套或错套工料单价而产生偏差。

b. 进行局部换算或调整时，换算是指定额中已计价的主要材料品种不同而进行的换价，一般不调量；调整是指施工工艺条件不同而对人工、机械的数量增减，一般调量不换价。

c. 若分项工程不能直接套用定额、不能换算和调整时，应编制补充单位计价表。

d. 定额说明允许换算与调整以外部分不得任意修改。

④ 编制工料分析表。根据各分部分项工程项目实物工程量和预算定额中项目所列的用工及材料数量，计算各分部分项工程所需人工及材料数量，汇总后算出该单位工程所需各类人工、材料的数量。

⑤ 计算并汇总造价。根据规定的税、费率和相应的计取基础，分别计算措施费、间接费、利润、税金等。将上述费用累计后进行汇总，求出单位工程预算

造价。

⑥ 复核。对项目填列、工程量计算公式、计算结果、套用的单价、采用的各项取费费率、数字计算、数据精确度等进行全面复核，以便及时发现差错，及时修改，提高预算的准确性。

⑦ 填写封面、编制说明。封面应写明工程编号、工程名称、工程量、预算总造价和单方造价、编制单位名称、负责人和编制日期，以及审核单位的名称、负责人和审核日期等。编制说明主要应写明预算所包括的工程内容范围、依据的图纸编号、承包企业的等级和承包方式、有关部门现行的调价文件号、套用单价需要补充说明的问题及其他需说明的问题等。

现在编制施工图预算时特别要注意，所用的工程量和人工、材料量是统一的计算方法和基础定额；所用的单价是地区性的（定额、价格信息、价格指数和调价方法）。由于在市场条件下价格是变动的，要特别重视定额价格的调整。

2）实物法。实物法编制施工图预算是先算工程量、人工、材料量、机械台班（即实物量），然后再计算费用和价格的方法。这种方法适应市场经济条件下编制施工图预算的需要，在改革中应当努力实现这种方法的普遍应用。其编制步骤如下：

① 准备资料，熟悉施工图纸。

② 计算工程量。

③ 套基础定额，计算人工、材料、机械数量。

④ 根据当时、当地的人工、材料、机械单价，计算并汇总人工费、材料费、机械使用费，得出单位工程直接工程费。

⑤ 计算措施费、间接费、利润和税金，并进行汇总，得出单位工程造价（价格）。

⑥ 复核。

⑦ 填写封面、编写说明。

从上述步骤可见，实物法与预算单价法不同，实物法的关键在于第③步和第④步，尤其是第④步，使用的单价已不是定额中的单价了，而是在由当地工程价格权威部门（主管部门或专业协会）定期发布价格信息和价格指数的基础上，自行确定人工单价、材料单价、施工机械台班单价。这样便不会使工程价格脱离实际，并为价格的调整减少许多麻烦。

2. 综合单价法

综合单价法指分部分项工程量的单价为全费用单价，既包括直接费、间接费、利润（酬金）、税金，也包括合同约定的所有工料价格变化风险等一切费用，是一种国际上通行的计价方式。综合单价法按其所包含项目工作的内容及工程计量方法的不同，又可分为以下三种表达形式：

1）参照现行预算定额（或基础定额）对应子目所约定的工作内容、计算规则进行报价。

2）按招标文件约定的工程量计算规则以及按技术规范规定的每一分部分项工程所包括的工作内容进行报价。

3）由投标者依据招标图纸、技术规范，按其计价习惯，自主报价，即工程量的计算方法、投标价的确定，均由投标者根据自身情况决定。

综合单价是由分项工程的直接费、间接费、利润和税金组成的，而直接费是以人工、材料、机械的消耗量及相应价格与措施费确定的。因此计价顺序应当是：①准备资料，熟悉施工图纸。②划分项目，按统一规定计算工程量。③计算人工、材料和机械数量。④套综合单价，计算各分项工程造价。⑤汇总得分部工程造价。⑥分部工程造价汇总得单位工程造价。⑦复核。

⑧ 填写封面、编写说明。

“综合单价”的产生是使用该方法的关键。显然编制全国统一的综合单价是不现实或不可能的，而由地区编制较为可行。理想的是由企业编制“企业定额”产生综合单价。由于在每个分项工程上确定利润和税金比较困难，故可以编制含有直接费和间接费的综合单价，待求出单位工程总的直接费和间接费后，再统一计算单位工程的利润和税金，汇总得出单位工程的造价。

◆施工图预算的审核

1. 审核的内容

审核施工图预算的重点是：工程量计算是否准确，分部、分项单价套用是否正确，各项取费标准是否符合现行规定等方面。

(1) 审核定额或单价的套用

1）预算中所列各分项工程单价是否与预算定额的预算单价相符；其名称、规格、计量单位和所包括的工程内容是否与预算定额一致。

2）有单价换算时应审核换算的分项工程是否符合定额规定及换算是否正确。

3）对补充定额和单位计价表的使用应审核补充定额是否符合编制原则、单位计价表计算是否正确。

(2) 审核其他有关费用

其他有关费用包括的内容各地不同，具体审核时应注意是否符合当地规定和定额的要求。具体审核内容如下：

1）是否按本项目的工程性质计取费用、有无高套取费标准。

2）间接费的计取基础是否符合规定。

3）预算外调增的材料差价是否计取间接费；直接费或人工费增减后，有关费用是否作了相应调整。

4）有无不能作为计费基础的费用列入计费的基础。

5）有无巧立名目、乱摊费用的情况。

利润和税金的审核，重点应放在计取基础和费率是否符合当地有关部门的现行规定、有无多算或重算方面。

2. 审核方法

(1) 逐项审核法

逐项审核法又称全面审核法，即按定额顺序或施工顺序，对各分项工程中的工程细目逐项全面详细审核的一种方法。其优点是全面、细致，审核质量高、效果好，缺点是工作量大、时间较长。这种方法适合于一些工程量较小、工艺比较简单的工程。

(2) 标准预算审核法

标准预算审核法就是对利用标准图纸或通用图纸施工的工程，先集中力量编制标准预算，以此为准来审核工程预算的一种方法。按标准设计图纸或通用图纸施工的工程，一般上部结构和做法相同，只是根据现场施工条件或地质情况不同，仅对基础部分做局部改变。凡这样的工程，以标准预算为准，对局部修改部分单独审核即可，不需逐一详细审核。该方法的优点是时间短、效果好、易定案，其缺点是适用范围小，仅适用于采用标准图纸的工程。

(3) 分组计算审核法

分组计算审核法就是把预算中有关项目按类别划分为若干组，利用同组中的一组数据审核分项工程量的一种方法。这种方法首先将若干分部分项工程按相邻且有一定内在联系的项目进行编组，利用同组分项工程间具有相同或相近计算基数的关系，审核一个分项工程数量，由此判断同组中其他几个分项工程的准确程度。该方法的特点是审核速度快、工作量小。

(4) 对比审核法

对比审核法是当工程条件相同时，用已完工程的预算或未完但已经过审核修正的工程预算对比审核拟建工程的同类工程预算的一种方法。

(5) "筛选"审核法

"筛选"审核法是能较快发现问题的一种方法。工程虽然面积和高度不同，但其各分部分项工程的单位建筑面积指标变化却不大。将这样的分部分项工程加以汇集、优选，找出其单位建筑面积工程量、单价、用工的基本数值，归纳为工程量、价格、用工三个单方基本指标，并注明基本指标的适用范围。这些基本指标用来筛分各分部分项工程，对不符合条件的应进行详细审核，若审核对象的预算标准与基本指标的标准不符，就应对其进行调整。"筛选法"的优点是简单易懂，便于掌握，审核速度快，便于发现问题。但问题出现的原因尚需继续审核。该方法适用于审核住宅工程或不具备全面审核条件的工程。

(6) 重点审核法

重点审核法就是抓住工程预算中的重点进行审核的方法。审核的重点一般是工程量大或者造价较高的各种工程、补充定额、计取的各项费用(计取基础、取费标准)等。重点审核法的优点是突出重点、审核时间短、效果好。

3. 审核步骤

(1) 做好审核前的准备工作

1) 熟悉施工图纸。施工图纸是编制预算分项工程数量的重要依据,必须全面熟悉和了解。一是核对所有的图纸,清点无误后,依次识读;二是参加技术交底,解决图纸中的疑难问题,直至完全掌握图纸。

2) 了解预算包括的范围。根据预算编制说明,了解预算包括的工程内容。例如,配套设施、室外管线、道路以及会审图纸后的设计变更等。

3) 弄清编制预算采用的单位工程估价表。任何单位估价表或预算定额都有一定的适用范围。根据工程性质,收集和熟悉相应的单价、定额资料,特别是市场材料单价和取费标准等。

(2) 选择合适的审核方法,按相应内容审核

由于工程规模、繁简程度不同,施工企业情况也不同,所编工程预算繁简和质量也不同,因此需针对情况选择相应的方法进行审核。

(3) 综合整理审核资料,编制调整预算

经过审核,如发现有差错,需要进行增加或核减的,经与编制单位逐项核实,统一意见后,修正原施工图预算,汇总核减量。

相关知识

◆施工图预算的作用

1) 它是工程实行招标、投标的重要依据。

2) 它是签订建设工程施工合同的重要依据。

3) 它是办理工程财务拨款、工程贷款和工程结算的依据。

4) 它是施工单位进行人工和材料准备、编制施工进度计划、控制工程成本的依据。

5) 它是落实或调整年度进度计划和投资计划的依据。

6) 它是施工企业降低工程成本、实行经济核算的依据。

第四章　园林工程工程量清单计价基础

第一节　工程量清单计价概述

要点

工程量清单计价法是投标报价者用共同的工程量清单报自己的综合单价计算工程造价，在投标中以低价竞标得标形成合同工程造价的方法。

工程量清单计价是一种市场定价模式，在工程发包过程中以招标人提供的工程量清单为平台，投标人根据自身的技术、财务、管理能力自主投标报价，招标人根据具体的评标细则进行优选，一般以不低于成本价的最低价中标，这种计价模式充分体现了其市场竞争性。随着我国建设市场与市场经济的不断发展，工程量清单计价方法将是工程投标报价的主要方式，也将必然会越来越成熟和规范。

解释

◆工程量清单计价的基本原理

工程量清单计价的基本过程可以描述为：在统一的工程量计算规则的基础上，制定工程量清单项目设置规则，根据具体工程的施工图纸计算出各个清单项目的工程量，再根据各种渠道所获得的工程造价信息和经验数据计算得到工程造价。这一基本的计算过程如图 4-1 所示。

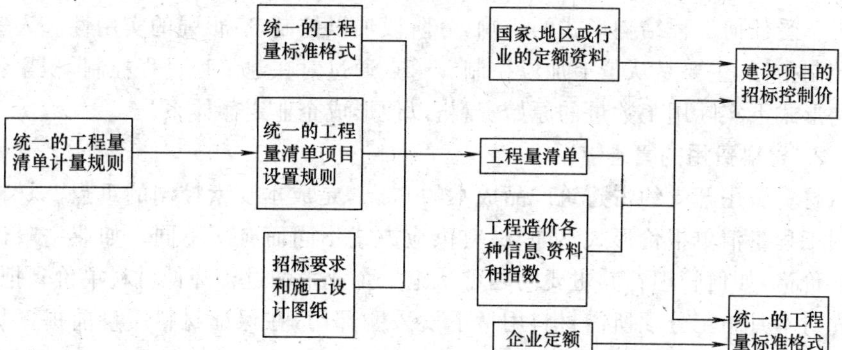

图 4-1　工程造价工程量清单计价过程示意图

从工程量清单计价过程的示意图中可以看出，其编制过程可以分为两个阶段：工程量清单格式的编制和利用工程量清单来编制投标报价。投标报价是在业主提供的工程量计算结果的基础上，根据企业自身所掌握的各种信息、资料，结合企业定额编制出的。

◆工程量清单计价的影响因素

工程量清单报价中标的工程，无论采用何种计价方法，在正常情况下，基本说明工程造价已确定，只是当出现设计变更或工程量变动时，通过签证再结算调整另行计算。工程量清单工程成本要素的管理重点，是在既定收入的前提下，如何控制成本支出。

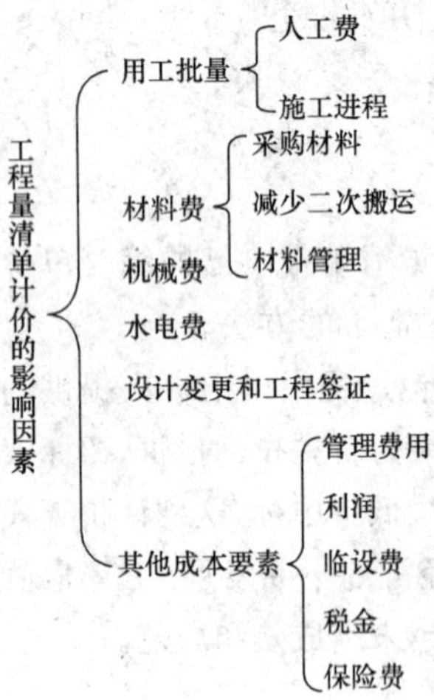

图 4-2　工程量清单计价的影响因素

工程量清单计价的影响因素见图 4-2。

1. 对用工批量的有效管理

人工费支出约占建筑产品成本的 17%，且随市场价格波动而不断变化。对人工单价在整个施工期间做出切合实际的预测，是控制人工费用支出的前提条件。

首先根据施工进度，月初依据工序合理做出用工数量，结合市场人工单价计算出本月控制指标。

其次在施工过程中，依据工程分部分项，对每天用工数量连续记录，在完成一个分项后，就同工程量清单报价中的用工数量对比，进行横评，找出存在问题，办理相应手续，以便对控制指标加以修正。每月完成几个工程分项后各自同工程量清单报价中的用工数量对比，考核控制指标完成情况。通过这种控制节约用工数量，就意味着降低人工费支出，即增加了相应的效益。这种对用工数量控制的方法，最大的优势在于不受任何工程结构形式的影响，分阶段加以控制，有很强的实用性。人工费用控制指标，主要是从量上加以控制。重点通过对在建工程过程控制，积累各类结构形式下实际用工数量的原始资料，以便形成企业定额体系。

2. 材料费用的管理

材料费用开支约占建筑产品成本的 63%，是成本要素控制的重点。材料费用因工程量清单报价形式不同、材料供应方式不同而有所不同。如业主限价的材料价格，如何管理？其主要问题可从施工企业采购过程降低材料单价来把握。首先对本月施工分项所需材料用量下发采购部门，在保证材料质量前提下货比三家。采购过程以工程量清单报价中材料价格为控制指标，确保采购过程产生收益。对业主供材供料，确保足斤足两，严把验收入库环节。其次在施工过程中,严格执行质量方面的程序文件,做到材料堆放合理布局,减少二次搬运。具体操作依据工程进度实行限额领料,完成一个分项后,考核控制效果。最后是杜绝没有收入的支出,把返工损失降到最低限度。月末应把控制用量和价格同实际数量横向对比,考核实际效果,对超用材料数量落实清楚,是在哪个工程子项造成的,原因是什么,是否存在同业主计取材料差价的问题等。

3. 机械费用的管理

机械费的开支约占建筑产品成本的7%,其控制指标主要是根据工程量清单计算出使用的机械控制台班数。在施工过程中,每天做详细台班记录,是否存在维修、待班的台班。如存在现场停电超过合同规定时间,应在当天同业主做好待班现场签证记录,月末将实际使用台班同控制台班的绝对数进行对比,分析量差发生的原因。对机械费价格一般采取租赁协议,合同一般在结算期内不变动,所以,控制实际用量是关键。依据现场情况做到设备合理布局,充分利用,特别是要合理安排大型设备进出场时间,以降低费用。

4. 施工过程中水电费的管理

水电费的管理,在以往工程施工中一直被忽视。水作为人类赖以生存的宝贵资源,越来越短缺,正在给人类敲响警钟。这对加强施工过程中水电费管理的重要性不言而喻。为便于施工过程支出的控制管理,应把控制用量计算到施工子项,以便于控制水电费用。月末依据完成子项所需水电用量同实际用量对比,找出差距的出处,以便制定改正措施。总之施工过程中对水电用量控制不仅仅是一个经济效益的问题,更重要的是一个合理利用宝贵资源的问题。

5. 对设计变更和工程签证的管理

在施工过程中,时常会遇到一些原设计未预料的实际情况,或业主单位提出要求改变某些施工做法、材料代用等,引发设计变更;同样对施工图以外的内容及停水、停电,或因材料供应不及时造成停工、窝工等,都需要办理工程签证。以上两部分工作,首先应由负责现场施工的技术人员做好工程量的确认,如存在工程量清单不包括的施工内容,应及时通知技术人员,将需要办理工程签证的内容落实清楚;其次工程计价人员审核变更或签证签字内容是否清楚完整、手续是否齐全,如手续不齐全,应在当天督促施工人员补办手续,变更或签证的资料应连续编号;最后工程计价人员还应特别注意在施工方案中涉及的工程造价问题。在投标时工程量清单是依据以往的经验计价,建立在既定的施工方案基础上的。施工方案的改变便是对工程量清单计价的修正。变更或签证是工程量清单工程计价中所不包括的内容,但在施工过程中费用已经发生,工程造价人员应及时地编制变更及签证后的变动价值。加强设计变更和工程签证工作是施工企业经济活动中的一个重要组成部分,它可防止应得效益的流失,反映工程真实造价构成,对施工企业各级管理者来说更显得重要。

6. 对其他成本要素的管理

成本要素除工料单价法包含的以外，还有管理费用、利润、临设费、税金、保险费等。这部分收入已分散在工程量清单的子项之中，中标后已成既定的数，因而，在施工过程中应注意以下几点。

1）节约管理费用是重点，制定切实的预算指标，对每笔开支严格依据预算执行审批手续；提高管理人员的综合素质，做到高效精干，提倡一专多能。对办公费用的管理，从节约一张纸、减少每次通话时间等方面着手，精打细算，控制费用支出。

2）利润作为工程量清单子项收入的一部分，在成本不亏损的情况下，就是企业既定利润。

3）临设费管理的重点是，依据施工的工期及现场情况合理布局临设。尽可能就地取材搭建临设，工程接近竣工时及时减少临设的占用。对购买的彩板房每次安、拆要高抬轻放，延长使用次数。日常使用及时维护易损部位，延长使用寿命。

4）对税金、保险费的管理重点是一个资金问题，依据施工进度及时拨付工程款，确保按国家规定的税金及时上缴。

以上六个方面是施工企业的成本要素，针对工程量清单形式带来的风险性，施工企业要从加强过程控制的管理入手，才能将风险降到最低点。积累各种结构形式下成本要素的资料，逐步形成科学、合理的，具有代表人力、财力、技术力量的企业定额体系，以应付复杂激烈的市场竞争。

相关知识

◆工程量清单计价的特点

1. 统一计价规则

通过制定统一的建设工程工程量清单计价方法、统一的工程量计量规则、统一的工程量清单项目设置规则，达到规范计价行为的目的。这些规则和办法是强制性的，建设各方面都应该遵守。

2. 有效控制消耗量

通过由政府发布统一的社会平均消耗量指导标准，为企业提供一个社会平均尺度，避免企业盲目或随意大幅度减少或扩大消耗量，进而达到保证工程质量的目的。

3. 彻底放开价格

将工程消耗量定额中的人工、材料、机械价格和利润、管理费全面放开，由市场的供求关系自行确定价格。

4. 企业自主报价

投标企业根据自身的技术专长、材料采购渠道和管理水平等，制定企业自己的报价定额，自主报价。企业尚无报价定额的，可参考造价管理部门颁布的《建设工程消耗量定额》。

5. 市场有序竞争形成价格

通过建立与国际惯例接轨的工程量清单计价模式，引入充分竞争形成价格的机制，制定衡量投标报价合理性的基础标准，在投标过程中，有效引入竞争机制，淡化标底的作用，在保证质量、工期的前提下，按照国家《招标投标法》及有关条款规定，最终以"不低于成本"的合理低价者中标。

第二节　工程量清单的编制

要点

工程量清单是表现拟建工程的分部分项工程项目、措施项目、其他项目、规费项目和税金项目的名称和相应数量的明细清单。工程量清单包括分部分项工程量清单、措施项目清单、其他项目清单、规费项目清单和税金项目清单。

解释

◆一般规定

1）工程量清单应由具有编制能力的招标人或受其委托，具有相应资质的工程造价咨询人编制。

2）采用工程量清单方式招标，工程量清单必须作为招标文件的组成部分，其准确性和完整性由招标人负责。

3）工程量清单是工程量清单计价的基础，应作为招标控制价、投标报价、计算工程量、支付工程款、调整合同价款、办理竣工结算以及工程索赔等的依据。

4）工程量清单应由分部分项工程量清单、措施项目清单、其他项目清单、规费项目清单、税金项目清单组成。

5）编制工程量清单的依据：①《建设工程工程量清单计价规范》（GB 50500—2008）；②国家或省级、行业建设主管部门颁发的计价依据和办法；③建设工程设计文件；④与建设工程项目有关的标准、规范、技术资料；⑤招标文件及其补充通知、答疑纪要；⑥施工现场情况、工程特点及常规施工方案；⑦其他相关资料。

◆**分部分项工程量清单**

1）分部分项工程量清单应包括项目编码、项目名称、项目特征、计量单位和工程量。

2）分部分项工程量清单应根据附录规定的项目编码、项目名称、项目特征、计量单位和工程量计算规则进行编制。

3）分部分项工程量清单的项目编码，应采用十二位阿拉伯数字表示。一至九位应按附录的规定设置，十至十二位应根据拟建工程的工程量清单项目名称设置，同一招标工程的项目编码不得有重码。

4）分部分项工程量清单的项目名称应按附录的项目名称结合拟建工程的实际确定。

5）分部分项工程量清单中所列工程量应按附录中规定的工程量计算规则计算。

6）分部分项工程量清单的计量单位应按附录中规定的计量单位确定。

7）分部分项工程量清单项目特征应按附录中规定的项目特征，结合拟建工程项目的实际予以描述。

8）编制工程量清单出现附录中未包括的项目，编制人应作补充，并报省级或行业工程计价管理机构备案，省级或行业工程计价管理机构应汇总报往住房和城乡建设部标准定额研究所。

补充项目的编码由附录的顺序码与B和三位阿拉伯数字组成，并应从×B001起顺序编制，同一招标工程的项目不得重码。工程量清单中需附有补充项目的名称、项目特征、计量单位、工程量计算规则、工程内容。

◆**措施项目清单**

1）措施项目清单应根据拟建工程的实际情况列项。通用措施项目可按表4-1选择列项，专业工程的措施项目可按附录中规定的项目选择列项。若出现本规范未列的项目，可根据工程实际情况补充。

表4-1　通用措施项目一览表

序　号	项目名称
1	安全文明施工（含环境保护、文明施工、安全施工、临时设施）
2	夜间施工
3	二次搬运
4	冬雨期施工
5	大型机械设备进出场及安拆
6	施工排水
7	施工降水

续表

序　号	项目名称
8	地上、地下设施，建筑物的临时保护设施
9	已完工程及设备保护

2）措施项目中可以计算工程量的项目清单宜采用分部分项工程量清单的方式编制，列出项目编码、项目名称、项目特征、计量单位和工程量计算规则；不能计算工程量的项目清单，以“项”为计量单位。

◆其他项目清单

1）其他项目清单宜内容列项：①暂列金额；②暂估价：包括材料暂估价、专业工程暂估价；③计日工；④总承包服务费。

2）出现第1)条未列的项目，可根据工程实际情况补充。

◆规费项目清单

1）规费项目清单应内容列项：①工程排污费；②工程定额测定费；③社会保障费：包括养老保险费、失业保险费、医疗保险费；④住房公积金；⑤危险作业意外伤害保险。

2）出现第1)条未列的项目，应根据省级政府或省级有关权力部门的规定列项。

◆税金项目清单

1）税金项目清单应包括：①营业税；②城市维护建设税；③教育费附加。

2）出现第1)条未列的项目，应根据税务部门的规定列项。

相关知识

◆实行工程量清单计价的意义

1）实行工程量清单计价，是我国工程造价管理深化改革与发展的需要。实行工程量清单计价，将改变以工程预算定额为计价依据的计价模式，适应工程招标投标和由市场竞争形成工程造价的需要，推进我国工程造价事业的发展。

2）实行工程量清单计价，是整顿和规范建设市场秩序，适应社会主义市场经济发展的需要。工程造价是工程建设的核心内容，也是建设市场运行的核心内容。实行工程量清单计价，是由市场竞争形成工程造价。工程量清单计价反映工程的个别成本，有利于企业自主报价和公平竞争，实现由政府定价到市场定价的转变；有利于规范业主在招标中的行为，有效纠正招标单位在招标中盲目压价的行为，避免工程招标中弄虚作假、暗箱操作等不规范行为，促进其提高管理水平，从而真正体现公开、公平、公正的原则，反映市场经济规律；有利于规范建设市场计价行为，从源头上遏制工程招投标中滋生的腐败，整顿建设市场的秩序，促进建设市场的有序竞争。

实行工程量清单计价，是适应我国社会主义市场经济发展的需要。市场经济的主要特点是竞争，建设工程领域的竞争主要体现在价格和质量上，工程量清单计价的本质是价格市场化。实行工程量清单计价，对于在全国建立一个统一、开放、健康、有序的建设市场，促进建设市场有序竞争和企业健康发展，都具有重要的作用。

3）实行工程量清单计价，是适应我国工程造价管理政府职能转变的需求。按照政府部门真正履行“经济调节、市场监管、社会管理和公共服务”的职能要求，政府对工程造价的管理，将推行政府宏观调控、企业自主报价、市场形成价格、社会全面监督的工程造价管理体制。实行工程量清单计价，有利于我国工程造价管理政府职能的转变，由过去行政直接干预转变为对工程造价依法监管，有效地强化政府对工程造价的宏观调控，以适应建设市场发展的需要。

4）实行工程量清单计价，是我国建筑业发展适应国际惯例与国际接轨，融入世界大市场的需要。在我国实行工程量清单计价，会为我国建设市场主体创造一个与国际惯例接轨的市场竞争环境，有利于进一步对外开放交流，有利于提高国内建设各方主体参与国际竞争的能力，有利于提高我国工程建设的管理水平。

第三节　工程量清单计价的编制

要点

工程量清单计价是指投标人完成由招标人提供的工程量清单所需的全部费用，包括分部分项工程费、措施项目费、其他项目费、规费和税金。

解释

◆一般规定

1）采用工程量清单计价，建设工程造价由分部分项工程费、措施项目费、其他项目费、规费和税金组成。

2）分部分项工程量清单应采用综合单价计价。

3）招标文件中的工程量清单标明的工程量是投标人投标报价的共同基础，竣工结算的工程量按发、承包双方在合同中约定应予计量且实际完成的工程量确定。

4）措施项目清单计价应根据拟建工程的施工组织设计，可以计算工程量的措施项目，应按分部分项工程量清单的方式采用综合单价计价；其余的措施项目可以“项”为单位的方式计价，应包括除规费、税金外的全部费用。

5）措施项目清单中的安全文明施工费应按照国家或省级、行业建设主管部门的规定计价，不得作为竞争性费用。

6）其他项目清单应根据工程特点和◆招标控制价中的第6)条、◆投标价中的第6)条、◆竣工结算中的第6)条的规定计价。

7）招标人在工程量清单中提供了暂估价的材料和专业工程属于依法必须招标的，由承包人和招标人共同通过招标确定材料单价与专业工程分包价。

若材料不属于依法必须招标的，经发、承包双方协商确认单价后计价。

若专业工程不属于依法必须招标的，由发包人、总承包人与分包人按有关计价依据进行计价。

8）规费和税金应按国家或省级、行业建设主管部门的规定计算，不得作为竞争性费用。

9）采用工程量清单计价的工程，应在招标文件或合同中明确风险内容及其范围(幅度)，不得采用无限风险、所有风险或类似语句规定风险内容及其范围(幅度)。

◆招标控制价

1）国有资金投资的工程建设项目应实行工程量清单招标，并应编制招标控制价。招标控制价超过批准的概算时，招标人应将其报原概算审批部门审核。投标人的投标报价高于招标控制价的，其投标应予以拒绝。

2）招标控制价应由具有编制能力的招标人，或受其委托具有相应资质的工程造价咨询人编制。

3）招标控制价应根据下列依据编制：①《建设工程工程量清单计价规范》(GB 50500—2008)；②国家或省级、行业建设主管部门颁发的计价定额和计价办法；③建设工程设计文件及相关资料；④招标文件中的工程量清单及有关要求；⑤与建设项目相关的标准、规范、技术资料；⑥工程造价管理机构发布的工程造价信息；工程造价信息没有发布的参照市场价；⑦其他的相关资料。

4）分部分项工程费应根据招标文件中的分部分项工程量清单项目的特征描述及有关要求，按上述第3)条的规定确定综合单价计算。

综合单价中应包括招标文件中要求投标人承担的风险费用。

招标文件提供了暂估单价的材料，按暂估的单价计入综合单价。

5）措施项目费应根据招标文件中的措施项目清单按◆一般规定中的第4)、5)条和◆招标控制价中的第3)条的规定计价。

6）其他项目费应按下列规定计价：

① 暂列金额应根据工程特点按有关计价规定估算。

② 暂估价中的材料单价应根据工程造价信息或参照市场价格估算；暂估价中的专业工程金额应分不同专业按有关计价规定估算。

③ 计日工应根据工程特点和有关计价依据计算。

④ 总承包服务费应根据招标文件列出的内容和要求估算。

7）规费和税金应按◆一般规定中的第8)条的规定计算。

8）招标控制价应在招标时公布，不应上调或下浮，招标人应将招标控制价及有关资料报送工程所在地工程造价管理机构备查。

9）投标人经复核认为招标人公布的招标控制价未按照本规范的规定进行编制的，应在开标前5d向招投标监督机构或(和)工程造价管理机构投诉。

招投标监督机构应会同工程造价管理机构对投诉进行处理，发现确有错误的，应责成招标人修改。

◆投标价

1）除《建设工程工程量清单计价规范》(GB 50500—2008)强制性规定外，投标价由投标人自主确定，但不得低于成本。

投标价应由投标人或受其委托具有相应资质的工程造价咨询人编制。

2）投标人应按招标人提供的工程量清单填报价格。填写的项目编码、项目名称、项目特征、计量单位、工程量必须与招标人提供的一致。

3）投标报价应根据下列依据编制：①《建设工程工程量清单计价规范》(GB 50500—2008)；②国家或省级、行业建设主管部门颁发的计价办法；③企业定额，国家或省级、行业建设主管部门颁发的计价定额；④招标文件、工程量清单及其补充通知、答疑纪要；⑤建设工程设计文件及相关资料；⑥施工现场情况、工程特点及拟定的投标施工组织设计或施工方案；⑦与建设项目相关的标准、规范等技术资料；⑧市场价格信息或工程造价管理机构发布的工程造价信息；⑨其他的相关资料。

4）分部分项工程费应依据《建设工程工程量清单计价规范》(GB 50500—2008)综合单价的组成内容，按招标文件中分部分项工程量清单项目的特征描述确定综合单价计算。

综合单价中应考虑招标文件中要求投标人承担的风险费用。

招标文件中提供了暂估单价的材料，按暂估的单价计入综合单价。

5）投标人可根据工程实际情况结合施工组织设计，对招标人所列的措施项目进行增补。

措施项目费应根据招标文件中的措施项目清单及投标时拟定的施工组织设计或施工方案按◆一般规定中的第4)条的规定自主确定。其中安全文明施工费应按照◆一般规定中的第5)条的规定确定。

6）其他项目费应按下列规定报价：

① 暂列金额应按招标人在其他项目清单中列出的金额填写。

② 材料暂估价应按招标人在其他项目清单中列出的单价计入综合单价；专业工程暂估价应按招标人在其他项目清单中列出的金额填写。

③ 计日工按招标人在其他项目清单中列出的项目和数量，自主确定综合单价并计算计日工费用。

④ 总承包服务费根据招标文件中列出的内容和提出的要求自主确定。

7）规费和税金应按◆一般规定中的第8)条的规定确定。

8）投标总价应当与分部分项工程费、措施项目费、其他项目费和规费、税金的合计金额一致。

◆工程合同价款的约定

1）实行招标的工程合同价款应在中标通知书发出之日起30d内，由发、承包双方依据招标文件和中标人的投标文件在书面合同中约定。

不实行招标的工程合同价款，在发、承包双方认可的工程价款基础上，由发、承包双方在合同中约定。

2）实行招标的工程，合同约定不得违背招、投标文件中关于工期、造价、质量等方面的实质性内容。招标文件与中标人投标文件不一致的地方，以投标文件为准。

3）实行工程量清单计价的工程，宜采用单价合同。

4）发、承包双方应在合同条款中对下列事项进行约定；合同中没有约定或约定不明的，由双方协商确定；协商不能达成一致的，按《建设工程工程量清单计价规范》(GB 50500—2008)执行。①预付工程款的数额、支付时间及抵扣方式；②工程计量与支付工程进度款的方式、数额及时间；③工程价款的调整因素、方法、程序、支付及时间；④索赔与现场签证的程序、金额确认与支付时间；⑤发生工程价款争议的解决方法及时间；⑥承担风险的内容、范围以及超出约定内容、范围的调整办法；⑦工程竣工价款结算编制与核对、支付及时间；⑧工程质量保证(保修)金的数额、预扣方式及时间；⑨与履行合同、支付价款有关的其他事项等。

◆工程计量与价款支付

1）发包人应按照合同约定支付工程预付款。支付的工程预付款，按照合同约定在工程进度款中抵扣。

2）发包人支付工程进度款，应按照合同约定计量和支付，支付周期同计量周期。

3）工程计量时，若发现工程量清单中出现漏项、工程量计算偏差，以及工程变更引起工程量的增减，应按承包人在履行合同义务过程中实际完成的工程量计算。

4）承包人应按照合同约定向发包人递交已完工程量报告。发包人应在接到报告后按合同约定进行核对。

5）承包人应在每个付款周期末向发包人递交进度款支付申请，并附相应的证明文件。除合同另有约定外，进度款支付申请应包括下列内容：

① 本周期已完成工程的价款；

② 累计已完成的工程价款；

③ 累计已支付的工程价款；

④ 本周期已完成计日工金额；

⑤ 应增加和扣减的变更金额；

⑥ 应增加和扣减的索赔金额；

⑦ 应抵扣的工程预付款；

⑧ 应扣减的质量保证金；

⑨ 根据合同应增加和扣减的其他金额；

⑩ 本付款周期实际应支付的工程价款。

6）发包人在收到承包人递交的工程进度款支付申请及相应的证明文件后，发包人应在合同约定时间内核对和支付工程进度款。发包人应扣回的工程预付款，与工程进度款同期结算抵扣。

7）发包人未在合同约定时间内支付工程进度款，承包人应及时向发包人发出要求付款的通知，发包人收到承包人通知后仍不按要求付款，可与承包人协商签订延期付款协议，经承包人同意后延期支付。协议应明确延期支付的时间和从付款申请生效后按同期银行贷款利率计算应付款的利息。

8）发包人不按合同约定支付工程进度款，双方又未达成延期付款协议，导致施工无法进行时，承包人可停止施工，由发包人承担违约责任。

◆索赔与现场签证

1）合同一方向另一方提出索赔时，应有正当的索赔理由和有效证据，并应符合合同的相关约定。

2）若承包人认为非承包人原因发生的事件造成了承包人的经济损失，承包人应在确认该事件发生后，按合同约定向发包人发出索赔通知。

发包人在收到最终索赔报告后，并在合同约定时间内未向承包人作出答复，视为该项索赔已经认可。

3）承包人索赔按下列程序处理：

① 承包人在合同约定的时间内向发包人递交费用索赔意向通知书；

② 发包人指定专人收集与索赔有关的资料；

③ 承包人在合同约定的时间内向发包人递交费用索赔申请表；

④ 发包人指定的专人初步审查费用索赔申请表，符合上述第1)条规定的条件时予以受理；

⑤ 发包人指定的专人进行费用索赔核对，经造价工程师复核索赔金额后，与承包人协商确定并由发包人批准；

⑥ 发包人指定的专人应在合同约定的时间内签署费用索赔审批表，或发出要求承包人提交有关索赔的进一步详细资料的通知，待收到承包人提交的详细资料后，按本条第④、⑤款的程序进行。

4) 若承包人的费用索赔与工程延期索赔要求相关联时，发包人在作出费用索赔的批准决定时，应结合工程延期的批准，综合作出费用索赔和工程延期的决定。

5) 若发包人认为由于承包人的原因造成额外损失，发包人应在确认引起索赔的事件后，按合同约定向承包人发出索赔通知。

承包人在收到发包人索赔通知后，并在合同约定时间内未向发包人作出答复，视为该项索赔已经认可。

6) 承包人应发包人要求完成合同以外的零星工作或非承包人责任事件发生时，承包人应按合同约定及时向发包人提出现场签证。

7) 发、承包双方确认的索赔与现场签证费用与工程进度款同期支付。

◆**工程价款调整**

1) 招标工程以投标截止日前28d，非招标工程以合同签订前28d为基准日，其后国家的法律、法规、规章和政策发生变化影响工程造价的，应按省级或行业建设主管部门或其授权的工程造价管理机构发布的规定调整合同价款。

2) 若施工中出现施工图纸(含设计变更)与工程量清单项目特征描述不符的，发、承包双方应按新的项目特征确定相应工程量清单项目的综合单价。

3) 因分部分项工程量清单漏项或非承包人原因的工程变更，造成增加新的工程量清单项目，其对应的综合单价按下列方法确定：

① 合同中已有适用的综合单价，按合同中已有的综合单价确定；

② 合同中有类似的综合单价，参照类似的综合单价确定；

③ 合同中没有适用或类似的综合单价，由承包人提出综合单价，经发包人确认后执行。

4) 因分部分项工程量清单漏项或非承包人原因的工程变更，引起措施项目发生变化，造成施工组织设计或施工方案变更，原措施费中已有的措施项目，按原措施费的组价方法调整；原措施费中没有的措施项目，由承包人根据措施项目变更情况提出适当的措施费变更，经发包人确认后调整。

5) 因非承包人原因引起的工程量增减，该项工程量变化在合同约定幅度以内的，应执行原有的综合单价；该项工程量变化在合同约定幅度以外的，其综合单价及措施项目费应予以调整。

6）若施工期内市场价格波动超出一定幅度时，应按合同约定调整工程价款；合同没有约定或约定不明确的，应按省级或行业建设主管部门或其授权的工程造价管理机构的规定调整。

7）因不可抗力事件导致的费用，发、承包双方应按以下原则分别承担并调整工程价款：

① 工程本身的损害、因工程损害导致第三方人员伤亡和财产损失以及运至施工场地用于施工的材料和待安装的设备的损害，由发包人承担；

② 发包人、承包人人员伤亡由其所在单位负责，并承担相应费用；

③ 承包人的施工机械设备损坏及停工损失，由承包人承担；

④ 停工期间，承包人应发包人要求留在施工场地的必要的管理人员及保卫人员的费用，由发包人承担；

⑤ 工程所需清理、修复费用，由发包人承担。

8）工程价款调整报告应由受益方在合同约定时间内向合同的另一方提出，经对方确认后调整合同价款。受益方未在合同约定时间内提出工程价款调整报告的，视为不涉及合同价款的调整。

收到工程价款调整报告的一方应在合同约定时间内确认或提出协商意见，否则，视为工程价款调整报告已经确认。

9）经发、承包双方确定调整的工程价款，作为追加(减)合同价款与工程进度款同期支付。

◆竣工结算

1）工程完工后发、承包双方应在合同约定时间内办理工程竣工结算。

2）工程竣工结算由承包人或受其委托具有相应资质的工程造价咨询人编制，由发包人或受其委托具有相应资质的工程造价咨询人核对。

3）工程竣工结算应依据：①《建设工程工程量清单计价规范》(GB 50500—2008)；②施工合同；③工程竣工图纸及资料；④双方确认的工程量；⑤双方确认追加(减)的工程价款；⑥双方确认的索赔、现场签证事项及价款；⑦投标文件；⑧招标文件；⑨其他依据。

4）分部分项工程费应依据双方确认的工程量、合同约定的综合单价计算；如发生调整的，以发、承包双方确认调整的综合单价计算。

5）措施项目费应依据合同约定的项目和金额计算；如发生调整的，以发、承包双方确认调整的金额计算，其中安全文明施工费应按◆一般规定中的第5)条的规定计算。

6）其他项目费用应按下列规定计算：

① 计日工应按发包人实际签证确认的事项计算；

② 暂估价中的材料单价应按发、承包双方最终确认价在综合单价中调整；专业工程暂估价应按中标价或发包人、承包人与分包人最终确认价计算；

③ 总承包服务费应依据合同约定金额计算，如发生调整的，以发、承包双方确认调整的金额计算；

④ 索赔费用应依据发、承包双方确认的索赔事项和金额计算；

⑤ 现场签证费用应依据发、承包双方签证资料确认的金额计算；

⑥ 暂列金额应减去工程价款调整与索赔、现场签证金额计算，如有余额归发包人。

7）规费和税金应按◆一般规定中的第8)条的规定计算。

8）承包人应在合同约定时间内编制完成竣工结算书，并在提交竣工验收报告的同时递交给发包人。

承包人未在合同约定时间内递交竣工结算书，经发包人催促后仍未提供或没有明确答复的，发包人可以根据已有资料办理结算。

9）发包人在收到承包人递交的竣工结算书后，应按合同约定时间核对。

同一工程竣工结算核对完成，发、承包双方签字确认后，禁止发包人又要求承包人与另一个或多个工程造价咨询人重复核对竣工结算。

10）发包人或受其委托的工程造价咨询人收到承包人递交的竣工结算书后，在合同约定时间内，不核对竣工结算或未提出核对意见的，视为承包人递交的竣工结算书已经认可，发包人应向承包人支付工程结算价款。

承包人在接到发包人提出的核对意见后，在合同约定时间内，不确认也未提出异议的，视为发包人提出的核对意见已经认可，竣工结算办理完毕。

11）发包人应对承包人递交的竣工结算书签收，拒不签收的，承包人可以不交付竣工工程。

承包人未在合同约定时间内递交竣工结算书的，发包人要求交付竣工工程，承包人应当交付。

12）竣工结算办理完毕，发包人应将竣工结算书报送工程所在地工程造价管理机构备案。竣工结算书作为工程竣工验收备案、交付使用的必备文件。

13）竣工结算办理完毕，发包人应根据确认的竣工结算书在合同约定时间内向承包人支付工程竣工结算价款。

14）发包人未在合同约定时间内向承包人支付工程结算价款的，承包人可催告发包人支付结算价款。如达成延期支付协议的，发包人应按同期银行同类贷款利率支付拖欠工程价款的利息。如未达成延期支付协议，承包人可以与发包人协商将该工程折价，或申请人民法院将该工程依法拍卖，承包人就该工程折价或者拍卖的价款优先受偿。

◆工程计价争议处理

1）在工程计价中，对工程造价计价依据、办法以及相关政策规定发生争议事项的，由工程造价管理机构负责解释。

2）发包人以对工程质量有异议，拒绝办理工程竣工结算的，已竣工验收或已竣工未验收但实际投入使用的工程，其质量争议按该工程保修合同执行，竣工结算按合同约定办理；已竣工未验收且未实际投入使用的工程以及停工、停建工程的质量争议，双方应就有争议的部分委托有资质的检测鉴定机构进行检测，根据检测结果确定解决方案，或按工程质量监督机构的处理决定执行后办理竣工结算，无争议部分的竣工结算按合同约定办理。

3）发、承包双方发生工程造价合同纠纷时，应通过下列办法解决：①双方协商；②提请调解，工程造价管理机构负责调解工程造价问题；③按合同约定向仲裁机构申请仲裁或向人民法院起诉。

4）在合同纠纷案件处理中，需作工程造价鉴定的，应委托具有相应资质的工程造价咨询人进行。

相关知识

◆工程量清单计价与定额计价的区别

1. 单位不同

传统定额预算计价办法是：建设工程的工程量分别由招标单位和投标单位分别按图计算。工程量清单计价是：工程量由招标单位统一计算或委托有工程造价咨询资质单位统一计算，“工程量清单”是招标文件的重要组成部分，各投标单位按照招标人提供的“工程量清单”，根据自身的技术装备、施工经验、企业成本、企业定额、管理水平自主填写报单价。

2. 清单时间不同

传统的定额预算计价法是在发出招标文件后编制的（招标与投标人同时编制或投标人编制在前，招标人编制在后），工程量清单报价法必须在发出招标文件前编制。

3. 表现形式不同

采用传统的定额预算计价法一般是总价形式。工程量清单报价法采用综合单价形式，综合单价包括人工费、材料费、机械使用费、管理费、利润，并考虑风险因素。工程量清单报价具有直观、单价相对固定的特点，工程量发生变化时，单价一般不做调整。

4. 费用组成不同

传统预算定额计价法的工程造价由直接工程费、措施费、间接费、利润、税金组成。工程量清单计价法的工程造价包括分部分项工程费、措施项目费、其他项目费、规费、税金，完成每项工程包含的全部工程内容的费用，完成每项工程内容所需的费用（规费、税金除外），因工程量清单中没有体现的、施工中又必须发生的工程内容所需费用，以及因风险因素而增加的费用。

5. 评标所用的方法不同

传统预算定额计价法投标一般采用百分制评分法。采用工程量清单计价法投标，一般采用合理低报价中标法，既要对总价进行评分，还要对综合单价进行分析评分。

6. 项目编码不同

采用传统的预算定额项目编码，全国各省市采用不同的定额子目。采用工程量清单计价，全国实行统一编码，项目编码采用十二位阿拉伯数字表示。一到九位为统一编码，其中，一、二位为附录顺序码，三、四位为专业工程顺序码，五、六位为分部工程顺序码，七、八、九位为分项工程项目名称顺序码，十到十二位为清单项目名称顺序码。前九位码不能变动，后三位码，由清单编制人根据项目设置的清单项目编制。

7. 合同价调整方式不同

传统的定额预算计价法调整合同价的方式有：变更签证、定额解释、政策性调整。工程量清单计价法调整合同价的方式主要是索赔。工程量清单的综合单价一般通过招标中报价的形式体现，一旦中标，报价作为签订施工合同的依据相对固定下来，工程结算按承包商实际完成工程量乘以清单中相应的单价计算，减少了调整活口。采用传统的预算定额经常有定额解释及定额规定，结算中又有政策性文件调整。工程量清单计价的单价不能随意调整。

8. 工程量计算时间前置

工程量清单，在招标前由招标人编制。也可能业主为了缩短建设周期，通常在初步设计完成后就开始施工招标，在不影响施工进度的前提下陆续发放施工图纸，因此承包商据以报价的工程量清单中各项工作内容下的工程量一般为概算工程量。

9. 投标计算口径达到统一

因为各投标单位都根据统一的工程量清单报价，达到了投标计算口径统一。不再是传统预算定额招标时各投标单位各自计算工程量，各投标单位计算的工程量均不一致。

10. 索赔事件增加

因承包商对工程量清单单价包含的工作内容一目了然，故凡建设方不按清单内容施工的、任意要求修改清单的，都会增加施工索赔的因素。

11. 编制依据不同

传统的定额预算计价法依据图纸；人工、材料、机械台班消耗量依据建设行政主管部门颁发的预算定额；人工、材料、机械台班单价依据工程造价管理部门发布的价格信息进行计算。工程量清单报价法，根据原建设部第107号令规定，标底是根据招标文件中的工程量清单和有关要求、施工现场情况、合理的施工方法，以及按建设行政主管部门制定的有关工程造价计价办法编制的。企业的投标报价则根据企业定额和市场价格信息，或参照建设行政主管部门发布的社会平均消耗量定额编制。

第五章　绿化工程工程量计算

第一节　绿化工程概述

要点

绿化工程主要包含绿地整理工程、栽植花木工程以及绿地喷灌工程三方面内容，本节将分别予以介绍。

解释

◆绿地整理工程

1. 清除草皮

为了便于土地的耕翻与平整、消灭多年生杂草以及避免草坪建成后杂草与草坪争水分、养料，所以在种草前应彻底清除草皮。通常情况下，清除草皮有3种方法分别为人工中耕除草、机械中耕除草以及化学除草。

2. 整理用地

(1) 土方开挖

开挖前应先进行测量定位，抄平放线，定出开挖宽度，按放线分块(段)分层挖土。根据土质和水文情况，采取在四侧或两侧直立开挖或放坡，以保证施工操作安全。当土质为天然湿度、构造均匀、水文地质条件良好(即不会发生坍滑、移动、松散或不均匀下沉)，且无地下水，挖方深度不大时，开挖亦可不必放坡，采取直立开挖不加支护，基坑宽度应稍大于基础宽度。如超过一定的深度，但不大于5m时，应根据土质和施工具体情况进行放坡，以保证不塌方。放坡后坑槽上口宽度由基础底面宽度及边坡坡度来决定，坑底宽度每边应比基础宽15～30cm，以便于施工操作。

(2) 土方转运

1) 人工转运。人工转运土方一般为短途的小搬运。搬运方式有用人力车拉、用手推车推或由人力肩挑背扛等。这种转运方式在有些园林局部或小型工程施工中常采用。

2) 机械转运。机械转运土方通常为长距离运土或工程量很大时的运土，运输工具主要是装载机和汽车。根据工程施工特点和工程量大小的不同，还可采用半机械化和人工相结合的方式转运土方。

(3) 土方回填

1) 填方基底处理。

① 场地回填应先清除基底上草皮、树根、坑穴中积水、淤泥和杂物,并应采取措施防止地表滞水流入填方区,浸泡地基,造成基土下陷。

② 当填方基底为耕植土或松土时,应将基底充分夯实或碾压密实。

③ 当填方位于水田、沟渠、池塘或含水量很大的松软土地段,应根据具体情况采取排水疏干,或将淤泥全部挖出换土、抛填片石、填砂砾石、翻松掺石灰等措施进行处理。

④ 当填土场地地面陡于1/5时,应先将斜坡挖成阶梯形,阶高0.2～0.3m,阶宽大于1m,然后分层填土,以利于结合和防止滑动。

2) 土方填埋方式。

① 一般的土石方填埋,都应采取分层填筑方式(图5-1),一层一层地填,不要图方便而采取沿着斜坡向外逐渐倾倒的方式。分层填筑时,在要求质量较高的填方中,每层的厚度应为30cm以下,而在一般的填方中,每层的厚度可为30～60cm。填土过程中,最好能够填一层就筑实一层,层层压实。

② 在自然斜坡上填土时,要注意防止新填土方沿着坡面滑落。为了增加新填土方与斜坡的咬合性,可先把斜坡挖成阶梯状,然后再填入土方。这样,只要在填方过程中做到了层层筑实,便可保证新填土方的稳定(图5-2)。

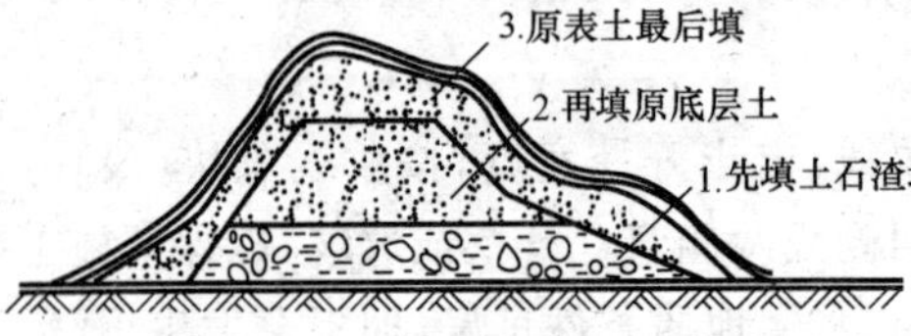

图5-1 土方分层填实

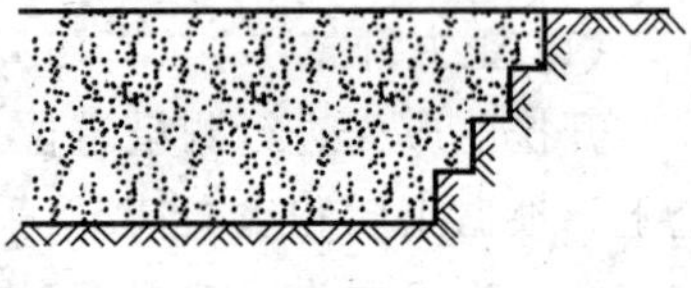

图5-2 斜坡填土法

(4) 土方压实

1) 土方的压实工作应先从边缘开始,逐渐向中间推进。这样碾压,可以避免边缘土被向外挤压而引起坍落现象。

2) 填方时必须分层堆填、分层碾压夯实。不要一次性地填到设计土面高度后,才进行碾压打夯。如果是这样,就会造成填方地面上紧下松,沉降和塌陷严重的情况。

3) 碾压、打夯要注意均匀,要使填方区各处土壤密度一致,避免以后出现不均匀沉降。

4) 在夯实松土时,打夯动作应先轻后重。先轻打一遍,使土中细粉受震落下,填满下层土粒间的空隙;然后再加重打压,夯实土壤。

(5) 土方工程放坡处理

1) 挖方放坡处理。由于受土壤性质、土壤密实度和坡面高度等因素的制约,用地的自然放坡有一定限制,其挖方和填方的边坡做法各不相同,即使是岩石边坡的挖、填方做坡,也有所不同。

在实际放坡施工处理中,可以参考下列各表来考虑自然放坡的坡度允许值(即高宽比)。挖方工程的放坡做法见表 5-1 和表 5-2,岩石边坡的坡度允许值(高宽比)受石质类别、石质风化程度以及坡面高度三方面因素的影响,见表 5-3。

表 5-1 不同的土质自然放坡坡度允许值

土质类别	密实度或黏性土状态	坡度允许值(高宽比)	
		坡高在 5m 以下	坡高 5~10m
碎石类土	密实	1∶0.35~1∶0.50	1∶0.50~1∶0.75
	中密实	1∶0.50~1∶0.75	1∶0.75~1∶1.00
	稍密实	1∶0.75~1∶1.00	1∶1.00~1∶1.25
老黏性土	坚硬	1∶0.35~1∶0.50	1∶0.50~1∶0.75
	硬塑	1∶0.50~1∶0.75	1∶0.75~1∶1.00
一般黏性土	坚硬	1∶0.75~1∶1.00	1∶1.00~1∶1.25
	硬塑	1∶1.00~1∶1.25	1∶1.25~1∶1.50

表 5-2 一般土壤自然放坡坡度允许值

序号	土 壤 类 别	坡度允许值(高宽比)
1	黏土、粉质黏土、亚砂土、砂土(不包括细砂、粉砂),深度不超过 3m	1∶1.00~1∶1.25
2	土质同上,深度 3~12m	1∶1.25~1∶1.50
3	干燥黄土、类黄土,深度不超过 5m	1∶1.00~1∶1.25

表 5-3 岩石边坡坡度允许值

石质类别	风化程度	坡度允许值(高宽比)	
		坡高在 8m 以内	坡高 8~15m
硬质岩石	微风化	1∶0.10~1∶0.20	1∶0.20~1∶0.35
	中等风化	1∶0.20~1∶0.35	1∶0.35~1∶0.50
	强风化	1∶0.35~1∶0.50	1∶0.50~1∶0.75
软质岩石	微风化	1∶0.35~1∶0.50	1∶0.50~1∶0.75
	中等风化	1∶0.50~1∶0.75	1∶0.75~1∶1.00
	强风化	1∶0.75~1∶1.10	1∶1.00~1∶1.25

2) 填方边坡处理。

① 填方的边坡坡度应根据填方高度、土的种类及其重要性在设计中加以规定。当设计无规定时,可按表 5-4 采用。用黄土或类黄土填筑重要的填方时,其边坡坡度可参考表 5-5 采用。

② 使用时间较长的临时性填方的边坡坡度,当填方高度小于 10m 时,可采用 1∶1.5;超过 10m 时,可做成折线形,上部采用 1∶1.5,下部采用 1∶1.75。

表 5-4　永久性填方边坡的高度限值

项次	土的种类	填方高度(m)	边坡坡度
1	黏土类土、黄土、类黄土	6	1∶1.50
2	粉质黏土、泥灰岩土	6～7	1∶1.50
3	中砂或粗砂	10	1∶1.50
4	砾石和碎石土	10～12	1∶1.50
5	易风化的岩土	12	1∶50
6	轻微风化、尺寸在 25cm 内的石料	6 以内 6～12	1∶1.33 1∶1.50
7	轻微风化、尺寸大于 25cm 以的石料，边坡用最大石块、分排整齐铺砌	12 以内	1∶1.50～1∶0.75
8	轻微风化、尺寸大于 40cm 的石料，其边坡分排整齐	5 以内 5～10 ＞10	1∶0.50 1∶0.65 1∶1.00

注：1. 当填方高度超过本表规定限值时，其边坡可做成折线形，填方下部的边坡坡度应为 1∶1.75～1∶2.00。

2. 凡永久性填方，土的种类未列入本表者，其边坡坡度不得大于 $\varphi+45°/2$，φ 为土的自然倾斜角。

表 5-5　黄土或类黄土填筑重要填方的边坡坡度

填土高度(m)	自地面起高度(m)	边坡坡度
6～9	0～3 3～9	1∶1.75 1∶1.50
9～12	0～3 3～6 6～12	1∶2.00 1∶1.75 1∶1.50

③ 利用填土做地基时，填方的压实系数、边坡坡度应符合表 5-4 的规定。其承载力根据试验确定，当无试验数据时，可按表 5-6 选用。

表 5-6　填土地基承载力和边坡坡度值

填土类别	压实系数	承载力(kPa)	边坡坡度容许值(高度比)	
			坡度在 8m 以内	坡度 8～15m
碎石、卵石	0.94～0.97	200～300	1∶1.50～1∶1.25	1∶1.75～1∶1.50
砂夹石（其中碎石、卵石占全重 30%～50%）		200～250	1∶1.50～1∶1.25	1∶1.75～1∶1.50
土夹石（其中碎石、卵石占全重 30%～50%）		150～200	1∶1.50～1∶1.25	1∶2.00～1∶1.50
黏性土（$10<I_p<14$）		130～180	1∶1.75～1∶1.50	1∶2.25～1∶1.75

注：I_p 为塑性指数。

◆栽植花木工程

1. 树木栽植工程

(1) 栽植穴、槽的挖掘

栽植穴、槽的质量，对植株以后的生长有很大的影响。除按设计确定位置外，应根据根系或土球大小、土质情况来确定坑（穴）径大小（一般应比规定的根系或土球直径大20～30cm);根据树种根系类别,确定坑(穴)的深浅。坑(穴)或沟槽口径应上下一致,以免植树时根系不能舒展或填土不实。

(2) 掘苗

1) 选苗。选苗时应依据设计提出对规格和树形的特殊要求,还应注意选择生长健壮、无病虫害、无机械损伤、树形端正和根系发达的苗木。作行道树种植的苗木分枝点应不低于2.5m。此外,还应考虑起苗包装运输的方便,苗木选定后,要挂牌或在根基部位画出明显标记,以免挖错。

2) 掘苗。掘苗时间最好选在秋天落叶后或土冻前、解冻后,并且能够做到和栽植时间紧密配合,随起随栽。掘苗时,常绿苗应当带有完整的根团土球,土球散落的苗木成活率会降低。土球的大小一般可按树木胸径的10倍左右确定。对于特别难成活的树种要考虑加大土球。土球高度一般可比宽度少5～10cm。一般的落叶树苗也多带有土球,但在秋季和早春起苗移栽时,也可裸根起苗。裸根苗木若运输距离比较远,需要在根蔸里填塞湿草,或在其外包裹塑料薄膜保湿,以免根系失水过多,影响栽植成活率。为了减少树苗水分蒸腾,提高移栽成活率,掘苗后,装车前应进行粗略修剪。

(3) 包装运输

1) 包装。包装前应先对根系进行处理,一般是先用泥浆或水凝胶等吸水保水物质蘸根,以减少根系失水,然后再包装。包装要在背风庇荫处进行,有条件时可在室内、棚内进行。包装材料可用麻袋、稻草包、塑料薄膜、牛皮纸袋等。无论是包裹根系,还是全苗包装,包裹后要将封口扎紧,减少水分蒸发、防止包装材料脱落。将同一品种相同等级的存放在一起,挂上标签,便于管理和销售。

2) 装运根苗。

① 装运乔木时,应将树根朝前,树梢向后,顺序安(码)放。

② 车后厢板,应铺垫草袋、蒲包等物,以防碰伤树根、干皮。

③ 树梢不得拖地,必要时要用绳子围绕吊起,捆绳子的地方也要用蒲包垫上,不要使其勒伤树皮。

④ 装车不得超高,压得不要太紧。

⑤ 装完后用苫布将树根盖严、捆好,以防树根失水。

3) 装运带土球苗。

① 2m以下的苗木可以立装,2m以上的苗木必须斜放或平放。土球朝前,树梢向后,并用木架将树冠架稳。

② 土球直径大于20cm的苗木只装一层,小土球可以码放2～3层。土球之间必须安(码)放紧密,以防摇晃。

③ 土球上不准站人或放置重物。

4) 卸车。苗木在装卸车时应轻吊轻放,不得损伤苗木和造成散球。起吊带土球(台)的小型苗木时,应用绳网兜土球吊起,不得用绳索缚捆根茎起吊。重量超过1t的大型土球,应在土球外部套钢丝缆起吊。

(4) 假植与定植

1) 假植。苗木运到现场后应及时栽植。凡是苗木运到后在几天以内不能按时栽种,或是栽种后苗木有剩余的,都要进行假植。

2) 定植。定植应根据树木的习性和当地的气候条件,选择最适宜的时期进行。

① 将苗木的土球或根蔸放入种植穴内,使其居中。

② 再将树干立起扶正,使其保持垂直。

③ 然后分层回填种植土,填土后将树根稍向上提一提,使根群舒展开,每填一层土就要用锄把将土压紧实,直到填满穴坑,并使土面能够盖住树木的根茎部位。

④ 检查扶正后,把余下的穴土绕根茎一周进行培土,做成环形的拦水围堰。其围堰的直径应略大于种植穴的直径。堰土要拍压紧实,不能松散。

⑤ 种植裸根树木时,将原根际埋下3～5cm即可,应将种植穴底填土呈半圆土堆,置入树木填土至1/3时,应轻提树干使根系舒展,并充分接触土壤,随填土分层踏实。

⑥ 带土球树木必须踏实穴底土层,而后置入种植穴,填土踏实。

⑦ 绿篱成块种植或群植时,应由中心向外顺序退植。坡式种植时应由上向下种植。大型块植或不同彩色丛植时,宜分区分块。

⑧ 假山或岩缝间种植,应在种植土中掺入苔藓、泥炭等保湿透气材料。

⑨ 落叶乔木在非种植季节种植时,可依据不同情况分别采取以下技术措施。

a. 苗木必须提前采取疏枝、环状断根或在适宜季节起苗用容器假植等处理。

b. 苗木应进行强修剪,剪除部分侧枝,保留的侧枝也应疏剪或短截,并应保留原树冠的1/3,同时必须加大土球体积。

c. 可摘叶的应摘去部分叶片,但不得伤害幼芽。

d. 夏季可搭棚遮荫、树冠喷雾、树干保湿,保持空气湿润;冬季应防风防寒。

e. 干旱地区或干旱季节,种植裸根树木应采取根部喷布生根激素、增加浇水次数等措施。

⑩ 对排水不良的种植穴,可在穴底铺10～15cm砂砾或铺设渗水管、盲沟,以利排水。

⑪ 栽植较大的乔木时,在定植后应加支撑,以防浇水后大风吹倒苗木。

(5) 栽植后的养护管理

1）立支柱。较大苗木为了防止被风吹倒，应立支柱支撑，多风地区尤应注意；沿海多台风地区，往往需埋水泥预制柱以固定高大乔木。

2）灌水。常规做法为定植后必须连续灌 3 次水，之后视情况适时灌水。第 1 次连续 3d 灌水后，要及时封堰（穴），即将灌足水的树盘撒上细面土封住，称为封堰，以免蒸发和土表开裂透风。树木栽植后的浇水量，参见表 5-7。

表 5-7　树木栽植后的浇水量

乔木及常绿树胸径（cm）	灌木高度（m）	绿篱高度（m）	树堰直径（cm）	浇水量（kg）
	1.2～1.5	1～1.2	60	50
	1.5～1.8	1.2～1.5	70	75
3～5	1.8～2	1.5～2	80	100
5～7	2～2.5		90	200
7～10			110	250

3）扶直封堰。

① 扶直：浇第 1 遍水渗入后的次日，应检查树苗是否有倒、歪现象，发现后应及时扶直，并用细土将堰内缝隙填严，将苗木固定好。

② 中耕：水分渗透后，用小锄或铁耙等工具，将土堰内的土表锄松，称“中耕”。中耕可以切断土壤的毛细管，减少水分蒸发，有利于保墒。植树后浇三水之间，都应中耕 1 次。

③ 封堰：浇第 3 遍水并待水分渗入后，用细土将灌水堰内填平，使封堰土堆稍高于地面。土中如果含有砖石杂质等物，应挑拣出来，以免影响下次开堰。华北、西北等地区秋季植树，应在树干基部堆成 30cm 高的土堆，以保持土壤水分，并能保护树根，防止风吹摇动，影响树的成活。

4）其他养护管理：①对受伤枝条和栽前修剪不理想的枝条，应进行复剪；②对绿篱进行造型修剪；③防治病虫害；④进行巡查、围护、看管，防止人为破坏；⑤清理场地，做到工完场净、文明施工。

2. 大树移植

（1）移植方法

1）软材包装移植法。适用于挖掘圆形土球，树木胸径为 10～15cm 或稍大一些的常绿乔木，土球的直径和高度应根据树木胸径的大小来确定，参见表 5-8。

2）木箱包装移植法。适用于挖掘方形土台，树木的胸径为 15～25cm 的常绿乔木，土台的规格一般按树木胸径的 7～10 倍选取，可参见表 5-9。大树箱板式包装和吊运如图 5-3 所示。

表 5-8　土球规格

树木胸径(cm)	土球规格		
	土球直径(cm)	土球高度(cm)	留底直径
10～12	胸径 8～10 倍	60～70	土球直径的 1/3
13～15	胸径 7～10 倍	70～80	

表 5-9　土台规格

树木胸径(cm)	15～18	18～24	25～27	28～30
木箱规格(m)(上边长高)	1.5×0.60	1.8×0.70	2.0×0.70	2.2×0.80

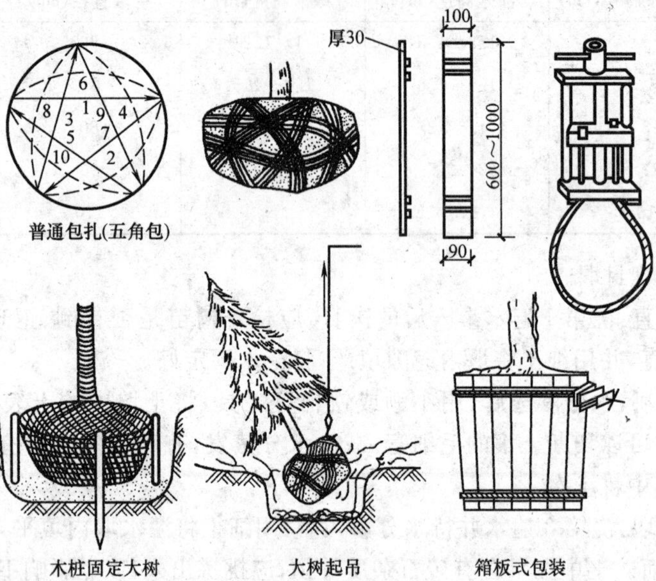

图 5-3　大树箱板式包装和吊运图

3）移树机移植法。在国内、外已经生产出专门移植大树的移植机，适宜移植胸径为 25cm 以下的乔木。

4）冻土移植法。在我国北方寒冷地区较多采用，一般地区大树移植时，必须按树木胸径的 6～8 倍挖掘土球或方形土台装箱。高寒地区可挖掘冻土台移植。

（2）大树吊运

1）起重机吊运法。

木箱包装吊运时，用两根 7.5～10mm 的钢索将木箱两头围起，钢索放在距木板顶端 20～30cm 的地方（约为木板长度的 1/5），把 4 个绳头结在一起，挂在起重机的吊钩上，并在吊钩和树干之间系一根绳索，使树木不致被拉倒，还要在树干上系 1～2 根绳索，以便在启动时用人力来控制树木的位置，以便于不损伤树冠，有利于起重机工作。在树干上束绳索处，必须垫上柔软材料，以免损伤树皮。

吊运软材料包装的或带冻土球的树木时，为了防止钢索损坏包装的材料。最好用粗麻绳，因为钢丝绳容易勒坏土球。先将双股绳的一头留出1m多长结扣固定，再将双股绳分开，在土球的由上向下3/5的位置上绑紧，然后将大绳的两头扣在吊钩上，在绳与土球接触处用木块垫起，轻轻起吊后，再用脖绳套在树干下部，也扣在吊钩上。这些工作做好后，再开动起重机就可将树木吊起装车。

2）滑车吊运法。在树旁用杉篙搭一木架（杉篙的粗细根据所起运树木的大小而定），把滑车挂在架顶，利用滑车将树木吊起后，立即在穴面铺上2条50～60cm宽的木板，其厚度根据汽车和树木的重量及坑的大小来决定。

（3）大树栽植

1）栽植前应根据设计要求定好位置，测定标高，编好树号，以便栽时对号入座，准确无误。

2）挖穴（刨坑）时，树穴（坑）的规格应比土球的规格大些；一般以土球直径加大40cm左右，深度比土球加深20cm左右；土质不好的则更应加大坑的规格，并更换适于树木生长的好土。

如果需要施用底肥，事先应准备好优质腐熟有机肥料，并和回填的土壤搅拌均匀，随栽填土时施入穴底和土球外围。

3）吊装入穴前，要按计划将树冠生长最丰满、完好的一面朝向主要观赏方向。吊装入穴（坑）时，粗绳的捆绑方法同前。但在吊起时应尽量保持树身直立。入穴（坑）时还要有人用木棍轻撬土球，使树立直。土球上表应与地表标高平，防止栽植过深或过浅，对树木生长不利。

4）树木入坑放稳后，应先用支柱将树身支稳，再拆包填土。填土时，尽量将包装材料取出、实在不好取出者可将包装材料压入坑底。如发现土球松散，则千万不可松解腰绳和下部的包装材料，但土球上半部的蒲包、草绳必须解开取出坑外，否则会影响所浇水分的渗入。

5）树放稳后应分层填土，分层夯实，操作时注意保护土球，以免损伤。

6）在穴（坑）的外缘用细土培筑一道高30cm左右的灌水堰，并用铁锹拍实，以便栽后能及时灌水。第1次灌水量不要太大，起到压实土壤的作用即可；第2次水量要足；第3次灌水后可以培土封堰。以后视需要再灌，为促使移栽大树发根复壮，可在第2次灌水时加入0.02%的生根剂促使新根萌发。每次灌水时都要仔细检查，发现塌陷漏水现象，则应填土堵严漏洞，并将所漏水量补足。

（4）移植后的养护管理

已经定植的大树，必须在1～2年内加强管理，并采取一些保证成活的技术措施加以养护，才能最后移植成功。主要的养护管理措施如下。

1）刚栽上的大树特别容易歪倒，要用结实的木杆搭在树干上构成三角架，把树木牢固地支撑起来，确保大树不会歪斜。

2）在养护期中，要注意平时的浇水，发现土壤水分不足，就要及时浇灌。在夏天，要多对地面和树冠喷洒清水，增加环境湿度，降低蒸腾作用。

3）为了促进新根生长，可在浇灌的水中加入0.02%的生长素，使根系提早生长健全。

4）移植后第1年秋天，就应当施1次追肥。第2年早春和秋季，也至少要施肥2～3次，肥料的成分以氮肥为主。

5）为了保持树干的湿度，减少从树皮蒸腾的水分，要对树干进行包裹。裹树干时，可用浸湿的草绳从树基往上密密地缠绕树干，一直缠裹到主干顶部。接着，再将调制的黏土泥浆厚厚地糊满草绳裹着的树干。以后，可经常用喷雾器为树干喷水保湿。

◆绿地喷灌工程

1. 喷灌设备及布置

喷灌设备主要是由压水、输水和喷头3个主要结构部分构成的。压水部分通常有发动机和离心式水泵，主要是为喷灌系统提供动力和给水加压，使管道系统中的水压保持在一个较高的水平上。输水部分是由输水主管和分管构成的管道系统。喷头部分的喷头类型及布置如下所述。

（1）喷头的类型

按照喷头的工作压力与射程来分，可把喷灌用的喷头分为高压远射程、中压中射程和低压近射程3类喷头。而根据喷头的结构形式与水流形状，则可把喷头分为旋转类、漫射类和孔管类3种类型。

（2）喷头的布置

喷灌系统喷头的布置形式有矩形、正方形、正三角形和等腰三角形4种。在实际工作中采用什么样的喷头布置形式，主要取决于喷头的性能和拟灌溉的地段情况。表5-10中的图就主要表示出喷头的不同组合方式与灌溉效果的关系。

2. 喷灌设备选择

1）喷头的选择应符合喷灌系统设计要求。灌溉季节风大的地区或树下喷灌的喷灌系统，宜采用低仰角喷头。

2）管及管件的选择，应使其工作压力符合喷灌系统设计工作压力的要求。

3）水泵的选择应满足喷灌系统设计流量和设计水头的要求。水泵应在高效区运行。对于采用多台水泵的恒压喷灌泵站来说，所选各泵的流量—扬程曲线，在规定的恒压范围内应能相互搭接。

4）喷灌机应根据灌区的地形、土壤、作物等条件进行选择，并满足系统设计要求。

表 5-10 喷头的布置形式

序号	喷头组合图形	喷洒方式	喷头间距 L 支管间距 b 与射程 R 的关系	有效控制面积 S	适用情况
A	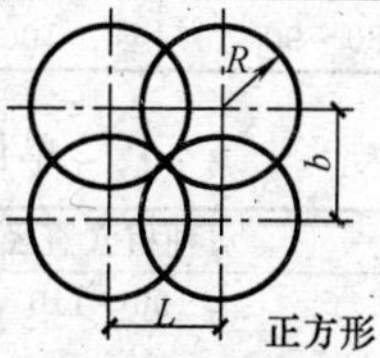 正方形	全圆形	$L=b=1.42R$	$S=2R^2$	在风向改变频繁的地方效果较好
B	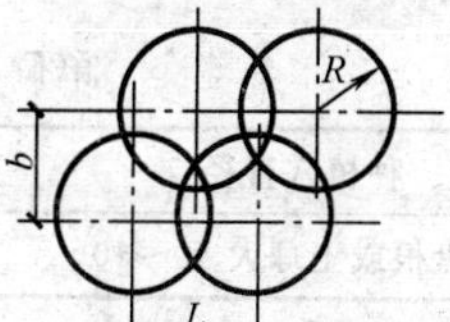 正三角形	全圆形	$L=1.73R$ $b=1.5R$	$S=2.6R^2$	在无风的情况下喷灌的均度最好
C	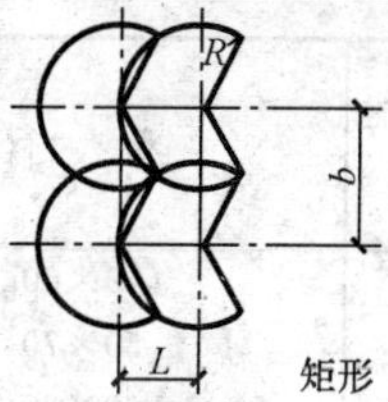 矩形	扇形	$L=R$ $b=1.73R$	$S=1.73R^2$	较 A、B 节省管道
D	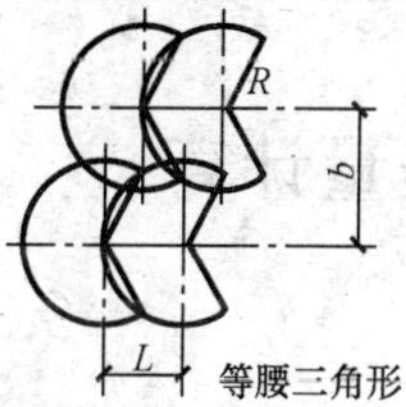 等腰三角形	扇形	$L=R$ $b=1.87R$	$S=1.865R^2$	同 C

注:R 是喷头的设计射程,应小于喷头的最大射程。根据喷灌系统形式、当地的风速、动力的可靠程度等来确定一个系数,对于移动式喷灌系统一般可采用 0.9;对于固定式系统由于竖管装好后就无法移动,如有空白就无法补救,故可以考虑采用 0.8;对于多风地区可采用 0.7。

相关知识

◆常见树木种植穴、槽规格

常见树木种植穴、槽规格参见表 5-11～表 5-15 所示。

表 5-11 常绿乔木类种植穴规格 单位:cm

树　高	土球直径	种植穴深度	种植穴直径
150	40～50	50～60	80～90
150～250	70～80	80～90	100～110
250～400	80～100	90～110	120～130
400 以上	140 以上	120 以上	180 以上

表 5-12　落叶乔木类种植穴规格　　单位:cm

胸　径	种植穴深度	种植穴直径	胸　径	种植穴深度	种植穴直径
2～3	30～40	40～60	5～6	60～70	80～90
3～4	40～50	60～70	6～8	70～80	90～100
4～5	50～60	70～80	8～10	80～90	100～110

表 5-13　花灌木类种植穴规格　　单位:cm

冠　径	种植穴深度	种植穴直径
200	70～90	90～110
100	60～70	70～90

表 5-14　竹类种植穴规格　　单位:cm

种植穴深度	种植穴直径
盘根或土球深 20～40	比盘根或土球大 40～50

表 5-15　绿篱类种植槽规格　　单位:cm

苗高 \ 深宽 \ 种植方式	单　行	双　行
50～80	40×40	40×60
100～120	50×50	50×70
120～150	60×60	60×80

第二节　绿化工程定额工程量计算

要点

园林绿化工程定额工程量包括绿化工程准备工作、植树工程、花卉种植与草坪铺栽、大树移植工程以及绿化养护工程。本节主要介绍园林绿化工程定额工程量计算规则及其应用。

解释

◆有关规定

1）各种植物材料在运输、栽植过程中的合理损耗率为:乔木、果树、花灌木、常绿树为 1.5%;绿篱、攀缘植物为 2%;草坪、木本花卉、地被植物为 4%;草花为 10%。

2）绿化工程,新栽树木浇水以 3 遍为准,浇齐 3 遍水即为工程结束。

3）相关名词的解释。

① 胸径。胸径是指距地面1.3m处的树干的直径。

② 苗高。苗高是指从地面起到顶梢的高度。

③ 冠径。冠径是指展开枝条辐度的水平直径。

④ 条长。条长是指攀缘植物，从地面起到顶梢的长度。

⑤ 年生。年生是指从繁殖时起到掘苗时止的树龄。

◆绿化工程准备工作工程量计算规则

1. 准备工作的内容

1）勘察现场。绿化工程施工前需对现场调查，对架高物、地下管网、各种障碍物以及水源、地质、交通等状况做全面的了解，并做好施工安排或者施工组织设计。

2）清理绿化用地。人工整理绿化用地是指绿化工程前的地坪整理工作。其内容包括：简单清理现场、土厚在±30cm之内的挖、填、找平，按设计标高整理地面，渣土集中，装车外运。

① 人工平整。人工平整是指地面凹凸高差在±30cm以内的就地挖填找平，凡高差超出±30cm的，每10cm增加人工费35%，不足10cm的按10cm计算。

② 机械平整场地。不论地面凹凸高差多少，一律实行机械平整。

2. 工程量计算规则

1）勘察现场。以植株计算：灌木类以每丛折合1株，绿篱每1延长米折合一株，乔木不分品种规格一律按株计算。

2）拆除障碍物。视实际拆除体积以“m^3”计算。

3）平整场地。按设计供栽植的绿地范围以“m^2”计算。

◆植树工程工程量计算规则

1. 有关规定

1）栽植工程一般包括绿化种植前的准备工作；苗木的栽植工作；苗木栽植后1个月以内的养护管理工作；绿化施工后包括外围2m以内的垃圾清理工作等内容。

2）园林工程中的土壤大致分为四类：一类土为松软土、二类土为普通土、三类土为坚土、四类土为沙砾坚土。

3）相关名词解释。

① 乔木。乔木是指树体高大（在5m以上），具有明显树干的树木。例如，银杏、雪松等。

② 灌木。灌木是指树体矮小（在5m以下），无明显主干或主干甚短。例如，连翘、金银木、月季等。

③ 藤本类。藤本类是指能攀附他物而向上生长的蔓性植物，多借助吸盘

(如地锦等)、附根(如凌霄等)、卷须(如葡萄等)、蔓条(如爬蔓月季等)以及干茎本身的缠绕性(如紫藤等)而攀附他物。

④ 匍匐类。干、枝均匍地而生,例如,铺地柏等。

⑤ 草本花卉。草本花卉是指花、草的茎部为比较柔软的草质。例如,一串红、百日草、三色草等。

⑥ 木本花卉。木本花卉是指花木的茎部为比较坚硬的木质。例如,牡丹、夹心桃、扶桑等。

2. 工程量计算规则

乔木胸径在3～10cm以内,常绿树高度在1～4m以内;大于以上规格的按大树移植处理。

1) 刨树坑。以个计算,刨绿篱沟以"延长米"计算,刨绿带沟以"m^3"计算。

2) 原土过筛。按筛后的好土以"m^3"计算。

3) 土坑换土。以实挖的土坑体积乘以系数1.43计算。

4) 施肥、刷药、涂白、人工喷药、栽植支撑等项目的工程量。均按植物的株数计算,其他均以"m^2"计算。

5) 植物修剪、新树浇水的工程量。除绿篱以"延长米"计算外,树木均按"株"数计算。

6) 清理竣工现场。每株树木(不分规格)按"$5m^2$"计算,绿篱每延长米按"$3m^2$"计算。

7) 盲管工程量。按管道中心线全长以"延长米"计算。

◆花卉种植与草坪铺栽工程量计算规则

1. 有关规定

1) 一、二年生花卉。一、二年生花卉是指个体发育在一年内完成或二年内才能完成的一类草本观赏植物。例如,鸡冠花、百日草、三色草等。

2) 宿根花卉。宿根花卉是指开花、结果后,冬季整个植株或仅地下部分能安全越冬的一类草本观赏植物。它又包括落叶宿根花卉和常绿根花卉。

3) 木本花卉。木本花卉是专指具有木质化干枝的多年生观赏花卉。例如,月季、牡丹等。

2. 工程量计算规则

每平方米栽植数量:草花25株;木本花卉5株;植根花卉草本9株、木本5株。

◆大树移植工程工程量计算规则

1. 有关规定

1) 凡珍贵树种或者胸径在25mm以上的落叶乔木,树高在6m以上的常绿乔木进行的移植,称为大树移植。

2）在定额中不含大树移植专项，做预算时按照普通苗木投标。但其所需增加人工、材料、设备及技术措施费用等均另行计算。

3）大树移植工程量计算是人工、机械综合取定考虑，不管采用何种方式移植，既不予增加人工费，也不扣除机械费。

2. 工程量计算规则

1）大树移植包括大型乔木移植和大型常绿树移植两部分，每部分又分带土台和装木箱两种。

2）大树移植的规格，乔木以胸径 10cm 以上为起点，分 10～15cm、15～20cm、20～30cm、30cm 以上 4 个规格。

3）浇水系按自来水考虑，为 3 遍水的费用。

4）所用吊车、汽车按不同规格计算。

5）工程量按移植株数计算。

◆绿化养护工程工程量计算规则

1. 有关规定

本分部为应甲方要求或者委托乙方继续管理时的执行定额。

1）乔木浇透水 10 次，常绿树木 6 次，花灌木浇透水 13 次，花卉每周浇透水 1～2 次。

2）中耕除草：乔木 3 遍，花灌木 6 遍，常绿树木 2 遍；草坪除草可按草种不同修剪 2～4 次，草坪清杂草应随时进行。

3）喷药：乔木、花灌木、花卉 7～10 遍。

4）打芽及定型修剪：落叶乔木 3 次，常绿树木 2 次，花灌木 1～2 次。

5）喷水：移植大树浇水适当喷水，常绿类 6～7 月份共喷 124 次，植保用农药化肥随浇水执行。

2. 工程量计算规则

乔灌木以株计算；绿篱以“延长米”计算；花卉、草坪、地被类以“m^2”计算。

相关知识

◆土（石）方工程工程量计算资料

在编制场地平整土（石）方工程施工组织设计或施工方案、进行土方的平衡调配以及检查验收土（石）方工程时，常需要进行土（石）方工程量的计算。计算方法包括横截面法和方格网法。

1. 横截面法

横截面法适用于地形起伏变化较大或形状狭长地带。

首先，根据地形图及总平面图，将要计算的场地划分成若干个横截面，相邻两个横截面距离视地形变化而定。在起伏变化大的地段，布置密一些（即距离短一些)，反之则可适当长一些，遇到变化大的地段再加测断面。然后，实测每个横截面特征点的标高，量出各点之间距离(若测区已有比较精确的大比例尺地形图，也可在图上设置横截面，用比例尺直接量取距离，按等高线计算高程，方法简单，但是精度没有实测的高)，按比例尺把每个横截面绘制到厘米方格纸上，并套上相应的设计断面，则自然地面和设计地面两轮廓线之间的部分，即为需要计算的施工部分。具体计算步骤如下：

1) 划分横截面：根据地形图(或直接测量)及竖向布置图，将要计算的场地划分横截面 $A—A'$，$B—B'$，$C—C'$，……划分原则为垂直等高线或垂直主要建筑物边长，横截面之间的间距可不等，地形变化复杂的间距宜小，反之大一些，但是最大不宜大于 100m。

2) 画截面图形：按比例绘制每个横截面的自然地面和设计地面的轮廓线。设计地面轮廓线之间的部分，即为填方和挖方的截面。

3) 计算横截面面积：常用计算公式见表 5-16。

表 5-16　常用横截面计算公式

图　示	面积计算公式
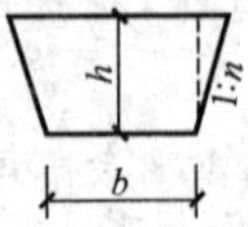	$F=h(b+nh)$
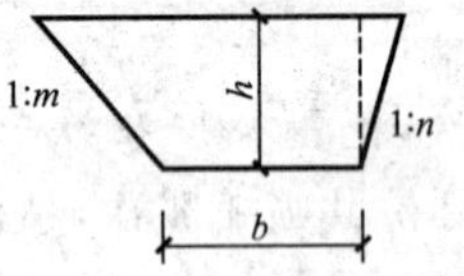	$F=h\left[b+\frac{h(m+n)}{2}\right]$
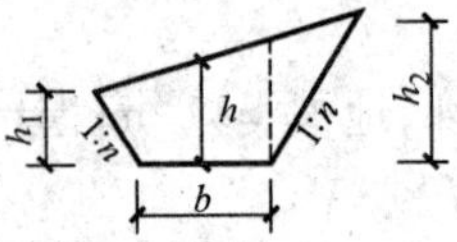	$F=b\frac{h_1+h_2}{2}+nh_1h_2$
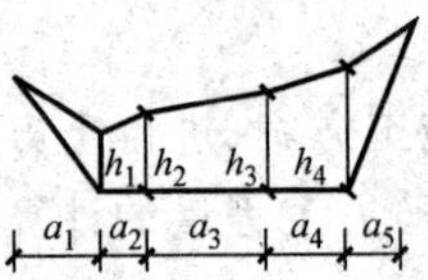	$F=h_1\frac{a_1+a_2}{2}+h_2\frac{a_2+a_3}{2}+h_3\frac{a_3+a_4}{2}+h_4\frac{a_4+a_5}{2}$
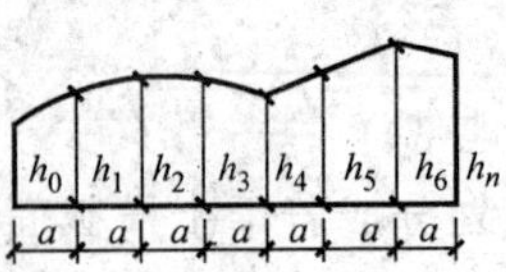	$F=\frac{1}{2}a(h_0+2h+h_0)$ $h=h_1+h_2+h_3+\cdots+h_n$

4）计算土方量：根据截面面积计算土方量：

$$V=\frac{1}{2}(F_1+F_2)\times L \tag{5-1}$$

式中　V——相邻两截面间的土方量（m^3）；

F_1、F_2——相邻两截面的挖（填）方截面积（m^2）；

L——相邻两截面间的间距（m）。

5）图 5-4 中截面 $A—A'$所示，设桩号 0＋0.00 的填方横截面积为 2.90m^2，挖方横截面积为 3.90m^2；图 5-4 中截面 $B—B'$，桩号 0＋0.20 的填方横断面积为 2.35m^3，挖方横截面面积为 6.75m^2，两桩间的距离为 35m，则其挖填方量各为：

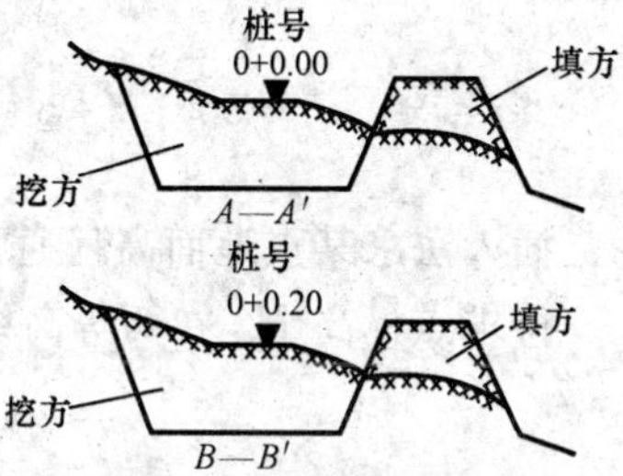

图 5-4　横截面示意图

$$V_{挖方}=\frac{1}{2}\times(3.90+6.75)\times35=186.38\ (m^3)$$

$$V_{填方}=\frac{1}{2}\times(2.90+2.35)\times35=91.88\ (m^3)$$

表 5-17 为土方量汇总表。

表 5-17　土方量汇总

断面	填方面积(m^2)	挖方面积(m^2)	截面间距(m)	填方体积(m^3)	挖方体积(m^3)
$A—A'$	2.90	3.90	35	50.75	68.25
$B—B'$	2.35	6.75	35	41.13	118.13
合计				91.88	186.38

2. 方格网法

方格网法是把平整场地的设计工作和土方量计算工作结合在一起进行的。

1）划分方格网。在附有等高线的地形图（图样常用比例为 1∶500）上做方格网，方格各边最好与测量的纵、横坐标系统对应，并对方格及各角点进行编号。方格边长在园林中通常用 20m×20m 或 40m×40m。然后将各点设计标高和原地形标高分别标注于方格桩点的右上角和右下角，再将原地形标高与设计地面标高的差值（即各角点的施工标高）填入方格网的左上角，挖方为（＋）、填方为（－）。

其中原地形标高用插入法求得，方法是：设 H_x 为欲求角点的原地面高程，过此点作相邻两等高线间最小距离 L，计算公式如下：

$$H_x=H_a\pm\frac{xh}{L} \tag{5-2}$$

式中　H_a——低边等高线的高程；

x——角点至低边等高线的距离；

h——等高差。

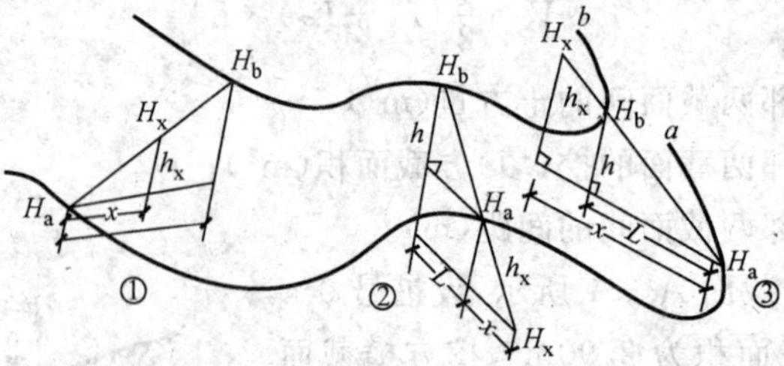

图 5-5　插入法求任意点高程示意图

插入法求某点地面高程通常会遇到以下 3 种情况。

待求点标高 H_x 在两等高线之间，如图 5-5 中①所示：

$$H_x = H_a + \frac{xh}{L}$$

待求点标高 H_x 在低边等高线的下方，如图 5-5 中②所示：

$$H_x = H_a - \frac{xh}{L}$$

待求点标高 H_x 在低边等高线的上方，如图 5-5 中③所示：

$$H_x = H_a + \frac{xh}{L}$$

在平面图上线段 $H_a - H_b$ 是过待求点所做的相邻两等高线间最小水平距离 L。求出的标高数值分别标记在图上。

2）求施工标高。施工标高是方格网各角点挖方或填方的施工高度，导出式为：

$$\text{施工标高} = \text{原地形标高} - \text{设计标高} \tag{5-3}$$

由式可知，必须先确定角点的设计标高，才能求出施工标高。所以，具体计算时，要通过平整标高反推出设计标高。设计中通常取原地面高程的平均值（算术平均或加权平均）作为平整标高。平整标高的含义是将一块高低不平的地面在保证土方平衡的条件下，挖高垫低使地面水平，该水平地面的高程就是平整标高。它是依据平整前和平整后土方数相等的原理求出的。当平整标高求得后，就可用图解法或数学分析法来确定平整标高的位置，再通过地形设计坡度，可算出各角点的设计标高，最后将施工标高求出。

3）零点位置。零点是指不挖不填的点，零点的连线称为零点线，它是填方与挖方的界定线，因此零点线是进行土方计算和土方施工的重要依据。要识别是否有零点存在，只需看一个方格内是否同时有填方与挖方，若同时存在，则说明一定有零点线。为此，应将此方格的零点求出，并标于方格网上，再将零点相连，即可分出填挖方区域，该连线即为零点线。

零点可通过下式求得，示意图如图 5-6(a)所示：

$$x=\frac{h_1}{h_1+h_2}a \tag{5-4}$$

式中　x——零点距 h_1 一端的水平距离(m)；

h_1、h_2——方格相邻两角点的施工标高绝对值(m)；

a——方格边长。

零点的求法还可采用图解法，如图 5-6(b)所示。方法是将直尺放在各角点上标出相应的比例，然后用尺相接，凡与方格交点的为零点位置。

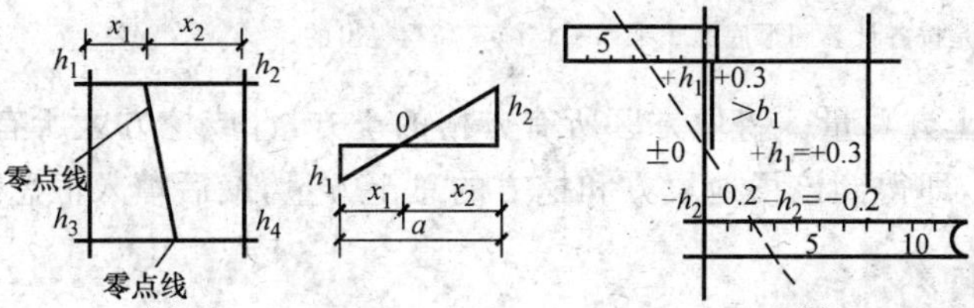

(a)　　　　　　　　(b)

图 5-6　求零点位置示意图

4）计算土方工程量。计算公式见表 5-18。

表 5-18　方格网计算土方量计算公式表

项目	图　式	计 算 公 式
一点填方或挖方（三角形）	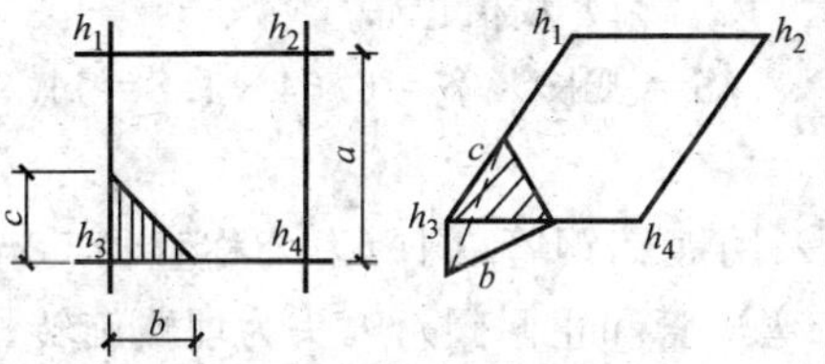	$V=\frac{1}{2}bc\frac{\sum h}{3}=\frac{bch_3}{6}$ 当 $b=c=a$ 时，$V=\frac{a^2h_3}{6}$
二点填方或挖方（梯形）	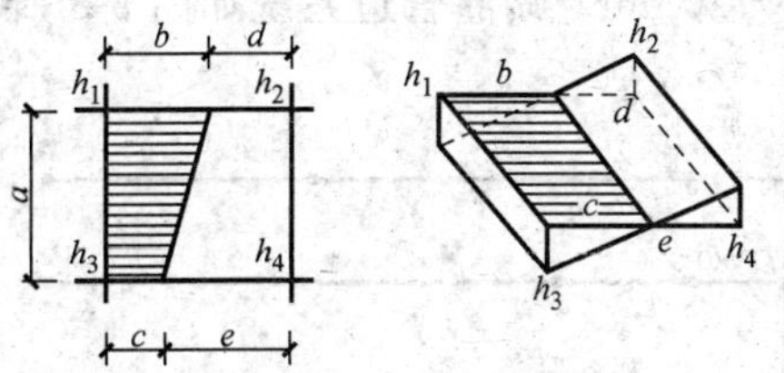	$V_+=\frac{b+c}{2}a\frac{\sum h}{4}=\frac{a}{8}(b+c)(h_1+h_3)$ $V_-=\frac{d+e}{2}a\frac{\sum h}{4}=\frac{a}{8}(d+e)(h_2+h_4)$
三点填方或挖方（五角形）	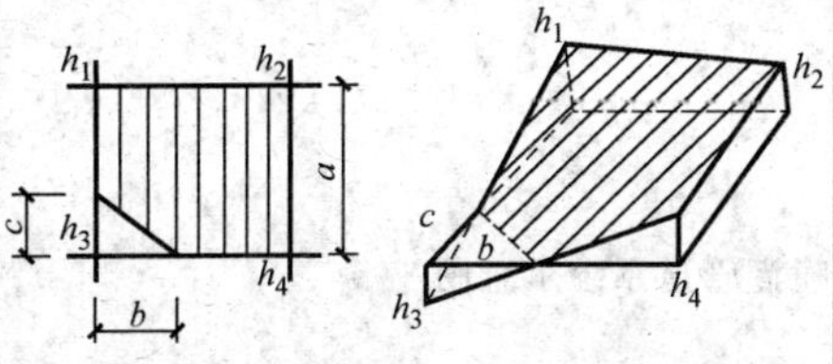	$V=\left(a^2-\frac{bc}{2}\right)\frac{\sum h}{5}=\left(a^2-\frac{bc}{2}\right)\frac{h_1+h_2+h_4}{5}$

续表

项目	图　　式	计 算 公 式
四点填方或挖方（正方形）	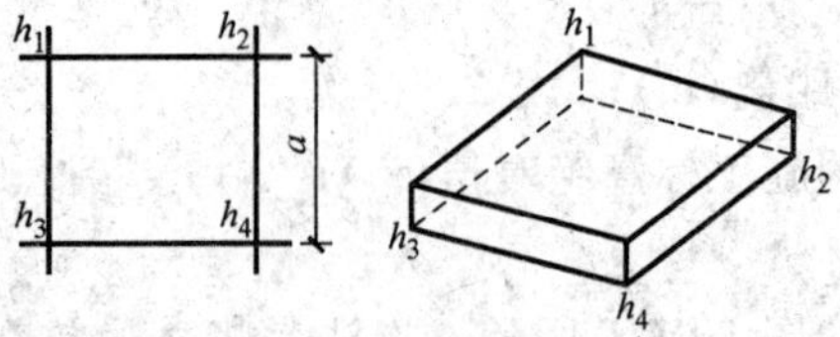	$V=\frac{a^2}{4}\sum h=\frac{a^2}{4}(h_1+h_2+h_3+h_4)$

注：1. a 为方格网的边长（m）；b、c 为零点到一角的边长（m）；h_1、h_2、h_3、h_4 为方格网四角点的施工高程（m），用绝对值代入；$\sum h$ 为填方或挖方施工高程的总和（m），用绝对值代入，V 为挖方或填方体积（m^2）。

2. 本表公式是按各计算图形底面积乘以平均施工高程得出的。

5）计算土方总量。将填方区所有方格的土方量（或挖方区所有方格的土方量）累计汇总，即得到该场地填方和挖方的总土方量，最后填入汇总表。

例题分析

◆例 5-1

某街道小区绿化带如图 5-7 所示，宽 1.8m，单弧长 6.64m。求定额工程量。

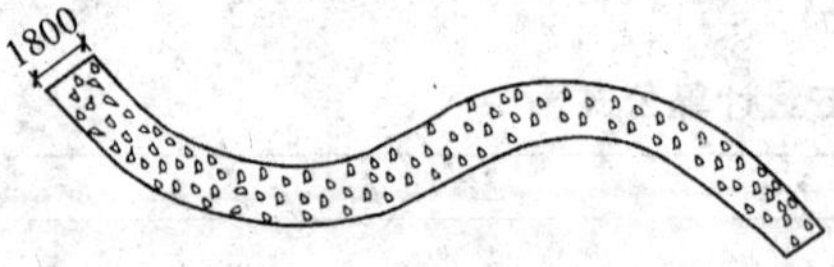

图 5-7　绿化带示意图

解：

1）平整场地

S＝弧长×宽＝6.64×1.8＝11.95（m^2）

2）栽植色带

S＝弧长×宽＝6.64×1.8＝11.95（m^2）

◆例 5-2

某绿地地面下埋有喷灌设施，采用镀锌钢管，阀门为公称直径 50mm 的低压丝扣阀门，水表采用法兰连接（带弯通管和止回阀），喷头为埋藏旋转、散射，管道刷红丹防锈漆两道，L＝160m，厚 120mm。喷灌管道系统如图 5-8 所示，试计算其定额工程量。

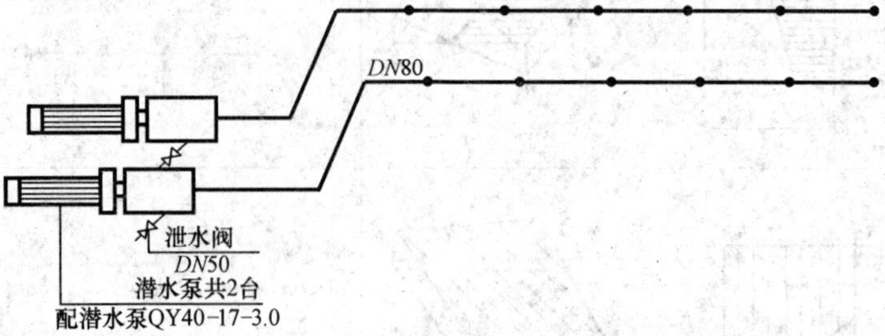

图 5-8　喷灌管道系统示意图

解：依据某市建筑工程预算定额计取相关费用。

1）挖土方

$$V=0.08\times160\times(0.12+0.08)=2.56\ (m^3)$$

套用定额 1-4。　　　3.68×2.56=9.42（元）

2）管道系统 160m　　镀锌钢管 $DN80$

套用定额 5-8。　　　30.66×160=4905.6（元）

3）阀门安装

泄水阀：2 个

低压丝扣阀门：12 个

套用定额 5-45。　　　16.32×12=195.84（元）

4）水表安装：2 组

水表采用法兰连接（带弯通管和止回阀），公称直径 80mm 以内，套用定额 5-80。

1333.91×2=2667.82（元）

5）喷灌喷头安装：12 个

喷头为埋藏旋转、散射，套用定额 5-82。

1.13×12=13.56（元）

6）管道刷红丹防锈漆两道：16（单位：10m）

公称直径在 80mm 以内，套用定额 5-97。

35.21×16=563.36（元）

◆例 5-3

现有一绿化用地，其示意图如图 5-9所示，土壤为二类土，绿化用地整理厚度为±20cm，试求其定额工程量。

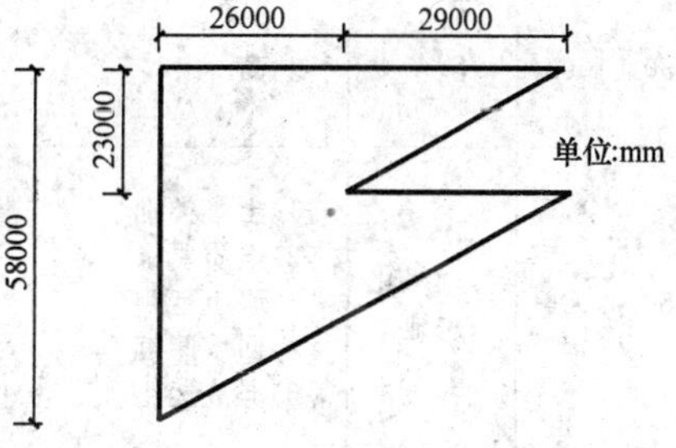

图 5-9　绿化用地示意图

解：定额工程量为：

$$S=(58+23)\times(26+29)\times0.5-0.5\times23\times29=1894.00\ (m^2)$$

第三节　绿化工程清单工程量计算

要点

园林绿化工程清单工程量包括绿地整理、栽植花木、绿地喷灌以及其他相关问题。本节主要介绍园林绿化工程清单工程量计算规则及其应用。

解释

◆绿地整理

绿地整理工程量清单项目设置及工程量计算规则，应按表 5-19 的规定执行。

表 5-19 绿地整理(编码:050101)

项目编码	项目名称	项目特征	计量单位	工程量计算规则	工程内容
050101001	伐树、挖树根	树干胸径	株	按数量计算	1)伐树、挖树根 2)废弃物运输 3)场地清理
050101002	砍挖灌木丛	丛高	株(株丛)		1)灌木砍挖 2)废弃物运输 3)场地清理
050101003	挖竹根	根盘直径			1)砍挖竹根 2)废弃物运输 3)场地清理
050101004	挖芦苇根	丛高	m^2	按面积计算	1)苇根砍挖 2)废弃物运输 3)场地清理
050101005	清除草皮	丛高	m^2	按面积计算	1)除草 2)废弃物运输 3)场地清理
050101006	整理绿化用地	1)土壤类别 2)土质要求 3)取土运距 4)回填厚度 5)弃渣运距		按设计图示尺寸以面积计算	1)排地表水 2)土方挖、运 3)耙细、过筛 4)回填 5)找平、找坡 6)拍实
050101007	屋顶花园基底处理	1)找平层厚度、砂浆种类、强度等级 2)防水层种类、做法 3)排水层厚度、材质 4)过滤层厚度、材质 5)回填轻质土厚度、种类 6)屋顶高度 7)垂直运输方式			1)抹找平层 2)防水层铺设 3)排水层铺设 4)过滤层铺设 5)填轻质土壤 6)运输

◆栽植花木

栽植花木工程量清单项目设置及工程量计算规则，应按表 5-20 的规定执行。

表 5-20　栽植花木(编码:050102)

<table>
<tr><th>项目编码</th><th>项目名称</th><th>项目特征</th><th>计量单位</th><th>工程量计算规则</th><th>工程内容</th></tr>
<tr><td>050102001</td><td>栽植乔木</td><td>1)乔木种类
2)乔木胸径
3)养护期</td><td rowspan="2">株(株丛)</td><td rowspan="4">按设计图示数量计算</td><td rowspan="6">1)起挖
2)运输
3)栽植
4)支撑
5)草绳绕树干
6)养护</td></tr>
<tr><td>050102002</td><td>栽植竹类</td><td>1)竹种类
2)竹胸径
3)养护期</td></tr>
<tr><td>050102003</td><td>栽植棕榈类</td><td>1)棕榈种类
2)株高
3)养护期</td><td rowspan="2">株</td></tr>
<tr><td>050102004</td><td>栽植灌木</td><td>1)灌木种类
2)冠丛高
3)养护期</td></tr>
<tr><td>050102005</td><td>栽植绿篱</td><td>1)绿篱种类
2)篱高
3)行数、株距
4)养护期</td><td>m/m^2</td><td>按设计图示以长度或面积计算</td></tr>
<tr><td>050102006</td><td>栽植攀缘植物</td><td>1)植物种类
2)养护期</td><td>株</td><td>按设计图示数量计算</td></tr>
<tr><td>050102007</td><td>栽植色带</td><td>1)苗木种类
2)苗木株高、株距
3)养护期</td><td>m^2</td><td>按设计图示尺寸以面积计算</td><td rowspan="3">1)起挖
2)运输
3)栽植
4)支撑
5)草绳绕树干
6)养护</td></tr>
<tr><td>050102008</td><td>栽植花卉</td><td>1)花卉种类、株距
2)养护期</td><td>株/m^2</td><td rowspan="2">按设计图示数量或面积计算</td></tr>
<tr><td>050102009</td><td>栽植水生植物</td><td>1)植物种类
2)养护期</td><td>丛/m^2</td></tr>
<tr><td>050102010</td><td>铺种草皮</td><td>1)草皮种类
2)铺种方式
3)养护期</td><td rowspan="2">m^2</td><td rowspan="2">按设计图示尺寸以面积计算</td><td rowspan="2">1)坡地细整
2)阴坡
3)草籽喷播
4)覆盖
5)养护</td></tr>
<tr><td>050102011</td><td>喷播植草</td><td>1)草籽种类
2)养护期</td></tr>
</table>

◆绿地喷灌

绿地喷灌工程量清单项目设置及工程量计算规则,应按表 5-21 的规定执行。

表 5-21　绿地喷灌(编码:050103)

项目编码	项目名称	项目特征	计量单位	工程量计算规则	工程内容
050103001	喷灌设施	1)土石类别 2)阀门井材料种类、规格 3)管道品种、规格、长度	m	按设计图示尺寸以长度计算	1)挖土石方 2)阀门井砌筑 3)管道铺设 4)管道固筑
050103001	喷灌设施	4)管件、阀门、喷头品种、规格、数量 5)感应电控装置品种、规格、品牌 6)管道固定方式 7)防护材料种类 8)油漆品种、刷漆遍数			5)感应电控设施安装 6)水压试验 7)刷防护材料、油漆 8)回填

◆其他相关问题

其他相关问题,应按下列规定处理:

1) 挖土外运、借土回填、挖(凿)土(石)方应包括在相关项目内。

2) 苗木计算应符合下列规定:

① 胸径(或干径)应为地表面向上 1.2m 高处树干直径。

② 株高应为地表面至树顶端的高度。

③ 冠丛高应为地表面至乔(灌)木顶端的高度。

④ 篱高应为地表面至绿篱顶端的高度。

⑤ 生长期应为苗木种植至起苗的时间。

⑥ 养护期应为招标文件中要求苗木栽植后承包人负责养护的时间。

相关知识

◆喷灌系统计算资料

绿化工程喷灌系统设计计算时,要依据灌水量、灌溉时间、系统用水量和水头大小来确定管道和喷头的布置,所以要计算这几方面的数据。

1. 灌水量计算

喷灌一次的灌水量计算公式如下:

$$h=\frac{h_{净}}{\varphi} \tag{5-5}$$

式中　h——一次灌水量(mm);

$h_{净}$——根据树种确定的每日每次需要的纯灌水量(mm);

φ——利用系数,一般在 65%～85%之间。

计算时，利用系数 φ 可根据水分蒸发量大小而定。气候干燥，蒸发量大的喷灌不容易做到均匀一致，而且水分损失多，所以利用系数应选较小值，具体设计时常取 $\varphi=70\%$；若是在湿润环境中，水分蒸发较少，则应取较大的系数值。

2. 灌溉时间计算

灌水量多少和灌溉时间的长短有关系。每次灌溉时间长短的计算公式如下：

$$T=\frac{h}{\rho} \tag{5-6}$$

式中　T——支管或喷头每次喷灌纯工作时间(h)；

ρ——喷灌强度(mm/h)。

3. 喷灌系统的用水量计算

整个喷灌系统需要的用水量数据，是确定给水管管径及水泵选择所必需的设计依据。其计算公式如下：

$$Q=nq \tag{5-7}$$

式中　Q——用水量(m^3/h)；

n——同时喷灌的喷头数；

q——喷头流量(m^3/h)，$q=\frac{LbP}{1000}$；

L——相邻喷头的间距(m)；

b——支管的间距(m)；

P——设计喷灌强度(mm/h)。

在采用水泵供水时，用水量 Q 实际上就是水泵的流量。

4. 水头计算

水头要求是设计喷灌系统不可缺少的依据之一。喷灌系统中管径的确定、引水时对水压的要求及对水泵的选择等，都离不开水头数据。以城市给水系统为水源的喷灌系统，其设计水头计算公式如下：

$$H=H_{管}+H_{弯}+H_{喷}+H_{立管高度}+H_{地形高差} \tag{5-8}$$

式中　H——设计水头(m)；

$H_{管}$——管道沿程的水头损失(m)；

$H_{弯}$——管道中各弯道、阀门的水头损失(m)；

$H_{喷}$——最后一个喷头的工作水头(m)。

若公园内是自设水泵的独立给水系统，则水泵扬程(水头)的计算公式如下：

$$H=H_{实}+H_{管}+H_{弯}+H_{喷} \tag{5-9}$$

式中 H——水泵的扬程(m)；

$H_{实}$——实际扬程，等于水泵的扬程与水泵轴到最末一个喷头的垂直高度之和。

喷灌系统设计流量应大于全部同时工作的喷头流量之和。$Q=n\rho$，Q 为喷灌系统设计流量，ρ 为一个喷头的流量(mm^3/h)，n 为喷头数量。水泵选择中功率的计算公式如下：

$$N=\frac{1000\gamma K}{\eta_{泵}\eta_{传动}}Q_{泵}H_{泵} \tag{5-10}$$

式中 N——动力功率(马力)；

K——动力备用系数，1.1～1.3；

$\eta_{泵}$——水泵的效率；

$\eta_{传动}$——传动效率，0.8～0.95；

$Q_{泵}$——水泵的流量(m^3/h)；

$H_{泵}$——水泵扬程(m)；

γ——水的容重(t/m^3)。

因为 1 马力＝0.736kW，所以上式可改为：

$$N=\frac{9.81K}{75\eta_{泵}\eta_{传动}}Q_{泵}H_{泵} \tag{5-11}$$

于是得到两点之间的水头损失 H_f，如图 5-10 所示。

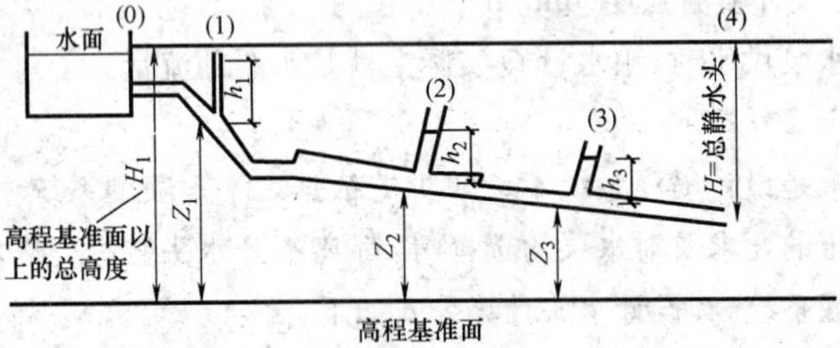

图 5-10 有压管流“能量守恒”原理

伯努力定理的数学表达式为：

$$H_t=h_1+\frac{v_1^2}{2g}+Z_1+H_{f(0-1)}=h_2+\frac{v_2^2}{2g}+Z_2+H_{f(0-2)}=h_3+\frac{v_3^2}{2g}+Z_3+H_{f(0-3)} \tag{5-12}$$

式中 H_t——断面(0)处的总水头，或高程基准面以上的总高度(m)；

h_1、h_2、h_3——断面(1)、(2)、(3)处的静水头，即测压管水柱高度(m)；

v_1、v_2、v_3——断面(1)、(2)、(3)处管道中的平均流速(m/s)；

Z_1、Z_2、Z_3——断面(1)、(2)、(3)处管道轴线高；

$H_{f(0-1)}$、$H_{f(0-2)}$、$H_{f(0-3)}$——断面(0)－(1)、(0)－(2)、(0)－(3)之间的水头损失，它包括沿程水头损失和局部水头损失(m)。

沿程水头损失的计算公式如下：

1) 有压管流程水头损失的计算通常采用达西—魏斯巴赫公式：

$$h_f=\lambda \frac{l}{d}\cdot\frac{v^2}{2g} \tag{5-13}$$

式中　h_f——管道沿程水头损失(m)；

λ——管道沿程阻力系数；

l——管道长度(m)；

d——管道内径(m)；

v——管道断面平均流速(m/s)；

g——重力加速度，为 9.81m/s^2。

2) 管道沿程阻力系数 λ 随管道中水的流态不同而异。对于层流($Re<2300$)，沿程阻力系数的计算公式如下：

$$\lambda=\frac{64}{Re} \tag{5-14}$$

式中　λ——管道沿程阻力系数；

Re——雷诺数。

对于紊流($Re>2300$)，沿程阻力系数由试验研究确定。

3) 为了便于实际应用，通常将沿程水头损失表示为流量(或流速)的指数函数和管径的指数函数的单项式，即：

$$h_f=f\frac{Q^m}{d^b}l=S_0Q^ml \tag{5-15}$$

式中　h_f——管道沿程水头损失(m)；

f——摩阻系数；

l——管道长度(m)；

Q——流量(m^3/s)；

d——管道内径(m)；

m——流量指数，与沿程阻力系数有关；

b——管径指数，与沿程阻力系数有关；

S_0——比阻，即单位管长、单位流量时的沿程水头损失。

比阻 S_0 可用下式表示：

$$S_0=\frac{f}{d^b}=\frac{8\lambda}{\pi^2 g d^5} \tag{5-16}$$

式中摩阻系数、流量指数和管径指数与管道材质和内壁糙度有关。

例题分析

◆例 5-4

某公园绿地，共栽植广玉兰 40 株(胸径 7～8cm)。试计算工程量。

解：

根据施工图计算可知：

广玉兰(胸径 7～8cm)，40 株

1）普坚土种植(胸径 7～8cm)

① 人工费：14.37×40=574.8(元)

② 材料费：5.99×40=239.6(元)

③ 机械费：0.34×40=13.6(元)

④ 合计：828 元

2）普坚土掘苗，胸径 10cm 以内

① 人工费：8.47×40=338.8(元)

② 材料费：0.17×40=6.8(元)

③ 机械费：0.20×40=8(元)

④ 合计：353.6 元

3）场外运苗，胸径 10cm 以内，40 株

① 人工费：5.15×40=206(元)

② 材料费：0.24×40=9.6(元)

③ 机械费：7.00×40=280(元)

④ 合计：495.6 元

4）裸根乔木客土(100cm×70cm)胸径 7～10cm

① 人工费：3.76×40=150.4(元)

② 材料费：0.55×40×5=110(元)

③ 机械费：0.07×40=2.8(元)

④ 合计：263.2 元

5）广玉兰(胸径 7～8cm)

① 材料费：76.5×40=3060(元)

② 合计：3060 元

6）综合

① 直接费小计：828+353.6+263.2+495.6+3060=5000.4(元)

② 管理费：5000.4×34%=1700.14(元)

③ 利润：5000.4×8%=400.03(元)

④ 合价：5000.4+1700.14+400.03=7100.57(元)

⑤ 综合单价：7100.57÷40=177.51(元/株)

结果见表 5-22、表 5-23。

表 5-22　分部分项工程量清单与计价表

工程名称：公园绿地　　　　　　　　　　　　第　页　共　页

序号	项目编码	项目名称	项目特征描述	计量单位	工程量	金额(元)	
						综合单价	合价
1	050102001001	栽植乔木	广玉兰，胸径 7～8cm	株	40	177.51	7100.57
本页小计							7100.57
合计							7100.57

表 5-23　工程量清单综合单价分析表

工程名称：公园绿地　　　　标段：　　　　　　第　页　共　页

项目编码	050102001001	项目名称	栽植乔木	计量单位	株					
清单综合单价组成明细										
定额编号	定额名称	定额单位	数量	单价			合价			
				人工费	材料费	机械费	人工费	材料费	机械费	管理费和利润
2-3	普坚土种植，胸径 10cm 以内	株	40	14.37	5.99	0.34	574.8	239.6	13.6	347.76
3-1	普坚土掘苗，胸径 10cm 以内	株	40	8.47	0.17	0.20	338.8	6.8	8	148.51
3-25	场外运苗，胸径 10cm 以内	株	40	5.15	0.24	7.00	206	9.6	280	208.15
4-3	裸根乔木客土(100cm×70cm)胸径 10cm 以内	株	40	3.76	—	0.07	150.4	—	2.8	64.34
4939001	阔瓣玉兰，胸径 10cm 以内	株	40	—	76.5	—	—	3060	—	1285.2
人工单价		小计					1270	3316	304.4	2053.96
30.81 元/工日		未计价材料费					110			

续表

项目编码	050102001001			项目名称	栽植乔木		计量单位			株
清单综合单价组成明细										
定额编号	定额名称	定额单位	数量	单价			合价			
				人工费	材料费	机械费	人工费	材料费	机械费	管理费和利润
清单项目综合单价(元)							177.51			
材料费明细	主要材料名称、规格、型号			单位	数量		单价(元)	合价(元)	暂估单价(元)	暂估合价(元)
	土			m^3	22		5	110	—	—
	其他材料费						—	—	—	—
	材料费小计						—	110	—	—

注：1. 本表采用《××市建设工程预算定额》——绿化工程定额及《××市建设工程材料预算价格》定额。

2. 管理费费率采用34%，利润率采用8%。

第六章　园路、园桥、假山工程工程量计算

第一节　园路、园桥、假山工程概述

要点

园路、园桥、假山工程主要包含园路园桥工程与驳岸工程，本节将分别对此进行介绍。

解释

◆园路园桥工程

1. 园路

在园林工程中，园路的结构形式较多，一般常采用如图 6-1 所示的结构形式。

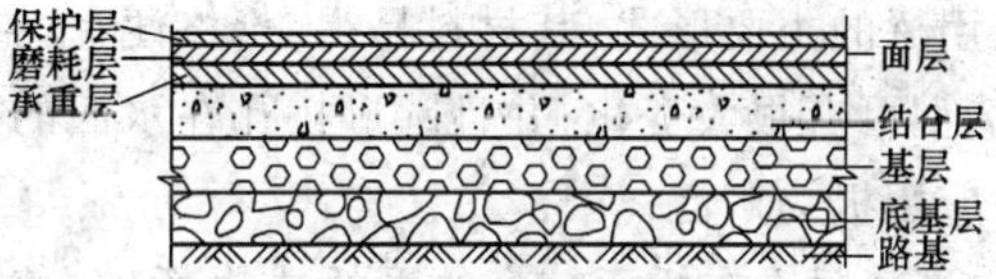

图 6-1　典型的道路面层结构

1) 面层是路面最上层，对沥青面层来说，又可分为保护层、磨耗层、承重层。面层直接承受人流、车辆的荷载和风、雨、寒、暑等气候作用的影响，因此要求坚固、平稳、耐磨，有一定的粗糙度，少尘性，便于清扫。

2) 结合层是采用块料铺筑面层时在面层和基层之间的一层，用于结合、找平、排水。

3) 基层在路基之上。它一方面承受由面层传下来的荷载，一方面把荷载传给路基。因此，要有一定的强度。一般用碎（砾）石、灰土或各种矿物废渣等筑成。

4) 路基是路面的基础。它为园路提供了一个平整的基面，承受路面传下来的荷载，并保证路面有足够的强度和稳定性。如果土基的稳定性不良，应采取措施，以保证路面的使用寿命。此外，要根据需要进行道牙、雨水井、明沟、台阶、种植地等附属工程的设计。

2. 园桥

(1) 园桥的造型

园桥是指建筑在庭园内的、主桥孔洞 5m 以内、供游人通行兼有观赏价值的桥梁。园桥最基本的功能就是联系园林水体两岸上的道路，使园路不至于被水体阻断。由于它直接伸入水面，能够集中视线，就自然而然地成为某些局部环境的一种标识点，因而园桥能够起到导游作用，可作为导游点进行布置。低而平的长桥、栈桥还可以作为水面的过道和水面游览线，把游人引到水上，拉近游人与水体的距离，使水景更加迷人。

园桥的造型形式很多，结构形式也有多种。常见的园桥造型形式主要可分为以下 9 类。

1) 平桥。有木桥、石桥、钢筋混凝土桥等。桥面平整，结构简单，平面形状为“一”字形。桥边常不做栏杆或只做矮护栏。桥体的主要结构部分是石梁、钢筋混凝土直梁或木梁，也常见直接用平整石板、钢筋混凝土板做桥面而不用直梁的。

2) 平曲桥。基本情况和一般平桥相同。桥的平面形状不为“一”字形，而是左右转折的折线形。根据转折数，可有三曲桥、五曲桥、七曲桥、九曲桥等。桥面转折多为 90°直角，但也可采用 120°钝角，偶尔还可用 150°转角。平曲桥桥面设计为低而平的效果最好。

3) 拱桥。常见有石拱桥和砖拱桥，也少有钢筋混凝土拱桥。拱桥是园林中造景用桥的主要形式，其材料易得，价格便宜，施工方便；桥体的立面形象比较突出，造型可有很大变化；并且圆形桥孔在水面的投影也十分好看；因此，拱桥在园林中应用极为广泛。

4) 亭桥。在桥面较高的平桥或拱桥上，修建亭子，就做成亭桥。亭桥是园林水景中常用的一种景物，它既是供游人观赏的景物点，又是可停留其中向外观景的观赏点。

5) 廊桥。这种园桥与亭桥相似，也是在平桥或平曲桥上修建风景建筑，只不过其建筑是采用长廊的形式罢了。廊桥的造景作用和观景作用与亭桥一样。

6) 吊桥。这是以钢索、铁链为主要结构材料（在过去，则有用竹索或麻绳的），将桥面悬吊在水面上的一种园桥形式。这类吊桥吊起桥面的方式又有两种。一种是全用钢索铁链吊起桥面，并作为桥边扶手。另一种是在上部用大直径钢管做成拱形支架，从拱形钢管上等距地垂下钢制缆索，吊起桥面。吊桥主要用在风景区的河面上或山沟上面。

7) 栈桥和栈道。架长桥为道路，是栈桥和栈道的根本特点。严格地讲，这两种园桥并没有本质上的区别，只不过栈桥更多的是独立设置在水面上或地面上，而栈道则更多地依傍于山壁或岸壁。

8) 浮桥。将桥面架在整齐排列的浮筒（或舟船）上，可构成浮桥。浮桥适用于水位常有涨落而又不便人为控制的水体中。

9）汀步。这是一种没有桥面，只有桥墩的特殊的桥，或者也可说是一种特殊的路。这是采用线状排列的步石、混凝土墩、砖墩或预制的汀步构件布置在浅水区、沼泽区、沙滩上或草坪上，形成的能够行走的通道。

(2) 桥基

桥基是介于墩身与地基之间的传力结构。桥身指桥的上部结构，包括人行道、栏杆与灯柱等部分。

(3) 桥面

桥面指桥梁上构件的上表面。通常布置要求为线形平顺，与路线顺利搭接。城市桥梁在平面上宜做成直桥，特殊情况下可做成弯桥，如采用曲线形时，应符合线路布设要求。桥梁平面布置应尽量采用正交方式，避免与河流或桥上路线斜交。若受条件限制时，跨线桥斜度不宜超过15°，在通航河流上不宜超过15°。

桥梁桥面的一般构造如图6-2所示。

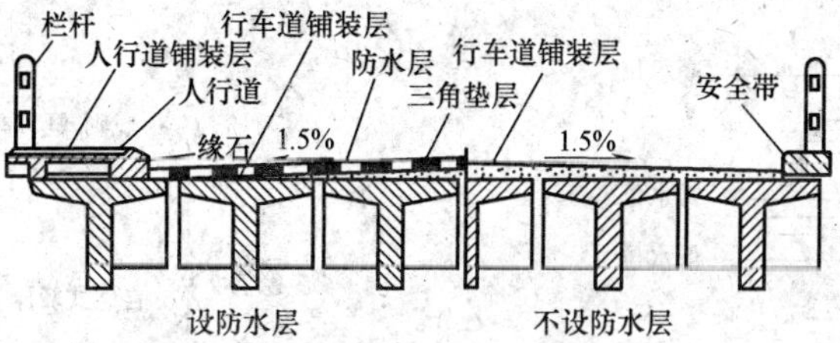

图6-2　桥面的一般构造

(4) 栏杆

栏杆的分类如下：

1）寻杖栏板。寻杖栏板是指在两栏杆柱之间的栏板中，最上面为一根圆形模杆的扶手，即为寻杖，其下由雕刻云朵状石块承托，此石块称为云扶，再下为瓶颈状石件称为瘿项，支立于盆臀之上，再下为各种花饰的板件。

2）罗汉板。罗汉板是指只有栏板而不用望板的栏杆，在栏杆端头用抱鼓石封头。

位于雁翅桥面里端拐角处的柱子叫“八字折柱”，其余的栏杆柱都叫“正柱”或“望柱”，简称“栏杆柱”。

3）栏杆地栿。栏杆地栿是栏杆和栏板最下面一层的承托石，在桥长正中带弧形的叫“罗锅地栿”，在桥面两头的叫“扒头地栿”。

◆驳岸工程

在本书的第二章第六节中已经对驳岸进行过简单的介绍，此处主要对驳岸的水位、造型分类、桩基类驳岸以及竹篱驳岸、板墙驳岸进行具体说明。

1. 驳岸的水位关系

由图 6-3 可见，驳岸可分为湖底以下部分，常水位至低水位部分、常水位与高水位之间部分和高水位以上部分。

高水位以上部分是不淹没部分，主要受风浪撞击和淘刷、日晒风化或超重荷载，致使下部坍塌，造成岸坡损坏。

常水位至高水位部分(B～A)属周期性淹没部分，多受风浪拍击和周期性冲刷，使水岸土壤遭冲刷而淤积水中，损坏岸线，影响景观。

常水位到低水位部分(B～C)是常年被淹部分，其主要是湖水浸渗冻胀，剪力破坏，风浪淘刷。我国北方地区因冬季结冰，常造成岸壁断裂或移位。有时因波浪淘刷，土壤被淘空后导致坍塌。

C 以下部分是驳岸基础，主要影响地基的强度。

2. 驳岸的造型分类

驳岸造型分类如图 6-4 所示。

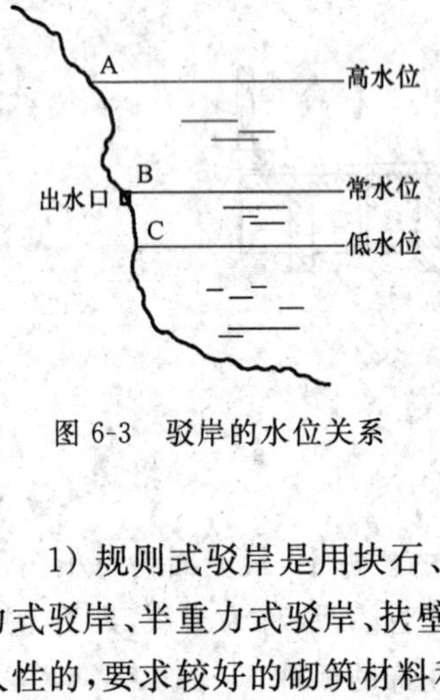

图 6-3　驳岸的水位关系

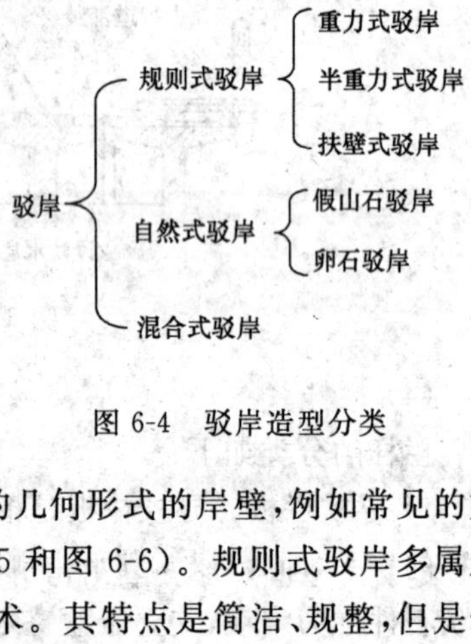

图 6-4　驳岸造型分类

1) 规则式驳岸是用块石、砖、混凝土砌筑的几何形式的岸壁，例如常见的重力式驳岸、半重力式驳岸、扶壁式驳岸等(图 6-5 和图 6-6)。规则式驳岸多属永久性的，要求较好的砌筑材料和较高的施工技术。其特点是简洁、规整，但是缺少变化。

2) 自然式驳岸是外观无固定形状或规格的岸坡处理，例如常用的假山石驳岸、卵石驳岸。这种驳岸自然堆砌，景观效果好。

3) 混合式驳岸是规则式与自然式驳岸相结合的驳岸造型(图 6-7)。一般为毛石岸墙，自然山石岸顶。混合式驳岸易于施工，具有一定装饰性，适用于地形许可并且有一定装饰要求的湖岸。

3. 桩基类驳岸

桩基是我国古老的水工基础做法，在园林建设中得到广泛应用，至今仍是常

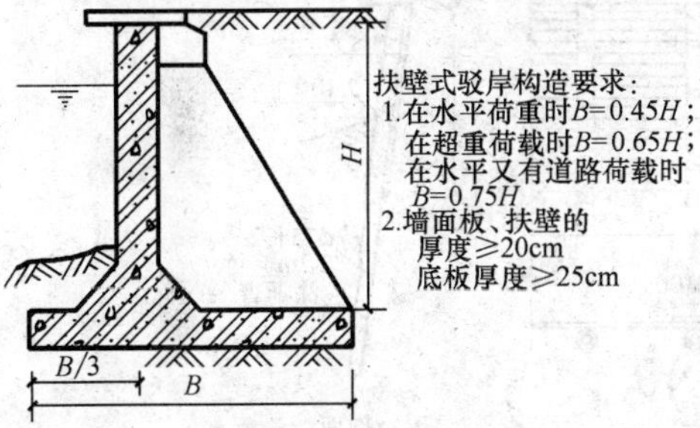

图 6-5　扶壁式驳岸

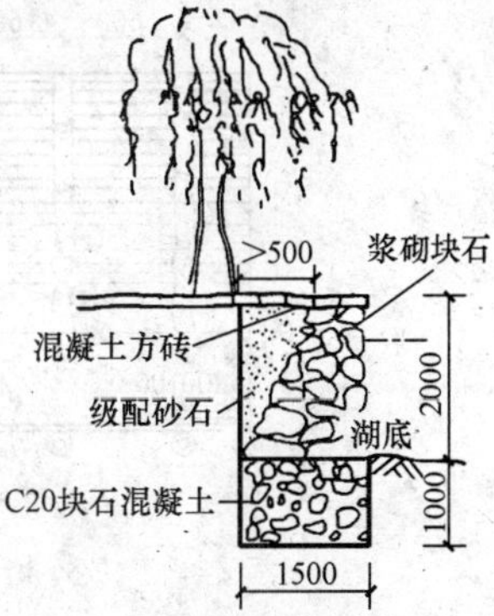

图 6-6　浆砌块石式驳岸(1)

用的一种水工地基处理手法。当地基表面为松土层且下层为坚实土层或基岩时，最宜用桩基。

图 6-8 是桩基驳岸结构示意，它由桩基、卡裆石、盖桩石、混凝土基础、墙身和压顶等几部分组成。卡裆石是桩间填充的石块，起保持木桩稳定的作用。盖桩石为桩顶浆砌的条石，作用是找平桩顶以便浇灌混凝土基础。基础以上部分与砌石类驳岸相同。

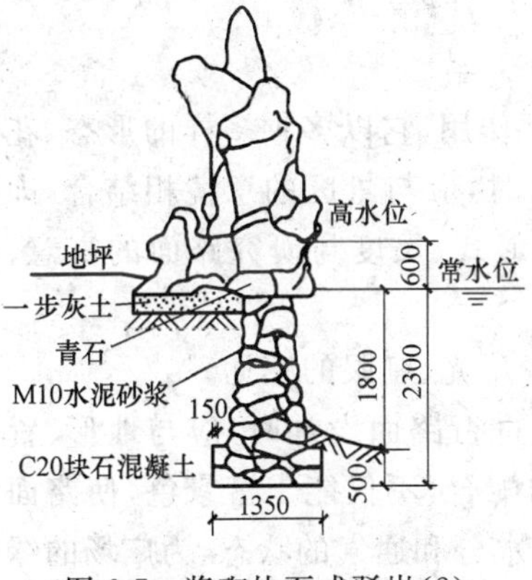

图 6-7　浆砌块石式驳岸(2)

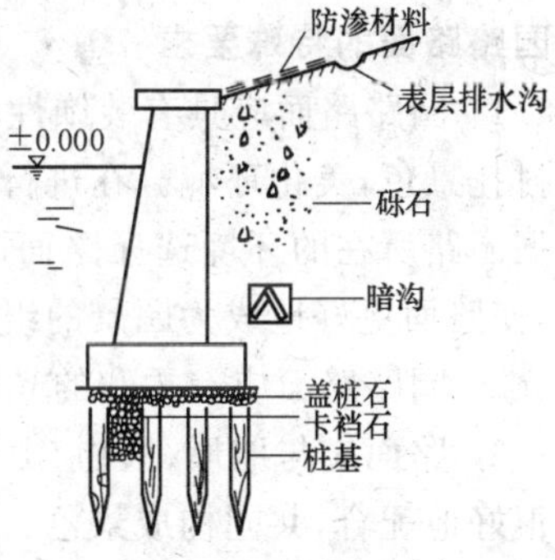

图 6-8　桩基驳岸结构示意图

4. 竹篱驳岸、板墙驳岸

竹桩、板桩驳岸是另一种类型的桩基驳岸。驳岸打桩后，基础上部临水面墙身由竹篱(片)或板片镶嵌而成，适于临时性驳岸。竹篱驳岸造价低廉、取材容易，施工简单，工期短，能使用一定年限，凡盛产竹子，例如毛竹、大头竹、勒竹、撑篙竹的地方均可采用。施工时，竹桩、竹篱要涂上一层沥青，目的是防腐。竹桩顶端由竹节处截断以防雨水积聚，竹片镶嵌紧密牢固，如图 6-9 和图 6-10 所示。

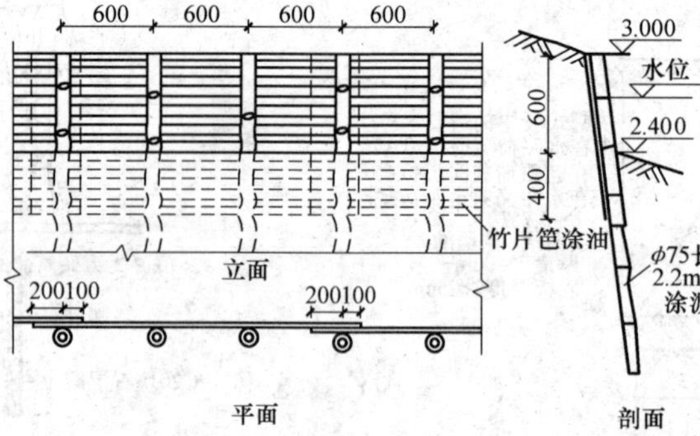

图 6-9　竹篱驳岸

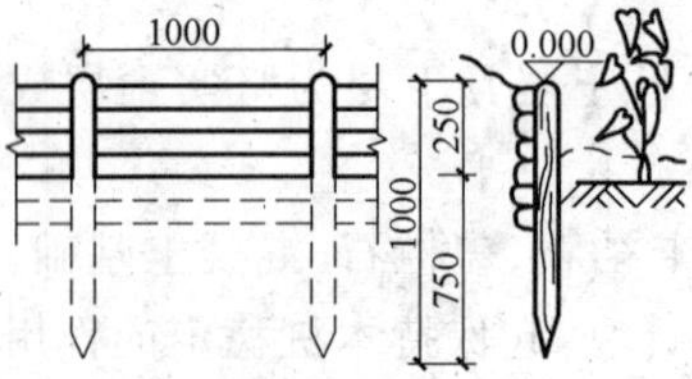

图 6-10　板墙驳岸

由于竹篱缝很难做得密实，这种驳岸不耐风浪冲击、淘刷和游船撞击，岸土很容易被风浪淘刷，造成岸篱分开，最终失去护岸功能。所以，此类驳岸适用于风浪小，岸壁要求不高，土壤较黏的临时性护岸地段。

相关知识

◆**园路路面的特殊要求**

1）园路路面应具有装饰性，或称地面景观作用，它以多种多样的形态、花纹来衬托景色，美化环境。在进行路面图案设计时，应与景区的意境相结合，即要根据园路所在的环境选择路面的材料、质感、形式、尺度与研究路面的寓意、趣味，使路面更好地成为园景的组成部分。

2）园路路面应有柔和的光线和色彩，减少反光、刺眼的感觉。

3）路面应与地形、植物、山石相配合。在进行路面设计时，应与地形、置石等很好地配合，共同构成景色。园路与植物的配合，不仅能丰富景色，使路面变得生机勃勃，而且嵌草的路面可以改变土壤的水分和通气的状态，为广场的绿化创造有利的条件，并能降低地表温度，为改善局部小气候创造条件。

第二节　园路、园桥、假山工程定额工程量计算

要点

园路、园桥、假山工程定额工程量包括园路工程、园桥工程、假山工程三部分内容。本节主要介绍园路、园桥、假山工程定额工程量计算规则及其应用。

解释

◆园路工程工程量计算规则

1. 园路工程量的计算

1）园路土基整理路床的工作内容包括厚度在30cm以内，挖、填土、找平、夯实、整修、弃土2m以外。园路土基整理路床的工程量按路床的面积计算。计量单位为“$10m^2$”。

2）园路垫层的工作内容包括筛土、浇水、拌和、铺设、找平、灌浆、捣实、养护。园路垫层的工程量按不同垫层材料，以垫层的体积计算。计量单位为“m^3”。垫层计算宽度应比设计宽度大10cm，即两边各放宽5cm。

3）园路面层的工作内容包括放线、整修路槽、夯实、修平垫层、调浆、铺面层、嵌缝、清扫。园路面层工程量按不同面层材料、厚度以园路面层的面积计算。计量单位为“$10m^2$”。

2. 甬路工程量的计算

庭院甬路的工作内容包括园林建筑及公园绿地内的小型甬路、路牙、侧石等工程。安装侧石、路牙适用于园林建筑及公园绿地、小型甬路。定额中不包括刨槽、垫层及运土，可按相应项目定额执行。墁砌侧石、路缘、砖、石及树穴是按1∶3白灰砂浆铺底和1∶3水泥砂浆勾缝考虑的。侧石、路缘、路牙按实铺尺寸以延长米计算。

◆园桥工程量计算规则

1）园桥的毛石基础、条石桥墩的工程量按其体积计算。计量单位为“m^3”。

2）园桥的桥台、护坡的工程量按不同石料（毛石或条石），以其体积计算。计量单位为“m^3”。

3）园桥的石桥面的工程量按其面积计算。计量单位为“$10m^2$”。

◆假山工程工程量计算规则

1. 假山工程量计算方法

假山工程量一般以设计的山石实用吨位数为基数来推算，并以工日数表示。假山采用的山石种类不同、假山造型不同、假山砌筑方式不同，这些都要影响工程量。由于假山工程的变化因素太多，每工日的施工定额也不容易统一，所以，准确计算工程量有一定难度。根据十几项假山工程施工资料统计的结果，其中包括放样、选石、配制水泥砂浆及混凝土、吊装山石、堆砌、刹垫、搭拆脚手架、抹缝、清理及养护等全部施工工作在内的山石施工平均工日定额，在精细施工条件下，应为0.1～0.2t/工日，在大批量粗放施工情况下，应为0.3～0.4t/工日。

假山工程量计算公式为：

$$W=AHRK_n \tag{6-1}$$

式中 W——石料质量(t)；

A——假山平面轮廓的水平投影面积(m^2)；

H——假山着地点至最高顶点的垂直距离(m)；

R——石料比重，黄(杂)石为 $2.6t/m^3$，湖石为 $2.2t/m^3$；

K_n——折算系数，高度在 2m 以内 $K_n=0.65$，高度在 4m 以内 $K_n=0.54$。

2. 景石、散点石工程量计算方法

景石是指不具备山形但以奇特的形状为审美特征的石质观赏品。散点石是指无呼应联系的一些自然山石分散布置在草坪、山坡等处，主要起点缀环境和烘托野地氛围的作用。

景石、散点石的工程量计算公式为：

$$W_{单}=LBHR \tag{6-2}$$

式中 $W_{单}$——山石单体质量(t)；

L——长度方向的平均值(m)；

B——宽度方向的平均值(m)；

H——高度方向的平均值(m)；

R——石料比重。

3. 堆砌假山工程量的计算

1) 堆砌湖石假山、黄石假山、整块湖石峰、人造湖石峰、人造黄石峰以及石笋安装、土山点石的工程量，均按不同山、峰高度以堆砌石料的质量计算。计量单位为“t”。

2) 布置景石的工程量按不同单块景石，以布置景石的质量计算。计量单位为“t”。

3) 自然式护岸的工程量按护岸石料质量计算。计量单位为“t”。

4) 堆砌假山石料重量＝进场石料验收质量－剩余石料质量。

4. 塑假石山工程量的计算

1) 砖骨架塑假山的工程量按不同高度以塑假石山的外围表面积计算。计量单位为“$10m^2$”。

2) 钢骨架钢网塑假山的工程量按其外围表面积计算。计量单位为“$10m^2$”。

相关知识

◆基础模板工程量计算资料

独立基础模板工程量区别不同形状以图示尺寸计算。例如，阶梯形按各阶的侧面面积计算；锥形按侧面面积与锥形斜面面积之和计算；杯形、高杯形基础模板工程量，按基础各阶层的侧面表面积与杯口内壁侧面积之和计算，但是杯口底面不计算模板面积。其计算方法可用下式表示，示意图见图 6-11：

$$F_{总}=(F_1+F_2+F_3+F_4)N \tag{6-3}$$

式中　$F_{总}$——杯形基础模板接触面面积(m^2)；

F_1——杯形基础底部模板接触面面积(m^2)，$F_1=(A+B)\times 2h_1$；

F_2——杯形基础上部模板接触面面积(m^2)，$F_2=(a+b)\times 2h_2$；

F_3——杯形基础中部棱台接触面面积(m^2)，$F_3=\frac{1}{3}\times(F_1+F_2+\sqrt{F_1F_2})$；

F_4——杯形基础杯口内壁接触面面积(m^2)，$F_4=\overline{L}h_3$；

N——杯形基础数量(个)。

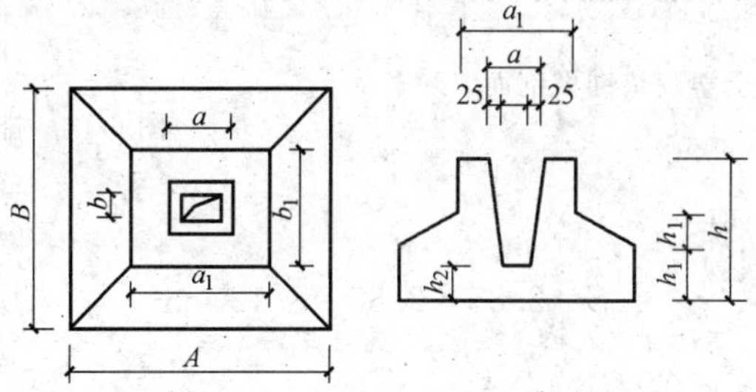

图 6-11　杯形基础计算公式示意图

(a)平面图；(b)剖面图

例题分析

◆**例 6-1**

某游乐场安全塑胶垫地面平面图如图 6-12 所示，安全塑胶垫铺设剖面如图

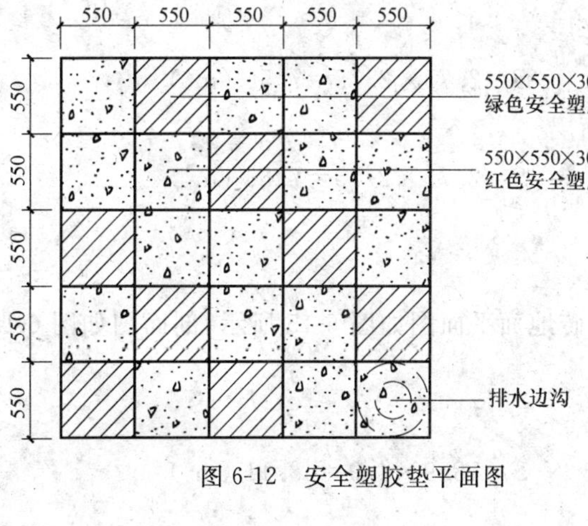

图 6-12　安全塑胶垫平面图

6-13 所示，排水边沟大样如图 6-14 所示，试计算其工程量。

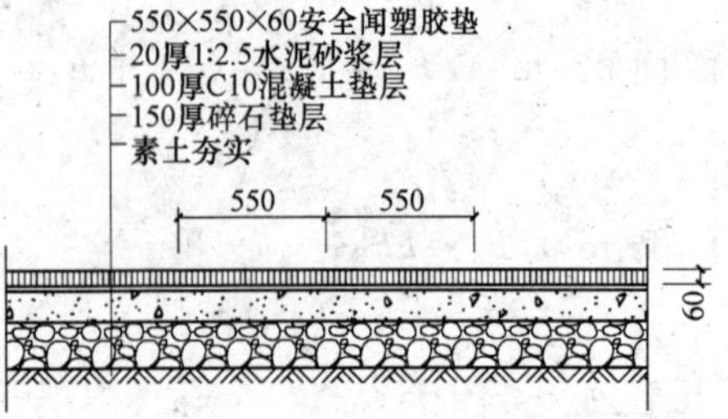

图 6-13　安全塑胶垫铺设剖面

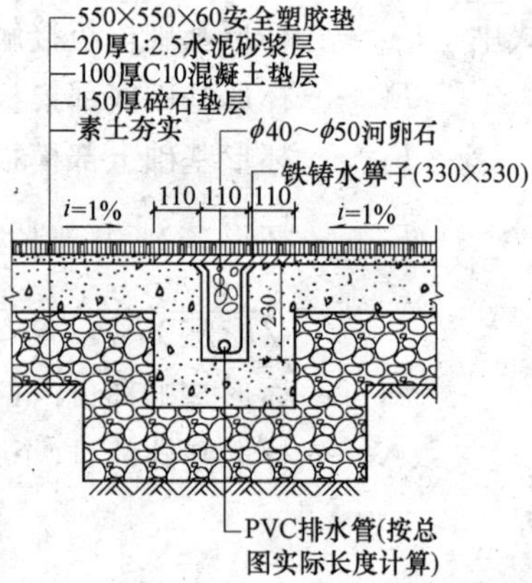

图 6-14　排水边沟大样

解：1）整理路床

$$S=2.85\times2.85=8.12\ (\mathrm{m}^2)$$

2）挖土方

$$V=2.85\times2.85\times0.33+0.33\times0.33\times0.23(\text{排水管下增加})=2.71\ (\mathrm{m}^3)$$

3）原土夯实

$$S=2.85\times2.85+0.33\times0.33=8.23\ (\mathrm{m}^2)$$

4）碎石垫层

$$V=2.85\times2.85\times0.15+0.33\times0.33\times0.15=1.23\ (\mathrm{m}^3)$$

5）C10 混凝土垫层

$$V=2.85\times2.85\times0.1+0.33\times0.33\times0.1=0.82\ (\mathrm{m}^3)$$

6）水泥砂浆找平层

$$S=2.75\times2.75=7.56\ (\mathrm{m}^2)$$

7）安全塑胶垫面层

$$S=2.75\times2.75=7.56\ (\mathrm{m}^2)$$

注：排水管另计。

◆例 6-2

某园林混凝土彩砖地面平面图如图 6-15 所示，剖面图如图 6-16 所示，试计算其工程量。

解：1）整理路床

$$S=13.9\times4.9=68.11\ (\mathrm{m}^2)$$

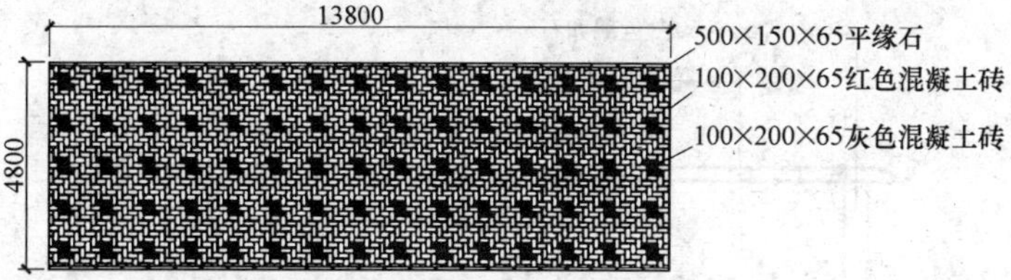

图 6-15　混凝土砖地面铺装路平面图

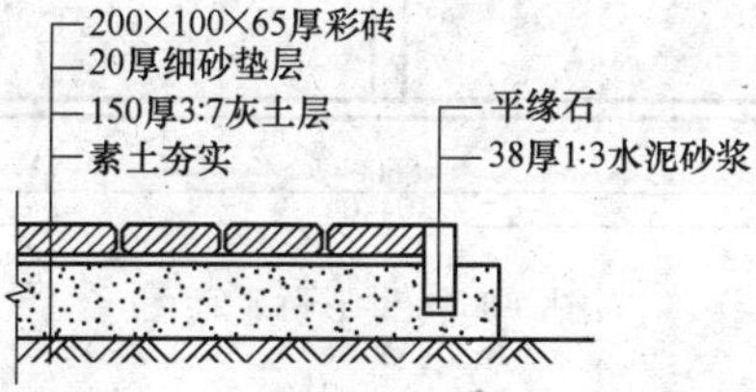

图 6-16　混凝土砖地面铺装路剖面图

2）挖土方

$$V=13.9\times4.9\times(0.15+0.02+0.065)=16.01\ (m^3)$$

3）原土夯实

$$S=13.9\times4.9=68.11\ (m^2)$$

4）3∶7 灰土垫层

$$V=13.9\times4.9\times0.15=10.22\ (m^3)$$

5）铺彩砖

$$S=13.8\times(4.8-0.065)=65.34\ (m^2)$$

6）铺缘石

$$L=13.8\times2=27.6\ (m)$$

◆例 6-3

某园林中一拱形桥的平面图、立面图、剖面图如图 6-17～图 6-19 所示，其中弧长 9.2m，试计算其工程量。

解：1）平整场地

$$S=10.44\times(4.3+0.36\times2)=52.41\ (m^2)$$

2）挖土方

$$V=5.02\times(2.64+0.6)\times0.42\times2=13.66\ (m^3)$$

3）桥下 C10 混凝土基础垫层

$$V=5.02\times2.64\times0.1\times2=2.65\ (m^3)$$

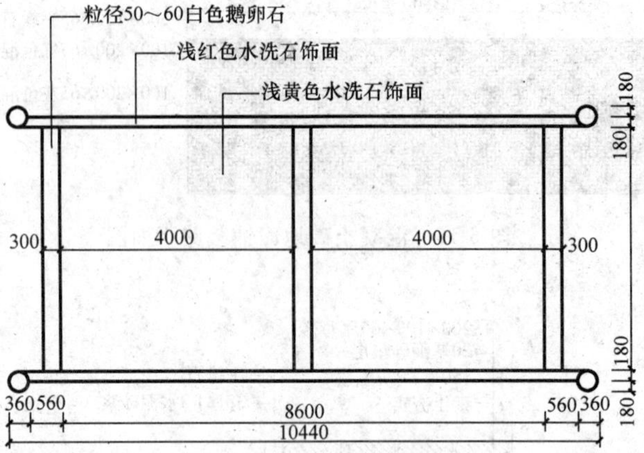

图 6-17　拱形桥平面图

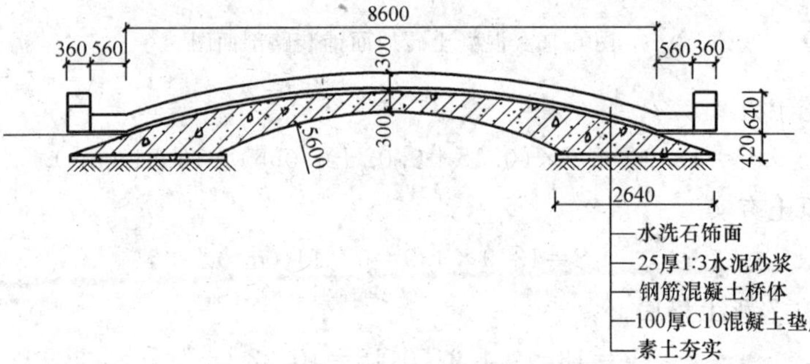

图 6-18　拱形桥立面图

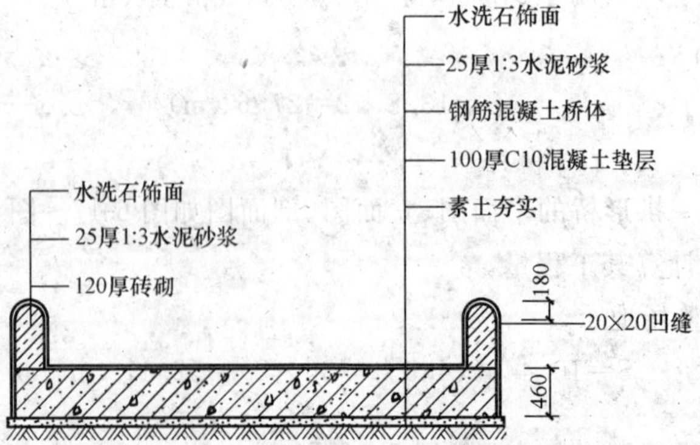

图 6-19　拱形桥剖面图

4）钢筋混凝土桥体

$$V=10.44\times(4.3+0.18\times2)\times0.42(\text{均厚})=20.43\ (\text{m}^3)$$

5）水泥砂浆找平层

$$S=4.3\times(9.2+0.56\times2)=44.38\ (\text{m}^2)$$

6）水洗石桥面

$$S=4.3\times(9.2+0.56\times2)=44.38\ (\text{m}^2)$$

7）砖砌护栏

$$V=9.2\times0.18\times0.3\times2=0.99\ (\text{m}^3)$$

8）水洗石护栏饰面

$$S=9.2\times0.72(\text{展开宽})\times2=13.25\ (\text{m}^2)$$

9）桥面四角花岗石圆柱石

$$N=4\ (\text{个})$$

第三节　园路、园桥、假山工程清单工程量计算

要点

园路、园桥、假山工程清单工程量包括园路桥工程、堆塑假山、驳岸以及其他相关问题。本节主要介绍园路、园桥、假山工程清单工程量计算规则及其应用。

解释

◆园路桥工程

园路桥工程工程量清单项目设置及工程量计算规则，应按表 6-1 的规定执行。

◆堆塑假山

堆塑假山工程量清单项目设置及工程量计算规则，应按表 6-2 的规定执行。

表 6-1　园路桥工程（编码：050201）

项目编码	项目名称	项目特征	计量单位	工程量计算规则	工程内容
050201001	园路	1）垫层厚度、宽度、材料种类 2）路面厚度、宽度、材料种类 3）混凝土强度等级 4）砂浆强度等级	m^2	按设计图示尺寸以面积计算，不包括路牙	1）园路路基、路床整理 2）垫层铺筑 3）路面铺筑 4）路面养护

续表

项目编码	项目名称	项目特征	计量单位	工程量计算规则	工程内容
050201002	路牙铺设	1)垫层厚度、材料种类 2)路牙材料种类、规格 3)混凝土强度等级 4)砂浆强度等级	m	按设计图示尺寸以长度计算	1)基层清理 2)垫层铺设 3)路牙铺设
050201003	树池围牙、盖板	1)围牙材料种类、规格 2)铺设方式 3)盖板材料种类、规格			1)清理基层 2)围牙、盖板运输 3)围牙、盖板铺设
050201004	嵌草砖铺装	1)垫层厚度 2)铺设方式 3)嵌草砖品种、规格、颜色 4)漏空部分填土要求	m^2	按设计图示尺寸以面积计算	1)原土夯实 2)垫层铺设 3)铺砖 4)填土
050201005	石桥基础	1)基础类型 2)石料种类、规格 3)混凝土强度等级 4)砂浆强度等级	m^3	按设计图示尺寸以体积计算	1)垫层铺筑 2)基础砌筑、浇筑 3)砌石
050201006	石桥墩、石桥台	1)石料种类、规格 2)勾缝要求 3)砂浆强度等级、配合比			1)石料加工 2)起重架搭、拆 3)墩、台、旋石、旋脸砌筑 4)勾缝
050201007	拱旋石制作、安装	1)石料种类、规格 2)旋脸雕刻要求 3)勾缝要求 4)砂浆强度等级、配合比			
050201008	石旋脸制作、安装		m^2	按设计图示尺寸以面积计算	
050201009	金刚墙砌筑		m^3	按设计图示尺寸以体积计算	1)石料加工 2)起重架搭、拆 3)砌石 4)填土夯实
050201010	石桥面铺筑	1)石料种类、规格 2)找平层厚度、材料种类 3)勾缝要求 4)混凝土强度等级 5)砂浆强度等级	m^2	按设计图示尺寸以面积计算	1)石材加工 2)抹找平层 3)起重架搭、拆 4)桥面、桥面踏步铺设 5)勾缝

续表

项目编码	项目名称	项目特征	计量单位	工程量计算规则	工程内容
050201011	石桥面檐板	1)石料种类、规格 2)勾缝要求 3)砂浆强度等级、配合比	m/m³	按设计图示尺寸以长度或体积计算	1)石材加工 2)檐板、仰天石、地伏石铺设 3)铁锔、银锭安装 4)勾缝
050201012	仰天石、地伏石				
050201013	石望柱	1)石料种类、规格 2)柱高、截面 3)柱身雕刻要求 4)柱头雕刻要求 5)勾缝要求 6)砂浆配合比	根	按设计图示数量计算	1)石料加工 2)柱身、柱头雕刻 3)望柱安装 4)勾缝
050201014	栏杆、扶手	1)石料种类、规格 2)栏杆、扶手截面 3)勾缝要求 4)砂浆配合比	m	按设计图示尺寸以长度计算	1)石料加工 2)栏杆、扶手安装 3)铁锔、银锭安装 4)勾缝
050201015	栏板、撑鼓	1)石料种类、规格 2)栏板、撑鼓雕刻要求 3)勾缝要求 4)砂浆配合比	块/m²	按设计图示数量或面积计算	1)石料加工 2)栏板、撑鼓雕刻 3)栏板、撑鼓安装 4)勾缝
050201016	木制步桥	1)桥宽度 2)桥长度 3)木材种类 4)各部件截面长度 5)防护材料种类	m²	按设计图示尺寸以桥面板长乘桥面板宽以面积计算	1)木桩加工 2)打木桩基础 3)木梁、木桥板、木桥栏杆、木扶手制作、安装 4)连接铁件、螺栓安装 5)刷防护材料

表 6-2　堆塑假山(编码:050202)

项目编码	项目名称	项目特征	计量单位	工程量计算规则	工程内容
050202001	堆筑土山丘	1)土丘高度 2)土丘坡度要求 3)土丘底外接矩形面积	m³	按设计图示山丘水平投影外接矩形面积乘以高度的1/3以体积计算	1)取土 2)运土 3)堆砌、夯实 4)修整
050202002	堆砌石假山	1)堆砌高度 2)石料种类、单块重量 3)混凝土强度等级 4)砂浆强度等级、配合比	t	按设计图示尺寸以质量计算	1)选料 2)起重架搭、拆 3)堆砌、修整

续表

项目编码	项目名称	项目特征	计量单位	工程量计算规则	工程内容
050202003	塑假山	1)假山高度 2)骨架材料种类、规格 3)山皮料种类 4)混凝土强度等级 5)砂浆强度等级、配合比 6)防护材料种类	m^2	按设计图示尺寸以展开面积计算	1)骨架制作 2)假山胎模制作 3)塑假山 4)山皮料安装 5)刷防护材料
050202004	石笋	1)石笋高度 2)石笋材料种类 3)砂浆强度等级、配合比	支	按设计图示数量计算	1)选石料 2)石笋安装
050202005	点风景石	1)石料种类 2)石料规格、重量 3)砂浆配合比	块		1)选石料 2)起重架搭、拆 3)点石
050202006	池石、盆景山	1)底盘种类 2)山石高度 3)山石种类 4)混凝土砂浆强度等级 5)砂浆强度等级、配合比	座(个)		1)底盘制作、安装 2)池石、盆景山石安装、砌筑
050202007	山石护角	1)石料种类、规格 2)砂浆配合比	m^3	按设计图示尺寸以体积计算	1)石料加工 2)砌石
050202008	山坡石台阶	1)石料种类、规格 2)台阶坡度 3)砂浆强度等级	m^2	按设计图示尺寸以水平投影面积计算	1)选石料 2)台阶砌筑

◆驳岸

驳岸工程量清单项目设置及工程量计算规则，应按表 6-3 的规定执行。

表 6-3　驳岸(编码:050203)

项目编码	项目名称	项目特征	计量单位	工程量计算规则	工程内容
050203001	石砌驳岸	1)石料种类、规格 2)驳岸截面、长度 3)勾缝要求 4)砂浆强度等级、配合比	m^3	按设计图示尺寸以体积计算	1)石料加工 2)砌石 3)勾缝
050203002	原木桩驳岸	1)木材种类 2)桩直径 3)桩单根长度 4)防护材料种类	m	按设计图示桩长(包括桩尖)计算	1)木桩加工 2)打木桩 3)刷防护材料
050203003	散铺砂卵石护岸(自然护岸)	1)护岸平均宽度 2)粗细砂比例 3)卵石粒径 4)大卵石粒径、数量	m	按设计图示平均护岸宽度乘以护岸长度以面积计算	1)修边坡 2)铺卵石、点布大卵石

◆**其他相关问题**

其他相关问题，应按下列规定处理：

1）园路、园桥、假山（堆筑土山丘除外）、驳岸工程等的挖土方、开凿石方、回填等应按《建设工程工程量清单计价规范》（GB 50500—2008）A.1 土（石）方工程相关项目编码列项。

2）如遇某些构配件使用钢筋混凝土或金属构件时，应按《建设工程工程量清单计价规范》（GB 50500—2008）附录 A 建筑工程工程量清单项目及计算规则或附录 D 市政工程工程量清单项目及计算规则中相关项目编码列项。

相关知识

◆**砌筑砂浆配合比设计数据**

园路桥工程依据需要的砂浆的强度等级进行配合比设计，其步骤如下：

1）计算砂浆试配强度 $f_{m,0}$。为使砂浆强度达到 95%的强度保证率，满足设计强度等级的要求，砂浆的试配强度的计算公式如下：

$$f_{m,0}=f_2+0.645\sigma \tag{6-4}$$

式中　$f_{m,0}$——砂浆的试配强度（MPa）；

f_2——砂浆抗压强度的平均值，即砂浆的设计强度（MPa）；

σ——砌筑砂浆强度标准差（MPa）。

施工单位不具有近期统计资料时，砂浆的标准差可按表 6-4 中规定选取。

表 6-4　砂浆强度标准差 σ 值（JGJ 98—2000）　　单位：MPa

强度等级 施工水平	M2.5	M5.0	M7.5	M10.0	M15.0	M20.0
优良	0.50	1.00	1.50	2.00	3.00	4.00
一般	0.62	1.25	1.88	2.50	3.75	5.00
较差	0.75	1.50	2.25	3.00	4.50	6.00

2）计算水泥用量（kg/m³）Q_C：

$$Q_C=\frac{1000(f_{m,0}-B)}{Af_{ce}} \tag{6-5}$$

3）计算外掺料用量（kg/m³）Q_D：

$$Q_D=Q_A-Q_C \tag{6-6}$$

4）计算砂子用量（kg/m³）Q_S：

$$Q_S=1\rho'_{OS} \tag{6-7}$$

式中　ρ'_{OS}——含水率小于 0.5%干燥状态的堆积密度值，非干燥状态用砂，可适当放宽加入量；

1——1m³ 的砂子。

5）选定用水量。用水量的选定要符合砂浆稠度的要求，可以按表 6-5 确定。

6）砂浆试配与配合比的确定。砌筑砂浆配合比的试配和调整方法基本与普通混凝土相同。

表 6-5　砌筑砂浆用水量

砂浆品种	水泥砂浆	混合砂浆
用水量（kg/m³）	270～330	260～300

注：1. 混合砂浆用水量，不含石灰膏或黏土膏中的水分。
2. 当采用细砂或粗砂时，用水量分别取上限或下限。
3. 稠度小于 70mm 时，用水量可小于下限。
4. 施工现场炎热或在干燥季节，可适当增加用水量。

例题分析

◆例 6-4

某广场园路，面积 186m²，垫层厚度、宽度、材料种类：混凝土垫层宽 2.6m，厚 120mm；路面宽度、材料种类：水泥砖路面，宽 2.6m；混凝土、砂浆强度等级：C20 混凝土垫层，M5 混合砂浆结合层。试计算工程量。

解：投标人计算（按单价）如下：

1）园路土基，整理路床工程量为 186×0.3＝55.8（m³）（按 30cm 厚计算）

① 人工费：6.18×55.8＝344.84（元）

② 机械费：0.74×55.8＝41.29（元）

③ 合计：344.84＋41.29＝386.13（元）

2）基础垫层（混凝土）工程量为 186×0.12＝22.32（m³）

① 人工费：38.13×22.32＝851.06（元）

② 材料费：126.48×22.32＝2823.03（元）

③ 机械费：11.56×22.32＝258.02（元）

④ 合计：851.06＋2823.03＋258.02＝3932.11（元）

3）预制水泥方格砖面层（浆垫）工程量为 186m²

① 人工费：3.35×186＝623.1（元）

② 材料费：35.59×186＝6619.74（元）

③ 机械费：0.07×186＝13.02（元）

④ 合计：623.1＋6619.74＋13.02＝7255.86（元）

4）综合

① 直接费用合计：386.13＋3932.11＋7255.86＝11574.1（元）

② 管理费：11574.1×16％＝1851.86（元）

③ 利润：11574.1×12％＝1388.89（元）

④ 合价：11574.1＋1851.86＋1388.89＝14814.85（元）

⑤ 综合单价：14814.85÷186＝79.65（元）

其分部分项工程量清单与计价表及工程量清单综合单价分析表，见表 6-6 和表 6-7。

表 6-6　分部分项工程量清单与计价表

工程名称：某小区入口广场　　　　第　页　共　页

序号	项目编码	项目名称	项目特征描述	计量单位	工程量	金额(元)	
						综合单价	合价
1	050201001001	园路	垫层厚度、宽度、材料种类：混凝土垫层宽 2.5m，厚 120mm 路面宽度、材料种类：水泥砖路面宽 2.5m 混凝土强度等级、砂浆强度等级：C20 混凝土垫层，M5 混合砂浆结合层	m^2	186	79.65	14814.85
本页小计							14814.85
合计							14814.85

表 6-7　工程量清单综合单价分析表

工程名称：某小区入口广场　　标段：　　　　第　页　共　页

项目编码	050201001001	项目名称	园路	计量单位	m^2

定额编号	定额名称	定额单位	数量	单价(元)			合价(元)			
				人工费	材料费	机械费	人工费	材料费	机械费	管理费和利润
1-20	人工回填土，夯填	m^3	55.8	6.18	—	0.74	344.84	—	41.29	108.12
2-5	垫层素混凝土	m^3	22.32	38.13	126.48	11.56	851.06	2823.03	258.02	1100.99
2-11	水泥方格砖路面	m^2	186	3.35	35.59	0.07	623.1	6619.74	13.02	2031.64
人工单价		小计					1819	9412.77	312.33	3240.75
25.73 元/工日		未计价材料费								
清单项目综合单价(元)							79.65			

	主要材料名称、规格、型号	单位	数量	单价(元)	合价(元)	暂估单价(元)	暂估合价(元)
材料费明细	水泥方格砖(50mm×250mm×250mm)	块	2976	2.20	6547.2	2.22	6606.72
	其他材料费						
	材料费小计						

注：本题以《××省市政、园林绿化工程消耗量定额》和《××省园林绿化工程价目表》为例。

第七章　园林景观工程工程量计算

第一节　园林景观工程概述

要点

园林景观工程主要包含花架及小品工程和喷泉工程，本节将分别予以介绍。

解释

◆花架及小品工程

1. 花架

花架是指攀缘植物的棚架，可供人休息、赏景之用。花架造型灵活、轻巧，本身也是观赏对象，有直线式、曲线式、折线式、双臂式、单臂式等。它与亭、廊组合能使空间丰富多变，人们在其中活动，极为自然。花架还具有组织园林空间、划分景区和增加风景深度的作用。花架的分类如图 7-1 所示。

2. 园林建筑小品

园林建筑小品是指园林中体量小巧、数量多、分布广、功能简明、造型别致，具有较强的装饰性，且富有情趣的精美设施。园林建筑小品的作用主要表现在满足人们休息、娱乐、游览、文化、宣传等活动要求方面。它既有使用功能，又可观赏，并且是环境美化的重要因素。园林建筑小品类型很多，可概括为以下两类，如图 7-2 所示。

传统园林建筑小品与现代园林建筑小品在形式、材料、构造等方面既有一定的联系，又有不同之处。在表现形式上，传统园林建筑小品多以细腻、变化素雅取胜，现代园林建筑多以简洁、明了、抽象见长。

(1) 亭

亭作为园林建筑中的最基本的建筑单元，主要是为满足人们在旅游活动之中的休憩、停歇、纳凉、避雨、极目眺望之需。因其体量小巧也称之为园林建筑小品。

在造型上，要结合具体地形、自然景观和传统设计并以其特有的娇美轻巧、玲珑剔透形象与周围的建筑、绿化、水景等结合而构成园林一景。亭的构造大致可分为亭顶、亭身、亭基三部分。体量宁小毋大，形制也较细巧，竹、木、石、砖瓦等

- 花架
  - 按表现形式分
    - 单柱双边悬挑花架
    - 单柱单边悬挑花架
    - 双柱花架
  - 按结构类型分
    - 木花架
    - 钢筋混凝土现浇花架
    - 仿木预制成品花架
    - 竹花架
    - 仿竹花架
    - 钢花架
    - 不锈钢花架

图 7-1　花架的分类

- 园林建筑小品
  - 传统园林建筑小品
    - 亭
    - 廊
    - 台阶
    - 园墙
    - 景门
    - 景窗
    - 水池
  - 现代园林建筑小品
    - 花架
    - 现代喷泉水池
    - 花盆
    - 花钵
    - 桌
    - 椅
    - 灯具

图 7-2　园林建筑小品

地方性传统材料均可修建。现在更多的是用钢筋混凝土或兼以轻钢、铝合金、玻璃钢、镜面玻璃、充气塑料等新材料组建而成。

亭四面多开放，空间流动，内外交融，榭、廊亦如此。解析了亭也就能举一反三于其他楼阁殿堂。亭榭等体量不大，但在园林造景中作用不小，是室内的室外，而在庭院中则是室外的室内。选择要有分寸，大小要得体，要有恰到好处的比例尺度，只顾及某 方面都是不允许的。任何作品只有在一定的环境下才是艺术、科学。生搬硬套学流行，会失去神韵和灵性，更谈不上艺术性与科学性。

1）传统亭的类型与形式如下：

① 按平面分。

a. 正多边形。正多边形尤以正方形平面是几何形中最严谨、规整、轴线布局明确的图形。常见多为三、四、五、六、八角形亭。

b. 长方形。平面长阔比多接近于黄金分割 1∶1.6，由于亭同殿、阁、厅堂不同，其体量小巧，常可见其全貌，比例若过于狭长就不具有美感的基本条件了。同时平面为长方形的亭多用面阔为三间或三间四步架。

江南路亭：常用二间面阔；

水榭：进深三间四步架或六步架。

梁架布局：亭尤以歇山亭榭与殿、阁、厅堂异曲同工，且更自由，江南多遵循古制。

山花：明代及明以前是作悬山，清代则出现了更山山花。

c. 仿生形亭。睡莲形，扇形（优美、华丽），十字形（对称、稳定），圆形（中心明确、向心感强),梅花形。

d. 多功能复合式亭。

② 按亭顶分。

a. 攒尖式。角攒易用于表达向上、高峻、收集交汇的意境;圆攒表达向上之中兼有灵活,轻巧之感。

b. 歇山。易于表达强化水平趋势的环境。

c. 卷棚。卷棚歇山亭顶易于表现平远的气势。

d. 路顶与开口顶。

e. 单檐与重檐的组合。

③ 按柱分。

单柱:伞亭;

双柱:半亭;

三柱:角亭;

四柱:方亭,长方亭;

五柱:圆亭,梅花五瓣亭;

六柱:重檐亭,六角亭;

八柱:八角亭;

十二柱:方亭,12 个月份亭,12 个时辰亭;

十六柱:文亭,重檐亭。

④ 按材料分。

地方材料:木亭,竹亭,石亭,茅草亭;

混合材料(结构):复合亭;

轻钢亭;

钢筋混凝土亭:仿传统亭,仿竹亭,书皮亭,茅草塑亭;

特种材料(结构)亭:塑料树脂亭,玻璃钢亭,薄壳充气软结构亭,波折板亭,网架亭。

⑤ 按功能分。

休憩遮阳遮雨:传统亭,现代亭;

观赏游览:传统亭,现代亭;

纪念,文物古迹:纪念亭,碑亭;

交通,集散组织人流:站亭,路亭;

骑水:廊亭,桥亭;

倚水:楼台水亭;

综合:多功能组合亭。

2) 现代亭的分类见表 7-1。

表 7-1　现代亭的分类

现代亭的分类	内　　容
板亭	包括伞板亭、荷叶亭，造型简洁清新，组合灵活
组合构架亭	1)竹、木组合构架亭。自然趣味强，造价低，但易损坏，使用以两年为限，可以先建竹木临时性的过渡小品，成熟后再建成永久性的建筑 2)混凝土组合构架亭。可塑性好，节点易处理。但构架截面尺寸设计时不易权衡 3)轻钢:钢管组合式构架亭。本类型施工方便，组合灵活装配性强，单、双臂悬挑均可成亭，也适宜在做露天餐厅茶座活动的遮阳伞亭中使用
类拱亭	1)盔拱亭 2)多铰拱式长颈鹿馆亭。表示一对吻颈之交的长颈鹿，结构扩大了空间，有利于长颈鹿的室内活动

(2) 廊

廊是亭的延伸，是联系风景景点建筑的纽带，随山就势，曲折迂回，逶迤蜿蜒。廊既能引导视野多变的导游交通路线，又可划分景区，丰富空间层次增加景深，是中国园林建筑群体中重要的组成部分。

1) 廊的形式如表 7-2 所示。

表 7-2　廊的形式

廊的形式	内　　容
廊(双开画廊)	有柱无墙，开敞通透，适用于景色层次丰富的环境，使廊的两面有景可观 当次廊隔水飞架，即为水廊
单廊(单面空廊)	一面开敞，一面靠墙，墙上又设有各色漏窗门洞或设有宣传橱柜
复廊	廊中间设有漏窗之墙，犹如两列半廊复合而成，两面都可通行．并适合廊的两边各属不同景区的场合
双层廊	又称复道阁廊，有上、下两层，便于联系不同高度的建筑和景物，增加廊的气势和景观层次
爬山廊	廊顺地势起伏蜿蜒曲折，犹如伏地游龙而成爬山廊。常见的有跌落爬山廊和竖曲线爬山廊
曲廊	依墙又离墙，因而在廊与墙之间组成各式小院，空间交错，穿插流动，曲折有法，或在其间栽花置石，或略添小景而成曲廊，不曲则成修廊

2) 廊的结构见表 7-3 所示。

表 7-3　廊的结构

廊的结构	内　　容
木结构	有利于发扬江南传统的园林建筑风格，形体玲珑小巧，视线通透
钢结构	纯钢的或钢与木结合构成的画廊也是很多见的，轻巧、灵活、机动性强
钢筋混凝土结构	多为平顶或小坡顶

◆喷泉工程

1. 普通装饰性喷泉

普通装饰性喷泉是由各种普通的水花图案组成的固定喷水型喷泉。其构造如图 7-3(a)所示。

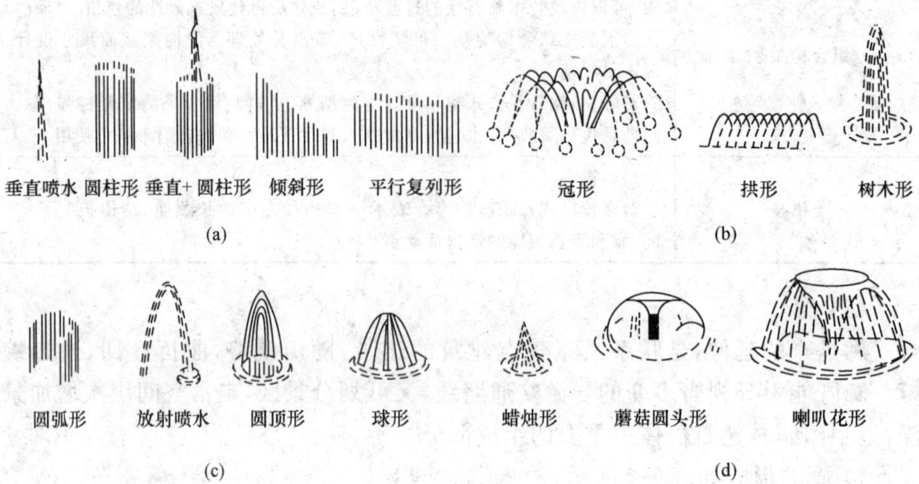

图 7-3　常见水姿形态示例

(a)普通装饰性喷泉;(b)与雕塑结合的喷泉;(c)艺术性“形体”喷泉;(d)自控喷泉

2. 与雕塑结合的喷泉

喷泉的各种喷水花型与雕塑、水盘、观赏柱等共同组成景观。其构造如图 7-3(b)所示。

3. 水雕喷泉

用人工或机械塑造出各种抽象的或具象的喷水水形,其水形呈某种艺术性“形体”的造型。其构造如图 7-3(c)所示。

4. 自控喷泉

自控喷泉是利用各种电子技术,按设计程序来控制水、光、音、色的变化,从而形成变幻多姿的奇异水景。其构造如图 7-3(d)所示。

相关知识

◆喷头的类型

1. 蒲公英喷头

这种喷头是在圆球形壳体上,装有很多同心放射状喷管,并在每个管头上装有一个半球形变形喷头。因此,它能喷出像蒲公英一样美丽的球形或半球形水花。它可以单独使用,也可以几个喷头高低错落地布置,显得格外新颖、典雅,如图 7-4(a)、(c)所示。

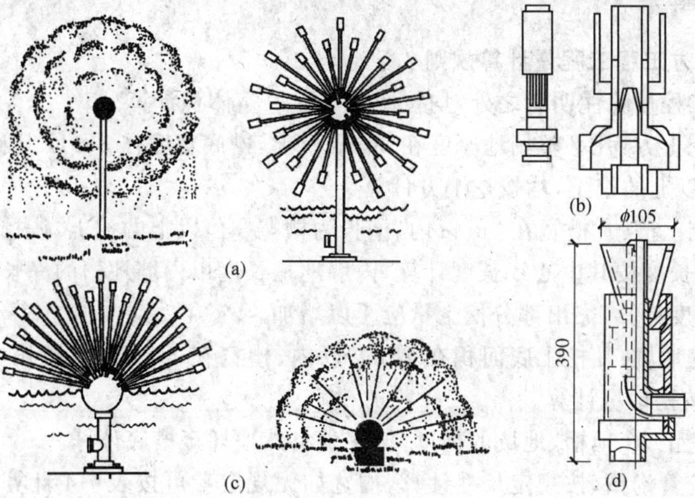

图 7-4　喷泉喷头种类

(a)球形蒲公英喷头;(b)吸力喷头;(c)半球形蒲公英喷头;(d)组合式喷头

2. 吸力喷头

此种喷头是利用压力水喷出时,在喷嘴的喷口附近形成负压区。由于压差的作用,它能把空气和水吸入喷嘴外的环套内,与喷嘴内喷出的水混合后一并喷出。这时水柱的体积膨大,同时因为混入大量细小的空气泡,形成白色不透明的水柱。它能充分地反射阳光,因此光彩艳丽。夜晚如有彩色灯光照明则更为光彩夺目。吸力喷头又可分为吸水喷头、加气喷头和吸水加气喷头,其形式如图 7-4(b)所示。

3. 组合式喷头

由两种或两种以上形体各异的喷嘴,根据水花造型的需要,组合成一个大喷头,叫组合式喷头,它能够形成较复杂的花形,如图 7-4(d)所示。

第二节　园林景观工程定额工程量计算

要点

园林景观工程定额工程量包括园林土方工程、园林砖石工程、园林混凝土及钢筋混凝土工程、园林木结构工程、园林地面工程、园林屋面工程以及园林装饰工程。本节主要介绍园林景观工程定额工程量计算规则及其应用。

解释

◆园林土方工程工程量计算规则

1）工程量除注明者之外，均按图示尺寸以实体积计算。

2）挖土方：凡平整场地厚度在30cm以上，槽底宽度在3m以上和坑底面积在20m² 以上的挖土，均按挖土方计算。

3）挖土槽：凡槽宽在3m以内、槽长为槽宽3倍以上的挖土，按挖地槽计算。外墙地槽长度按其中心线长度计算，内墙地槽长度以内墙地槽的净长计算，宽度按图示宽度计算，突出部分挖土量应予以增加。

4）挖地坑：凡挖土底面积在20m² 以内、槽宽在3m以内、槽长小于槽宽3倍者，均按挖地坑计算。

5）挖土方、地槽、地坑的高度，按室外自然地坪至槽底计算。

6）挖管沟槽，按规定尺寸计算，槽宽如无规定者可按表7-4计算，沟槽长度不扣除检查井，检查井的突出管道部分的土方也不予增加。

表7-4 管沟底宽度

管径(mm)	铸铁管、钢管、石棉水泥管	混凝土管、钢筋混凝土管	缸瓦管	附注
50～75	0.6	0.8	0.7	1)本表为埋深在1.5m以内沟槽底宽度，单位：m 2)当深度在2m以内，有支撑时，表中数值适当增加0.1m 3)当深度在3m以内，有支撑时，表中数值适当增加0.2m
100～200	0.7	0.9	0.8	
250～350	0.8	1.0	0.9	
400～450	1.0	1.3	1.1	
500～600	1.3	1.5	1.4	

7)平整场地系指厚度在±30cm以内的就地挖、填、找平，其工程量按建筑物的首层建筑面积计算。

8)回填土、场地填土，分松填和夯填，以“m³”计算。挖地槽原土回填的工程量，可按地槽挖土工程量乘以系数0.6计算。

① 满堂挖土方，其设计室外地坪以下部分如采用原土者，则不计取原土价值的措施费和各项间接费用。

② 大开槽四周的填土，按回填土定额执行。

③ 地槽、地坑回填土的工程量，可按地槽地坑的挖土工程量乘以系数0.6计算。

④ 管道回填土按挖土体积减去垫层和直径大于500mm(包括500mm本身)的管道体积计算，管道直径小于500mm的可不扣除其所占体积，管道在500mm以上的应减除的管道体积，可按表7-5计算。

⑤ 用挖槽余土做填土时，应套用相应的填土定额，结算时应减除其利用部分的土的价值，但措施费和各项间接费不予扣除。

表 7-5　每米管道应减土方量

管道种类	减土方量(m^3)					
	管径(mm)					
	500~600	700~800	900~1000	1100~1200	1300~1400	1500~1600
钢管	0.24	0.44	0.71	—	—	—
铸铁管	0.27	0.49	0.77	—	—	—
钢筋混凝土管及缸瓦管	0.33	0.60	0.92	1.15	1.35	1.55

◆园林砖石工程工程量计算规则

1. 一般规定

1）砌体砂浆强度等级为综合强度等级，编排预算时不得调整。

2）砌墙综合了墙的厚度，划分为外墙、内墙。

3）砌体内采用钢筋加固者，按设计规定的质量，套用“砖砌体加固钢筋”定额。

4）檐高是指由设计室外地平至前后檐口滴水的高度。

2. 工程量计算规则

1）标准砖墙体厚度按表 7-6 计算。

表 7-6　标准砖墙体计算厚度　　　　单位：mm

墙体	1/4	1/2	3/4	1	1.5	2	2.5	3
计算厚度	53	115	180	240	365	490	615	740

2）基础与墙身的划分。砖基础与砖墙以设计室内地坪为界，设计室内地坪以下为基础、以上为墙身，如墙身与基础为两种不同材料时则以材料为分界线。砖围墙以设计室外地坪为分界线。

3）外墙基础长度，按外墙中心线计算。内墙基础长度，按内墙净长计算，墙基大放脚重叠处因素已综合在定额内；突出墙外的墙垛的基础大放脚宽出部分不予增加，嵌入基础的钢筋、铁杆、管件等所占的体积不予扣除。

4）砖基础工程量不扣除 $0.3m^2$ 以内的孔洞，基础内混凝土的体积应扣除，但砖过梁应另列项目计算。

5）基础抹隔潮层按实抹面积计算。

6）外墙长度按外墙中心线长度计算，内墙长度按内墙净长计算。女儿墙工程量应并入外墙计算。

7）计算实砌砖墙身时，应扣除门窗洞口（门窗框外围面积），过人洞空圈、嵌入墙身的钢筋砖柱、梁、过梁、圈梁的体积，但不扣除每个面积在 0.3m^2 以内的孔洞梁头、梁垫、檩头、垫木、木砖、砌墙内的加固钢筋、墙基抹隔潮层等及内墙板头压 1/2 墙者所占的体积。突出墙面窗台虎头砖、压顶线、门窗套、三皮砖以下的腰线、挑檐等体积也不予增加。嵌入外墙的钢筋混凝土板头已在定额中考虑，计算工程量时，不再扣除。

8）墙身高度从首层设计室内地坪算至设计要求高度。

9）砖垛，三皮砖以上的檐槽，砖砌腰线的体积，并入所附的墙身体积内计算。

10）附墙烟囱（包括附墙通风道、垃圾道）按其外形体积计算，并入所依附的墙体积内，不扣除每一孔洞横断面积在 0.1m^2 以内的体积，但孔洞内的抹灰工料也不予增加。如每一孔洞横断面积超过 0.1m^2 时，应扣除孔洞所占体积，孔洞内的抹灰应另列项目计算。如砂浆强度等级不同时，可按相应墙体定额执行。附墙烟囱如带缸瓦管、除灰门以及垃圾道带有垃圾道门、垃圾斗、通风百叶窗、铁箅子以及钢筋混凝土预制盖等，均应另列项目计算。

11）框架结构间砌墙，分为内、外墙，以框架间的净空面积乘墙厚度按相应的砖墙定额计算，框架外表面镶包砖部分也应并入框架结构间砌墙的工程量内一并计算。

12）围墙以“m^3”计算，按相应外墙定额执行，砖垛和压顶等工程量应并入墙身内计算。

13）暖气沟及其他砖砌沟道不分墙身和墙基，其工程量合并计算。

14）砖砌地下室内、外墙身工程量与砌砖计算方法相同，但基础与墙身的工程量合并计算，按相应内、外墙定额执行。

15）砖柱不分柱身和柱基，其工程量合并计算，按砖柱定额执行。

16）空花墙按带有空花部分的局部外形体积以“m^3”计算，空花所占体积不扣除，实砌部分另按相应定额计算。

17）半圆旋按图示尺寸以“m^3”计算，按相应定额执行。

18）零星砌体定额适用于厕所蹲台、小便槽、水池腿、煤箱、垃圾箱、台阶、台阶挡墙、花台、花池、房上烟囱、阳台隔断墙、小型池槽及楼梯基础等。以“m^3”计算。

19）炉灶按外形体积以“m^3”计算，不扣除各种空洞的体积，定额中只考虑了一般的铁件及炉灶台面抹灰，如炉灶面镶贴块料面层者应另列项目计算。

20）毛石砌体按图示尺寸以“m^3”计算。

21）砌体内通风铁算的用量按设计规定计算，但安装工已包括在相应定额内，不另计算。

◆园林混凝土及钢筋混凝土工程工程量计算规则

1. 一般规定

1）混凝土及钢筋混凝土工程预算定额是综合定额，其中包括模板、钢筋和混凝土各工序的工料及施工机械的耗用量。模板、钢筋不需单独计算。如与施工图规定的用量另加损耗后的数量不同，可按实调整。

2）定额中模板按木模板、工具式钢模板、定型钢模板等综合考虑的，实际采用模板不同时，不得换算。

3）钢筋按手工绑扎、部分焊接及点焊编制的，实际施工与定额不同时，不得换算。

4）混凝土设计强度等级与定额不同时，应以定额中选定的石子粒径按相应的混凝土配合比换算，但混凝土搅拌用水不换算。

2. 工程计算规则

1）混凝土和钢筋混凝土。以体积为计算单位的各种构件，均根据图示尺寸以构件的实体积计算，不扣除其中的钢筋、铁件、螺栓和预留螺栓孔洞所占的体积。

2）基础垫层。混凝土的厚度 12cm 以内者为垫层，按基础定额执行。

3）基础。

① 带形基础。凡在墙下的基础或柱与柱之间与单独基础相连接的带形结构，都统称为带形基础。与带形基础相连的杯形基础，按杯形基础定额执行。

② 独立基础。独立基础包括各种形式的独立柱和柱墩，独立基础的高度按图示尺寸计算。

③ 满堂基础。底板定额适用于无梁式和有梁式满堂基础的底板。有梁式满堂基础中的梁、柱另按相应的基础梁或柱定额执行。梁只计算突出基础的部分，伸入基础底板部分，应并入满堂基础底板工程量内计算。

4）柱。

① 柱高按柱基上表面算至柱顶面的高度。

② 依附于柱上的云头、梁垫的体积另列项目计算。

③ 多边形柱，按相应的圆柱定额执行，其规格按断面对角线长套用定额。

④ 依附于柱上的牛腿的体积，应并入柱身体积计算。

5）梁。

① 梁的长度。梁与柱交接时，梁长应按柱与柱之间的净距计算；次梁与主梁或柱交接时，次梁的长度算至柱侧面或主梁侧面的净距；梁与墙交接时，伸入墙内的梁头应包括在梁的长度内计算。

② 梁头处如有浇制垫块者，其体积应并入梁内一起计算。

③ 凡加固墙身的梁均按圈梁计算。

④ 戗梁按设计图示尺寸以“m^3”计算。

6）板。

① 有梁板是指带有梁的板，按其形式可分为梁式楼板、井式楼板和密肋形楼板。梁与板的体积合并计算，应扣除大于 $0.3m^2$ 的孔洞所占的体积。

② 平板是指无柱、无梁直接由墙承重的板。

③ 亭屋面板（曲形）是指古典建筑中的亭面板，为曲形状。其工程量按设计图示尺寸以实体积计算，计量单位为“m^3”。

④ 凡不同类型的楼板交接时，均以墙的中心线分界。

⑤ 伸入墙内的板头，其体积应并入板内计算。

⑥ 现浇混凝土挑檐，天沟与现浇屋面板连接时，以外墙皮为分界线，与圈梁连接时，以圈梁外皮为分界线。

⑦ 戗翼板系指古建筑中的翘角部位，并连有摔网椽的翼角板。椽望板是指古建筑中的飞檐部位，并连有飞椽和出沿椽重叠之板。其工程量按设计图示尺寸以实体积计算。

⑧ 中式屋架系指古典建筑中立贴式屋架。其工程量（包括立柱、童柱、大梁）按设计图示尺寸以实体积计算，计量单位为“m^3”。

7）枋、桁。

① 枋子、桁条、梁垫、梓桁、云头、斗拱及椽子等构件，均按设计图示尺寸以实体积计算，计量单位为“m^3”。

② 枋与柱交接时，枋的长度应按柱与柱间的净距计算。

8）其他。

① 整体楼梯应分层按其水平投影面积计算。楼梯井宽度超过 50cm 时的面积应予扣除。伸入墙内部分的体积已包括在定额内，不另计算，但楼梯基础、栏杆、栏板和扶手应另列项目套相应定额计算。

楼梯的水平投影面积包括踏步、斜梁、休息平台、平台梁以及楼梯及楼板连接的梁。

楼梯与楼板的划分以楼梯梁的外侧面为分界。

② 阳台、雨篷均按伸出墙外的水平投影面积计算，伸出墙外的牛腿已包括在定额内，不再计算，但嵌入墙内的梁应按相应定额另列项目计算。阳台上的栏板、栏杆及扶手均应另列项目计算，楼梯、阳台的栏杆、栏板、吴王靠（美人靠）、挂落均按延长米计算（包括楼梯伸入墙内的部分）。楼梯斜长部分的栏板长度，可按其水平长度乘以系数 1.15 计算。

③ 小型构件是指单位体积小于 $0.1m^3$ 未列入项目的构件。

④ 古式零件是指梁垫、云头、插角、宝顶、莲花头子及花饰块等，以及单件体积小于 $0.05m^3$ 未列入的古式小构件。

⑤ 池槽按实体积计算。

9）装配式构件制作、安装、运输。

① 装配式构件一律按施工图示尺寸以实体积计算，空腹构件应扣除空腹体积。

② 预制混凝土板或补现浇板缝时，按平板定额执行。

③ 预制混凝土花漏窗按其外围面积以“m^2”计算，边框线抹灰另按抹灰工程规定计算。

◆园林木结构工程工程量计算规则

1. 一般规定

1）定额中凡包括玻璃安装项目的，其玻璃品种及厚度均为参考规格，如实际使用的玻璃品种及厚度与定额不同时，玻璃厚度及单价应按实调整，但定额中的玻璃用量不变。

2）凡综合刷油者，定额中除在项目中已注明者之外，均为底油一遍，调和漆两遍，木门窗的底油包括在制作定额中。

3）一玻一纱窗，不分纱扇所占的面积大小，均按定额执行。

4）木墙裙项目中已包括制作、安装踢脚板在内，不另计算。

2. 工程量计算规则

1）定额中的普通窗适用于平开式；上、中、下悬式；中转式及推拉式。均按框外围面积计算。

2）定额中的门框料是按无下坎计算的，如设计有下坎时，按相应“门下坎”定额执行，其工程量按门框外围宽度以“延长米”计算。

3）各种门如亮子或门扇安纱扇时，纱门扇或纱亮子按框外围面积另列项目计算，纱门扇与纱亮子以门框中坎的上皮为界。

4）木窗台板按“m^2”计算。如图纸未注明窗台板长度和宽度时，可按窗框的外围宽度两边共加 10cm 计算，突出墙面的宽度按抹灰面增加 3cm 计算。

5）木楼梯（包括休息平台和靠墙踢脚板）按水平投影面积以“m^2”计算（不计伸入墙内部分的面积）。

6）挂镜线以“延长米”计算，如与窗帘盒相连接时，应扣除窗帘盒长度。

7）门窗贴脸的长度，按门窗框的外围尺寸以“延长米”计算。

8）暖气罩、玻璃黑板按边框外围尺寸以垂直投影面积计算。

9）木隔板按图示尺寸以“m^2”计算。定额内按一般固定考虑，如用角钢托架者，角钢应另行计算。

10）间壁墙的高度按图示尺寸，长度以净长计算，应扣除门窗洞口，但不扣除面积在 0.3m^2 以内的孔洞。

11）厕所浴室木隔断，其高度自下横枋底面算至上横坊顶面，以“m^2”计算，门扇面积应并入隔断面积内计算。

12）预制钢筋混凝土厕浴隔断上的门扇，按扇外围面积计算，套用厕所浴室隔断门定额。

13）半截玻璃间壁，系指上部为玻璃间壁、下部为半砖墙或其他间壁，应分别计算工程量，套用相应定额。

14）顶棚面积以主墙实钉面积计算，不扣除间壁墙、检查洞、穿过顶棚的柱、垛、附墙烟囱及水平投影面积 $1m^2$ 以内的柱帽等所占的面积。

15）木地板以主墙间的净面积计算，不扣除间壁墙、穿过木地板的柱、垛和附墙烟囱等所占的面积，但门和空圈的开口部分也不予增加。

16）木地板定额中，木踢脚板数量不同时，均按定额执行，如设计不用时，可以扣除其数量，但人工不变。

17）栏杆的扶手均以"延长米"计算。楼梯踏步部分的栏杆、扶手的长度可按全部水平投影长度乘以系数 1.15 计算。

18）屋架分不同跨度按架计算，屋架跨度按墙、柱中心线计算。

19）楼梯底钉顶棚的工程量均以楼梯水平投影面积乘以系数 1.10，按顶棚面层定额计算。

◆园林地面工程工程量计算规则

1. 一般规定

1）混凝土强度等级及灰土、白灰焦渣、水泥焦渣的配合比与设计要求不同时，允许换算。但整体面层与块料面层的结合层或底层的砂层的砂浆厚度，除定额注明允许换算的之外一律不得换算。

2）散水、斜坡、台阶、明沟均已包括了土方、垫层、面层及沟壁。如垫层、面层的材料品种、含量与设计不同时，可以换算，但土方量和人工、机械费一律不得调整。

3）随打随抹地面只适用于设计中无厚度要求随打随抹面层，如设计中有厚度要求时，应按水泥砂浆抹地面定额执行。

2. 工程量计算规则

1）楼地面层。

① 水泥砂浆随打随抹、砖地面及混凝土面层，按主墙间的净空面积计算，应扣除突出地面的构筑物，设备基础及室内铁道所占的面积(不需做面层的沟盖板所占的面积也应扣除)，不扣除柱、垛、间壁墙、附墙烟囱以及 $0.3m^2$ 以内孔洞所占的面积，但门洞、空圈也不予增加。

② 水磨石面层及块料面层均按图示尺寸以"m^2"计算。

2）防潮层。

① 平面。地面防潮层同地面面层，与墙面连接处高在 50cm 以内展开面积的工程量，按平面定额计算，超过 50cm 者，其立面部分的全部工程量按立面定额计算。墙基防潮层，外墙长以外墙中心线、内墙以内墙净长乘以宽度计算。

② 立面。墙身防潮层按图示尺寸以"m^2"计算，不扣除 $0.3m^2$ 以内的孔洞。

3）伸缩缝。各类伸缩缝，按不同用料以“延长米”计算。外墙伸缩缝如内、外两面填缝者，工程量加倍计算。伸缩缝项目，适用于屋面、墙面及地面等部位。

4）踢脚板。

① 水泥砂浆踢脚板。以“延长米”计算，不扣除门洞及空圈的长度，但门洞、空圈和垛的侧壁也不予增加。

② 水磨石踢脚板、预制水磨石及其他块料面层踢脚板。均按图示尺寸以净长计算。

5）水泥砂浆及水磨石楼梯面层。以水平投影面积计算，定额内已包括踢脚板及底面抹灰、刷浆工料。楼梯井在50cm以内者不予扣除。

6）散水。按外墙外边线的长乘以宽度，以“m^2”计算（台阶、坡道所占的长度不予扣除，四角延伸部分也不予增加）。

7）坡道。按水平投影面积计算。

8）各类台阶。均按水平投影面积计算，定额内已包括面层及面层下的砌砖或混凝土的工料。

◆园林屋面工程工程量计算规则

1. 一般规定

1）水泥瓦、黏土瓦的规格与定额不同时，除瓦的数量可以换算之外，其他工料均不得调整。

2）铁皮屋面及铁皮排水项目，铁皮咬口和搭接的工料包括在定额内，不另计算，铁皮厚度如定额规定不同时，允许换算，其他工料不变。刷冷底子油一遍已综合在定额内，不另计算。

2. 工程量计算规则

1）保温层。按图示尺寸的面积乘以平均厚度以“m^3”计算，不扣除烟囱、风帽及水斗斜沟所占的面积。

2）瓦屋面。按图示尺寸的屋面投影面积乘以屋面坡度延尺系数以“m^2”计算，不扣除房上烟囱、风帽底座、风道、屋面小气窗和斜沟等所占的面积，而屋面小气窗出沿与屋面重叠部分的面积也不予增加，但天窗出檐部分重叠的面积应计入相应屋面的工程量内。瓦屋面的出线、披水、梢头抹灰、脊瓦、加腮等工料均已综合在定额内，不另计算。

3）卷材屋面。按图示尺寸的水平投影面积乘以屋面坡度延尺系数以平方米（m^2）计算，不扣除房上烟囱、风帽底座、风道斜沟等所占的面积，其根部弯起部分不另计算。天窗出沿部分重叠的面积应按图示尺寸以“m^2”计算，并入卷材屋面工程量内，如图纸未注明尺寸，伸缩缝、女儿墙可按25cm、天窗处可按50cm计算，局部增加层数时，另计增加部分。

4）水落管长度。按图示尺寸展开长度计算，如无图示尺寸时，由檐口下皮算至设计室外地平以上 1.5cm 为止，上端与铸铁弯头连接着，算至接头处。

5）屋面抹水泥砂浆找平层。其工程量与卷材屋面相同。

◆园林装饰工程工程量计算规则

1. 一般规定

1）抹灰厚度及砂浆种类，一般不得换算。

2）抹灰不分等级，定额水平是根据园林建筑质量要求较高的情况综合考虑的。

3）阳台、雨篷抹灰定额内已包括底面抹灰及刷浆，不另计算。

4）凡室内净高超过 3.6m 的内檐装饰及其所需脚手架，均可另行计算。

5）内檐墙面抹灰综合考虑了抹水泥窗台板，如设计要求做法与定额不同时可以换算。

6）设计要求抹灰厚度与定额不同时，定额内砂浆体积应按比例调整，人工、机械不得调整。

2. 工程量计算规则

1）工程量均按设计图示尺寸计算。

2）顶棚抹灰。

① 顶棚抹灰面积。以主墙内的净空面积计算，不扣除间壁墙、垛、柱所占的面积，带有钢筋混凝土梁的顶棚，梁的两侧抹灰面积应并入顶棚抹灰工程量内计算。

② 密肋梁和井字梁顶棚抹灰面积。以展开面积计算。

③ 檐口顶棚的抹灰面积。并入相同的顶棚抹灰工程量内计算。

④ 有坡度及拱顶的顶棚抹灰面积。按展开面积以“m^2”计算。

3）内墙面抹灰。

① 内墙面抹灰面积。应扣除门、窗洞口和空圈所占的面积，不扣除踢脚线、挂镜线 0.3m^2 以内的孔洞和墙与构件交接处的面积。洞口侧壁和顶面不予增加，但垛的侧面抹灰应与内墙面抹灰工程量合并计算。

内墙面抹灰的长度以主墙间的图示净长尺寸计算，其高度确定如下：

a. 无墙裙有踢脚板，其高度由地面或楼面算至板或顶棚下皮。

b. 有墙裙无踢脚板，其高度按墙裙顶点至顶棚底面另增加 10cm 计算。

② 内墙裙抹灰面积。以长度乘以高度计算，应扣除门窗洞口和空圈所占面积，并增加窗洞口和空圈的侧壁和顶面的面积，垛的侧壁面积应并入墙裙内计算。

③ 吊顶顶棚的内墙面抹灰面积。其高度自楼地面至顶棚下另加 10cm 计算。

④ 墙中的梁、柱等的抹灰面积。按墙面抹灰定额计算，其突出墙面的梁、柱抹灰工程量按展开面积计算。

4）外墙面抹灰。

① 外墙抹灰。应扣除门、窗洞口和空圈所占的面积，不扣除 0.3m^2 以内的孔洞面积，门窗洞口及空圈的侧壁，垛的侧面抹灰，应并入相应的墙面抹灰中计算。

② 外墙窗间墙抹灰。以展开面积按外墙抹灰相应定额计算。

③ 独立柱及单梁等抹灰。应另列项目,其工程量按结构设计尺寸断面计算。

④ 外墙裙抹灰。按展开面积计算,门口和空圈所占面积应予扣除,侧壁应并入相应定额计算。

⑤ 阳台、雨篷抹灰。按水平投影面积计算,其中定额已包括底面、上面、侧面及牛腿的全部抹灰面积。但阳台的栏杆、栏板抹灰应另列项目,按相应定额计算。

⑥ 挑檐、天沟、腰线、栏杆扶手、门窗套、窗台线压顶等结构设计尺寸断面。以展开面积按相应定额以"m^2"计算。窗台线与腰线连接时,应并入腰线内计算。

外窗台抹灰长度如设计图纸无规定时,可按窗外围宽度且两边加 20cm 计算,窗台展开宽度按 36cm 计算。

⑦ 水泥字。水泥字按"个"计算。

⑧ 栏板、遮阳板抹灰。以展开面积计算。

⑨ 水泥黑板,布告栏。按框外围面积计算,黑板边框抹灰及粉笔灰槽已考虑在定额内,不另计算。

⑩ 镶贴各种块料面层。均按设计图示尺寸以展开面积计算。

⑪ 池槽等。按图示尺寸展开面积以"m^2"计算。

5）刷浆,水质涂料工程。

① 墙面。按垂直投影面积计算,应扣除墙裙的抹灰面积,不扣除门窗洞口面积,但垛侧壁、门窗洞口侧壁、顶面也不予增加。

② 顶棚。按水平投影面积计算,不扣除间壁墙、垛、柱、附墙烟囱、检查洞所占的面积。

6）勾缝。按墙面垂直投影面积计算,应扣除墙面和墙裙抹灰面积,不扣除门窗套和腰线等零星抹灰及门窗洞口所占的面积,但垛和门窗洞口侧壁和顶面的勾缝面积也不予增加。独立柱,房上烟囱勾缝按图示外形尺寸以"m^2"计算。

7）墙面贴壁纸。按图示尺寸的实铺面积计算。

◆园林金属结构工程工程量计算规则

1. 一般规定

1）构件制作是按焊接为主考虑的,对构件局部采用螺栓连接时,已考虑在定额内不再换算,但如果有铆接为主的构件时,应另行补充定额。

2）刷油定额中一般均综合考虑了刷金属面调和漆两遍,如设计要求与定额不同时,按装饰分部油漆定额换算。

3）定额中的钢材价格是按各种构件的常用材料规格和型号综合测算取定的,编制预算时不得调整,但如设计采用低合金钢时,允许换算定额中的钢材价格

2. 工程量计算规则

1）构件制作、安装、运输工程量。均按设计图纸的钢材质量计算,所需的螺

栓、电焊条等的质量已包括在定额内，不另增加。

2）钢材质量计算。按设计图纸的主材几何尺寸以“t”计算质量，均不扣除孔眼、切肢、切边的质量，多边形按矩形计算。

3）钢柱工程量。计算钢柱工程量时，依附于柱上的牛腿及悬臂梁的主材质量，应并入柱身主材质量计算，套用钢柱定额。

◆园林脚手架工程工程量计算规则

1）建筑物的檐高。应以设计室外地坪到檐口滴水的高度为准，如有女儿墙者，其高度算到女儿墙顶面；带挑檐者，其高度算到挑檐下皮；多跨建筑物如高度不同时，应分别不同高度计算。同一建筑物有不同结构时，应以建筑面积比重较大者为准；前后檐高度不同时，以檐高较高者为准。

2）综合脚手架。按建筑面积以“m^2”计算。

3）围墙脚手架。按里脚手架定额执行，其高度以自然地坪到围墙顶面计算，长度按围墙中心线计算，不扣除大门面积，也不另行增加独立门柱的脚手架。

4）独立砖石柱的脚手架。按单排外脚手架定额执行，其工程量按柱截面的周长另加 3.6m，再乘以柱高，以“m^2”计算。

5）凡不适宜使用综合脚手架定额的建筑物，可按以下规定计算，执行单项脚手架定额：

① 砌墙脚手架按墙面垂直投影面积计算。外墙脚手架长度按外墙外边线计算，内墙脚手架长度按内墙净长计算，高度按自然地坪到墙顶的总高计算。

② 檐高 15m 以上的建筑物的外墙砌筑脚手架，一律按双排脚手架计算。

③ 檐高 15m 以内的建筑物，室内净高 4.5m 以内者，内外墙砌筑，均应按里脚手架计算。

◆园林小品工程工程量计算规则

1）堆塑装饰工程。分别按展开面积以“m^2”计算。

2）小型设施工程量。预制或现制水磨石景窗、平板凳、花檐、角花、博古架、飞来椅、木纹板的工作内容包括制作、安装及拆除模板、制作及绑扎钢筋、制作及浇捣混凝土、砂浆抹平、构件养护以及面层磨光和现场安装。

① 预制或现制水磨石景窗、平板凳、花檐、角花、博古架的工程量均按不同水磨石断面面积、预制或现制以其长度计算。计量单位为“$10m^2$”。

② 水磨木纹板的工程量按不同水磨与否，以其面积计算。制作工程量计量单位为“m^2”，安装工程量计量单位为“$10m^2$”。

相关知识

◆园林景观工程工程量计算规则相关说明

1. 水池工程

1）水池定额是按一般方形、圆形、多边形水池编制的，遇有异形水池时，应另行计算。

2）水池池底、池壁砌筑均按图示尺寸以"m^3"计算。

3）混凝土水池，池内底面积≤20m^2 时，其池底和池壁的定额以人工费乘以系数 1.25 计算。

4）一般按图示尺寸以"m^2"计算，套用防水子目，材料价按膨润土材料价组价，或者可以在所咨询的市场材料价格的基础上计取一定的人工费后做补充定额。

5）景石工程量套用庭园工程安布景石子目。计量单位为"10t"。

2. 花架及园林小品工程

1）木质花架的结构包括梁、檩、柱、座凳等。梁、檩、柱、座凳等，工程量按设计图示尺寸以"m^3"计算。

2）混凝土花架定额中包括现场预制混凝土的制作、安装等项目，适用于梁檩断面在 220cm^2 以内、高度在 6m 以下的轻型花架。

3）花架安装是按人工操作、土法吊装编制的，如使用机械吊装时，不得换算，仍按本定额安装子目执行。

4）混凝土花架的梁、檩、柱定额中，均已综合了模板超高费用，凡柱高在 6m 以下的花架均不得计算超高费。

5）木制花架刷漆按展开面积以"m^2"计算。

6）砖砌和预制混凝土的花盆、花池、花坛工程量应分别按砖和预制混凝土小品定额执行，按设计尺寸以"m^3"计算。

7）铁栅栏是按型钢制品编制的，如设计采用铸铁制品，其铁栅栏单价应予换算，其他各项不变。铁栅栏安装，按设计图示用量以"t"计算。

8）圆桌、圆凳安装项目是按工厂制成品、豆石混凝土基础、坐浆安装编制的，如采用其他做法安装时，应另行计算。圆桌、圆凳安装及其基础以"件"计算。

9）天棚安装分不同材质按设计图示尺寸以"m^2"计算。

10）庭园脚手架包括围墙及木栅栏安装脚手架、桥身双排脚手架、满堂脚手架及假山脚手架等内容。

11）须弥座按垂直投影面积以"m^2"计算。

12）花架、花池、花坛、门窗框、灯座、栏杆、望柱、假山座、盘以及其他小品，均按设计图示尺寸以"m^2"计算。

3. 喷泉工程

1）管道项目适用于单件重量为 100kg 以内的制作与安装，并包括所需要的螺栓、螺母本身价格。木垫式管架，不包括木垫重量，但木垫的安装工料已包括在定额内；弹簧式管架，不包括弹簧本身，其本身价格另行计算。管道支架按管架形式以"t"计算。

2）管道煨弯，公称直径在 50mm 以下的已包括在管道安装相应定额子目内，公称直径在 50mm 以上管道煨弯按相应定额子目执行。管道煨弯以"个"计算。

3）喷泉给水管道安装、阀门安装、水泵安装等给水工程，按设计要求，依据《庭园工程定额》第五册“给排水、采暖、燃气工程”执行。

4）雾喷喷头安装套用庭园工程喷泉喷头安装子目，以套为单位计算。

5）绿化中喷灌喷头按工作压力可分为微压、低压、中压和高压喷头；按结构形式和喷洒特性可分为旋转式、固定式和喷洒孔管。工程量以“个”为单位进行计算。

6）铁件刷油工程量以“kg”计算。

7）UPVC给水管的固筑包括现场清理、混凝土搅拌、巩固保护等。管道加固后可减少喷灌系统在启动、关闭或运行时产生的水锤和振动作用，增加管网系统的安全性。其工程量按照UPVC不同管径以“处”为单位计算。

8）铰接头的作用是当管径较大时，可将锁死螺母改为尘兰盘，采用金属加工制成。其工程量按不同管径以“个”为单位计算

4. 园林供包工程

1）住宅小区花园中的灯具安装套用《庭园工程定额》第四册《电气工程》相关内容。套用时可分灯杆、灯架、灯具、线路敷设、配电柜等进行，无相匹配的就套用最低档，但要保证灯杆主材价格无误。

2）庭园照明灯具的混凝土灯座的工程量应按图示尺寸以“m^3”计算，执行庭园中预制混凝土小品子目。

3）电缆敷设的净长（工程量）是按设计图示的就位后净尺寸计算（包括水平、垂直走向）的。电缆进盘、箱的预留长度和波形系数均按设计要求规定长度计算在综合单价中。电缆敷设的损耗是净增量，由报价人在综合单价中考虑。

4）庭院工程的水电费没有包含在相应项目中，需单独计算；市政工程的水电费已包含在相应项目中，不需单独计算。

5）庭园工程中水池、步桥、同路地面、沟渠围堰、围墙及假山项目计取水电费。

5. 其他工程

1）护坡是指河岸或路旁用石块、水泥等筑成的斜坡，用来防止河水或雨水冲刷。毛石护坡有浆砌和干砌两种，浆砌时指用砂浆砌筑；干砌时指将毛石干垒而成。干砌与浆砌分别套用不同的定额，均按图示尺寸以“m^3”计算。

2）挡土墙是被广泛应用在园林山地、堤岸、路桥、假山、房屋地基等处的工程构筑物。在山区、丘陵区的园林中，挡土墙是最重要的地上构筑物，其主要作用是固土护坡，承受厚土的侧向压力，防止陡坡坍塌。

蹬道疲乏边挡土墙，除山石挡土墙执行《庭院工程》第六章“假山工程”的相应定额外，其他砖石挡土墙均执行第三章“砖石工程”的相应定额子目。

3）围牙、路牙铺装在道路边缘或树池周围，起保护路面的作用，有用石材凿打成整形为长条形的，也有按设计用混凝土预制的，也可直接用砖。路牙的工程量，按单侧长度以“延长米”计算。

4）按购买价计量。有些雕塑和浮雕在专业厂家生产，其价格可到专业厂家

咨询。

5）因设计的特殊要求，购买不到而需要定做的雕塑和浮雕，因是艺术品，定价无标准，故需要协商解决，经监理和建设方认可。

6）按雕刻种类的实际雕刻物的底板外框面积以“m^2”计算。

7）园林定额中，混凝土花窗安装执行小型构件安装定额，其体积按设计外形面积乘以厚度，以“m^3”计算，不扣除空花体积。

8）拦石，即预制混凝土砌块。预制混凝土砌块按设计有多种形状，大小规格也有很多种，也可做成各种彩色砌块。其厚度都不小于 80mm，一般厚度都设计为 100～150mm。

片石是指厚度在 5～20mm 之间的装饰性铺地材料，常用的主要有大理石、花岗岩和马赛克等。一般园林中应用在拌石或片石蹬道中，其工程量按图示水平投影面积以“m^2”计算。

例题分析

◆例 7-1

如图 7-5 所示为石桌、石凳，尺寸如图，求其定额工程量。

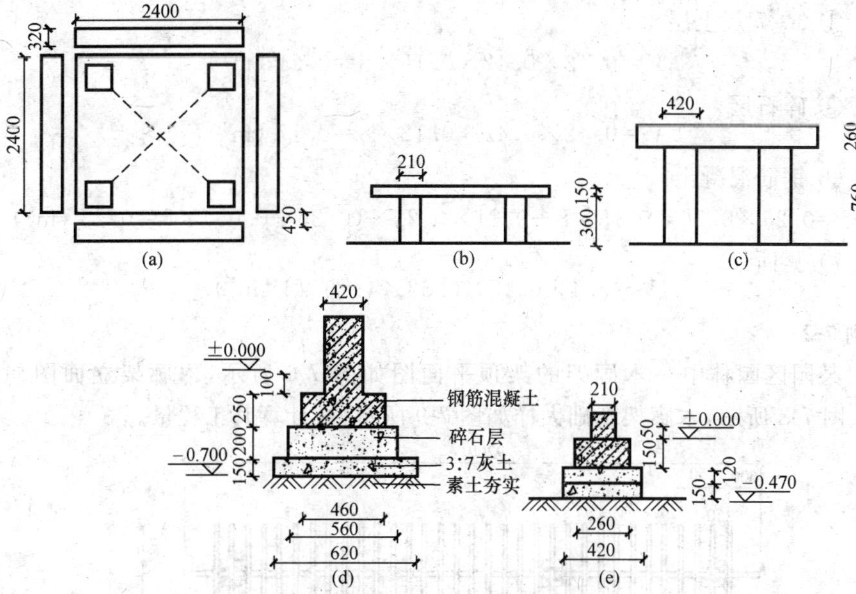

图 7-5　石桌、石凳示意图

(a)桌凳平面图；(b)石凳立面图；(c)石桌立面图；(d)桌腿基础剖面图；(e)凳腿基础剖面图

解：1）整理场地

$$S=(0.32\times2+0.45\times2+2.4)^2=15.52\ (m^2)$$

2）挖土方（包括桌腿和凳腿）

① 桌腿：$0.62\times0.62\times0.7\times4=1.08$（$m^3$）

② 凳腿：$0.42\times0.42\times0.47\times8=0.66$（$m^3$）

3）素土夯实（包括桌腿和凳腿）

① $0.62\times0.62\times0.15\times4=0.23$（$m^3$）

② $0.42\times0.42\times0.15\times8=0.21$（$m^3$）

4）桌腿

① 3∶7 灰土层

$$V=0.62\times0.62\times0.15\times4=0.23\ (m^3)$$

② 碎石层

$$V=0.56\times0.56\times0.2\times4=0.25\ (m^3)$$

③ 钢筋混凝土

$$V=0.46\times0.46\times0.25\times4+0.42\times0.42\times(0.76+0.1)\times4=0.82\ (m^3)$$

5）桌面

$$V=2.4\times2.4\times0.26=1.50\ (m^3)$$

6）凳腿

① 3∶7 灰土层

$$V=0.42\times0.42\times0.15\times8=0.21\ (m^3)$$

② 碎石层

$$V=0.42\times0.42\times0.12\times8=0.17\ (m^3)$$

③ 钢筋混凝土

$$V=0.26\times0.26\times0.15\times8+0.21\times0.21\times(0.36+0.05)\times8=0.23\ (m^3)$$

7）凳面

$$V=2.4\times0.15\times0.32\times4=0.46\ (m^3)$$

◆例 7-2

某园区园林中一木廊架的架顶平面图如图 7-6 所示，木廊架立面图如图 7-7、图 7-8 所示，木廊架基础大样如图 7-9 所示，试计算其工程量。

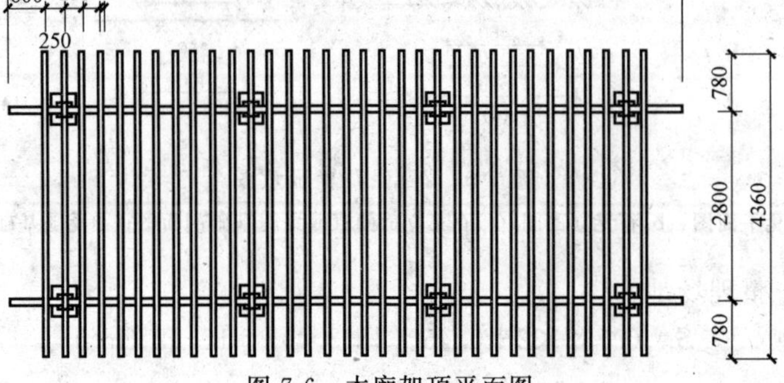

图 7-6 木廊架顶平面图

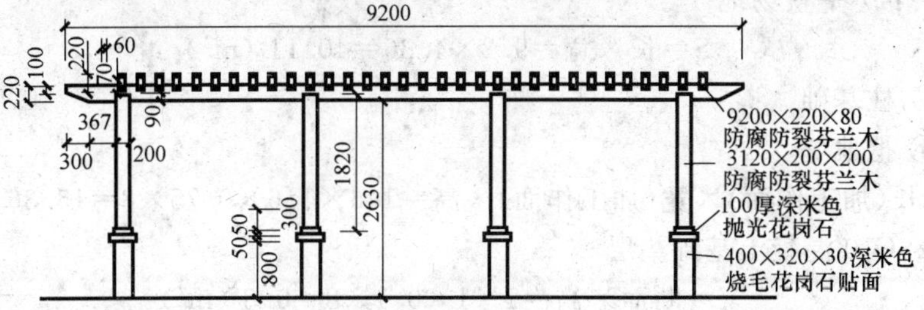

图 7-7　木廊架立面图(一)

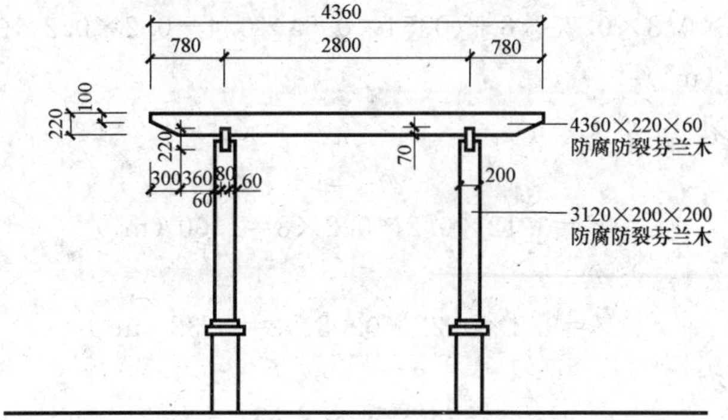

图 7-8　木廊架立面图(二)

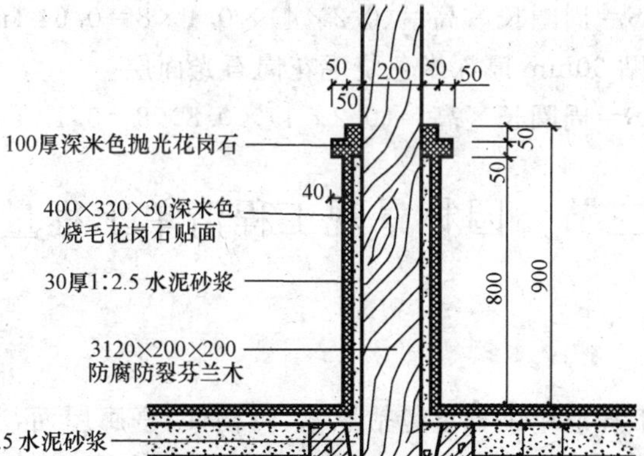

图 7-9　木廊架基础大样

解：1）平整场地

$$S=长\times宽=9.2\times4.36=40.11\ (m^2)$$

2）柱基础

① 挖地坑

$$V=长(加工作面)\times宽(加工作面)\times高=1.6\times1.6\times0.75\times8=15.36\ (m^3)$$

② C10 混凝土基础垫层

$$V=断面\times高=1\times1\times0.1\times8=0.8\ (m^3)$$

③ C20 钢筋混凝土基础

$$V=断面\times高$$
$$=0.8\times0.8\times0.25\times8+(0.54\times0.54\times0.4-0.2\times0.2\times0.35)\times8$$
$$=2.1\ (m^3)$$

3）木廊架

① 木柱

$$V=3.12\times0.2\times0.2\times8=1.00\ (m^3)$$

② 木梁

$$V=9.2\times0.22\times0.08\times2=0.32\ (m^3)$$

③ 木檩条

$$V=4.36\times0.22\times0.06\times33=1.90\ (m^3)$$

④ 木立柱外贴 100mm 厚深米色抛光花岗石光面层

$$S=周圈长\times高=(0.2\times4)\times0.1\times8=0.64\ (m^2)$$

⑤ 木柱外贴 30mm 厚深米色烧毛花岗石光面层

$$S=周圈长\times高=(0.2\times4)\times0.8\times8=5.12\ (m^2)$$

第三节　园林景观工程清单工程量计算

要点

园林景观工程清单工程量包括原木、竹构件，亭廊屋面，花架，园林桌椅，喷泉安装，杂项以及其他相关问题。本节主要介绍园林景观工程清单工程量计算规则及其应用。

解释

◆原木、竹构件

原木、竹构件工程量清单项目设置及工程量计算规则，应按表 7-7 的规定执行。

表 7-7 原木、竹构件(编码:050301)

项目编码	项目名称	项目特征	计量单位	工程量计算规则	工程内容
050301001	原木(带树皮)柱、梁、檩、椽	1)原木种类 2)原木梢径(不含树皮厚度) 3)墙龙骨材料种类、规格 4)墙底层材料种类、规格 5)构件联结方式 6)防护材料种类	m	按设计图示尺寸以长度计算(包括榫长)	1)构件制作 2)构件安装 3)刷防护材料
050301002	原木(带树皮)墙		m²	按设计图示尺寸以面积计算(不包括柱、梁)	
050301003	树枝吊挂楣子			按设计图示尺寸以框外围面积计算	
050301004	竹柱、梁、檩、椽	1)竹种类 2)竹梢径 3)连接方式 4)防护材料种类	m	按设计图示尺寸以长度计算	
050301005	竹编墙	1)竹种类 2)墙龙骨材料种类、规格 3)墙底层材料种类、规格 4)防护材料种类	m²	按设计图示尺寸以面积计算(不包括柱、梁)	
050301006	竹吊挂楣子	1)竹种类 2)竹梢径 3)防护材料种类		按设计图示尺寸以框外围面积计算	

◆亭廊屋面

亭廊屋面工程量清单项目设置及工程量计算规则,应按表 7-8 的规定执行。

表 7-8 亭廊屋面(编码:050302)

项目编码	项目名称	项目特征	计量单位	工程量计算规则	工程内容
050302001	草屋面	1)屋面坡度 2)铺草种类 3)竹材种类 4)防护材料种类	m²	按设计图示尺寸以斜面面积计算	1)整理、选料 2)屋面铺设 3)刷防护材料
050302002	竹屋面				
050302003	树皮屋面				
050302004	现浇混凝土斜屋面板	1)檐口高度 2)屋面坡度 3)板厚 4)椽子截面 5)老角梁、子角梁截面 6)脊截面 7)混凝土强度等级	m³	按设计图示尺寸以体积计算。混凝土屋脊、椽子、角梁、扒梁均并入屋面体积内	混凝土制作、运输、浇筑、振捣、养护
050302005	现浇混凝土攒尖亭屋面板				

续表

项目编码	项目名称	项目特征	计量单位	工程量计算规则	工程内容
050302006	就位预制混凝土攒尖亭屋面板	1)亭屋面坡度 2)穹顶弧长、直径 3)肋截面尺寸 4)板厚 5)混凝土强度等级 6)砂浆强度等级 7)拉杆材质、规格	m^3	按设计图示尺寸以体积计算。混凝土脊和穹顶的肋、基梁并入屋面体积	1)混凝土制作、运输、浇筑、振捣、养护 2)预埋铁件、拉杆安装 3)构件出槽、养护、安装 4)接头灌缝
050302007	就位预制混凝土穹顶				
050302008	彩色压型钢板(夹芯板)攒尖亭屋面板	1)屋面坡度 2)穹顶弧长、直径 3)彩色压型钢板(夹芯板)品种、规格、品牌、颜色 4)拉杆材质、规格 5)嵌缝材料种类 6)防护材料种类	m^2	按设计图示尺寸以面积计算	1)压型板安装 2)护角、包角、泛水安装 3)嵌缝 4)刷防护材料
050302009	彩色压型钢板(夹芯板)穹顶				

◆花架

花架工程量清单项目设置及工程量计算规则,应按表7-9的规定执行。

表7-9 花架(编码:050303)

项目编码	项目名称	项目特征	计量单位	工程量计算规则	工程内容
050303001	现浇混凝土花架柱、梁	1)柱截面、高度、根数 2)盖梁截面、高度、根数 3)连系梁截面、高度、根数 4)混凝土强度等级	m^3	按设计图示尺寸以体积计算	1)土(石)方挖运 2)混凝土制作、运输、浇筑、振捣、养护
050303002	预制混凝土花架柱、梁	1)柱截面、高度、根数 2)盖梁截面、高度、根数 3)连系梁截面、高度、根数 4)混凝土强度等级 5)砂浆配合比			1)土(石)方挖运 2)混凝土制作、运输、浇筑、振捣、养护 3)构件制作、运输、安装 4)砂浆制作、运输 5)接头灌缝、养护

续表

项目编码	项目名称	项目特征	计量单位	工程量计算规则	工程内容
050303003	木花架柱、梁	1)木材种类 2)柱、梁截面 3)连接方式 4)防护材料种类		按设计图示截面乘长度(包括榫长)以体积计算	1)土(石)方挖运 2)混凝土制作、运输、浇筑、振捣、养护 3)构件制作、运输、安装 4)刷防护材料、油漆
050303004	金属花架柱、梁	1)钢材品种、规格 2)柱、梁截面 3)油漆品种、刷漆遍数	t	按设计图示以质量计算	

◆园林桌椅

园林桌椅工程量清单项目设置及工程量计算规则,应按表 7-10 的规定执行。

表 7-10　园林桌椅(050304)

项目编码	项目名称	项目特征	计量单位	工程量计算规则	工程内容
050304001	木制飞来椅	1)木材种类 2)座凳面厚度、宽度 3)靠背扶手截面 4)靠背截面 5)座凳楣子形状、尺寸 6)铁件尺寸、厚度 7)油漆品种、刷油遍数	m	按设计图示尺寸以座凳面中心线长度计算	1)座凳面、靠背扶手、靠背、楣子制作、安装 2)铁件安装 3)刷油漆
050304002	钢筋混凝土飞来椅	1)座凳面厚度、宽度 2)靠背扶手截面 3)靠背截面 4)座凳楣子形状、尺寸 5)混凝土强度等级 6)砂浆配合比 7)油漆品种、刷油遍数			1)混凝土制作、运输、浇筑、振捣、养护 2)预制件运输、安装 3)砂浆制作、运输、抹面、养护 4)刷油漆
050304003	竹制飞来椅	1)竹材种类 2)座凳面厚度、宽度 3)靠背扶手截面 4)靠背截面 5)座凳楣子形状 6)铁件尺寸、厚度 7)防护材料种类			1)座凳面、靠背扶手、靠背、楣子 2)铁件安装 3)刷防护材料

续表

项目编码	项目名称	项目特征	计量单位	工程量计算规则	工程内容
050304004	现浇混凝土桌凳	1)桌凳形状 2)基础尺寸、埋设深度 3)桌面尺寸、支墩高度 4)凳面尺寸、支墩高度 5)混凝土强度等级、砂浆配合比	个	按设计图示数量计算	1)土方挖运 2)混凝土制作、运输、浇筑、振捣、养护 3)桌凳制作 4)砂浆制作、运输 5)桌凳安装、砌筑
050304005	预制混凝土桌凳	1)桌凳形状 2)基础形状、尺寸、埋设深度 3)桌面形状、尺寸、支墩高度 4)凳面尺寸、支墩高度 5)混凝土强度等级 6)砂浆配合比			1)混凝土制作、运输、浇筑、振捣、养护 2)预制件制作运输、安装 3)砂浆制作、运输 4)接头灌缝、养护
050304006	石桌石凳	1)石材种类 2)基础形状、尺寸、埋设深度 3)桌面形状、尺寸、支墩高度 4)凳面尺寸、支墩高度 5)混凝土强度等级 6)砂浆配合比			1)土方挖运 2)混凝土制作、运输、浇筑、振捣、养护 3)桌凳制作 4)砂浆制作、运输 5)桌凳安砌
050304007	塑树根桌凳	1)桌凳直径 2)桌凳高度 3)砖石种类 4)砂浆强度等级、配合比 5)颜料品种、颜色			1)土(石)方挖运 2)砂浆制作、运输 3)砖石砌筑 4)塑树皮 5)绘制木纹
050304008	塑树节椅				
050304009	塑料、铁艺、金属椅	1)木座板面截面 2)塑料、铁艺、金属椅规格、颜色 3)混凝土强度等级 4)防护材料种类			1)土(石)方挖运 2)混凝土制作、运输、浇筑、振捣、养护 3)座椅安装 4)木座板制作、安装 5)刷防护材料

◆喷泉安装

喷泉安装工程量清单项目设置及工程量计算规则,应按表 7-11 的规定执行。

表 7-11　喷泉安装(编码:050305)

项目编码	项目名称	项目特征	计量单位	工程量计算规则	工程内容
050305001	喷泉管道	1)管材、管件、水泵、阀门、喷头品种、规格、品牌 2)管道固定方式 3)防护材料种类	m	按设计图示尺寸以长度计算	1)土(石)方挖运 2)管材、管件、水泵、阀门、喷头安装 3)刷防护材料 4)回填
050305002	喷泉电缆	1)保护管品种、规格 2)电缆品种、规格			1)土(石)方挖运 2)电缆保护管安装 3)电缆敷设 4)回填
050305003	水下艺术装饰灯具	1)灯具品种、规格、品牌 2)灯光颜色	套	按设计图示数量计算	1)灯具安装 2)支架制作、运输、安装
050305004	电气控制柜	1)规格、型号 2)安装方式	台		1)电气控制柜(箱)安装 2)系统调试

◆杂项

杂项工程量清单项目设置及工程量计算规则,应按表 7-12 的规定执行。

表 7-12　杂项(编码:050306)

项目编码	项目名称	项目特征	计量单位	工程量计算规则	工程内容
050306001	石灯	1)石料种类 2)石灯最大截面 3)石灯高度 4)混凝土强度等级 5)砂浆配合比	个	按设计图示数量计算	1)土(石)方挖运 2)混凝土制作、运输、浇筑、振捣、养护 3)石灯制作、安装
050306002	塑仿石音箱	1)音箱石内空尺寸 2)铁丝型号 3)砂浆配合比 4)水泥漆品牌、颜色			1)胎模制作、安装 2)铁丝网制作、安装 3)砂浆制作、运输、养护 4)喷水泥漆 5)埋置仿石音箱

续表

项目编码	项目名称	项目特征	计量单位	工程量计算规则	工程内容
050306003	塑树皮梁、柱	1)塑树种类 2)塑竹种类 3)砂浆配合比 4)颜料品种、颜色	m^2 (m)	按设计图示尺寸以梁柱外表面积计算或以构件长度计算	1)灰塑 2)刷涂颜料
050306004	塑竹梁、柱				
050306005	花坛铁艺栏杆	1)铁艺栏杆高度 2)铁艺栏杆单位长度重量 3)防护材料种类	m	按设计图示尺寸以长度计算	1)铁艺栏杆安装 2)刷防护材料
050306006	标志牌	1)材料种类、规格 2)镌字规格、种类 3)喷字规格、颜色 4)油漆品种、颜色	个	按设计图示数量计算	1)选料 2)标志牌制作 3)雕凿 4)镌字、喷字 5)运输、安装 6)刷油漆
050306007	石浮雕	1)石料种类 2)浮雕种类 3)防护材料种类	m^2	按设计图示尺寸以雕刻部分外接矩形面积计算	1)放样 2)雕琢 3)刷防护材料
050306008	石镌字	1)石料种类 2)镌字种类 3)镌字规格 4)防护材料种类	个	按设计图示数量计算	
050306009	砖石砌小摆设	1)砖种类、规格 2)石种类、规格 3)砂浆强度等级、配合比 4)石表面加工要求 5)勾缝要求	m^3 (个)	按设计图示尺寸以体积计算或以数量计算	1)砂浆制作、运输 2)砌砖、石 3)抹面、养护 4)勾缝 5)石表面加工

◆其他相关问题

其他相关问题,应按下列规定处理:

1) 柱顶石(磉蹬石)、木柱、木屋架、钢柱、钢屋架、屋面木基层和防水层等,应按《建设工程工程量清单计价规范》(GB 50500—2008)附录A建筑工程工程量清单项目及计算规则中相关项目编码列项。

2) 需要单独列项目的土石方和基础项目,应按《建设工程工程量清单计价规范》(GB 50500—2008)附录A建筑工程工程量清单项目及计算规则中相关项目编码列项。

3) 木构件连接方式应包括:开榫连接、铁件连接、扒钉连接、铁钉连接。

4）竹构件连接方式应包括：竹钉固定、竹篾绑扎、铁丝连接。

5）膜结构的亭、廊，应按《建设工程工程量清单计价规范》（GB 50500—2008）附录A建筑工程工程量清单项目及计算规则中相关项目编码列项。

6）喷泉水池应按《建设工程工程量清单计价规范》（GB 50500—2008）附录A建筑工程工程量清单项目及计算规则中相关项目编码列项。

7）石浮雕应按表7-13分类。

表7-13　石浮雕分类

浮雕种类	加工内容
阴线刻	首先磨光平石料表面，然后以刻凹线（深度在2～3mm）勾画出人物、动植物或山水
平浮雕	首先扁光石料表面，然后凿出堂子（凿深60mm以内），突出欲雕图案。图案突出的平面应达到"扁光"，堂子达到"钉细麻"
浅浮雕	首先凿出石料初形，凿出堂子（凿深60～200mm以内），突出欲雕图形，再加工雕饰图形，使其表面有起有伏，有立体感。图形表面应达到"二遍剁斧"，堂子达到"钉细麻"
高浮雕	首先凿出石料初形，然后凿掉欲雕图形多余部分（凿深在200mm以上），突出欲雕图形，再细雕图形，使之有较强的立体感（有时高浮雕的个别部位与堂子之间漏空）。图形表面应达到"四遍剁斧"，堂子达到"钉细麻"或"扁光"

8）石镌字种类应是指阴文和阴包阳。

9）砌筑果皮箱、放置盆景的须弥座等，应按表7-12中"砖石砌小摆设"项目编码列项。

相关知识

◆喷泉安装工程工程量计算技术资料

喷泉安装工程中常用喷头的技术参数见表7-14。

表7-14　常用喷头的技术参数

序号	品名	规格	技术参数				水面立管高度(cm)	接管
			工作压力(MPa)	喷水量(m^3/h)	喷射高度(m)	覆盖直径(m)		
1	可调直流喷头	15mm	0.05～0.15	0.7～1.6	3～7		+2	外丝
2		20mm	0.05～0.15	1.2～3	3.5～8.5		+2	外丝
3		25mm	0.05～0.15	3～5.5	4～11		+2	外丝
4	半球喷头	25mm	0.01～0.03	1.5～3	0.2	0.7～1	+15	外丝
5		40mm	0.01～0.03	2.5～4.5	0.2	0.9～1.2	+20	外丝
6		50mm	0.01～0.03	3～6	0.2	1～1.4	+25	外丝
7	牵牛花喷头	25mm	0.01～0.03	1.5～3	0.5～0.8	0.5～0.7	+10	外丝
8		40mm	0.01～0.03	2.5～4.5	0.7～1.0	0.7～0.9	+10	外丝
9		50mm	0.01～0.03	3～6	0.9～1.2	0.9～1.1	+10	外丝

续表

序号	品名	规格	技术参数				水面立管高度(cm)	接管
			工作压力(MPa)	喷水量(m^3/h)	喷射高度(m)	覆盖直径(m)		
10	树冰型喷头	25mm	0.10～0.20	4～8	4～6	1～2	－10	内丝
11		40mm	0.15～0.30	6～14	6～8	1.5～2.5	－10	内丝
12		50mm	0.20～0.40	10～20	5～10	2～3	－20	内丝
13	鼓泡喷头	25mm	0.15～0.25	3～5	0.5～1.5	0.4～0.6	－20	内丝
14		40mm	0.2～0.3	8～10	1～2	0.6～0.8	－25	内丝
15	加气鼓泡喷头	40mm	0.2～0.3	8～10	1～2	0.6～0.8	－25	外丝
16		50mm	0.3～0.4	10～20	1.2～2.5	0.8～1.2	－25	外丝
17	加气喷头	50mm	0.1～0.25	6～8	2～4	0.8～1.1	－25	外丝
18	花柱喷头	25mm	0.05～0.1	4～6	1.5～3	2～4	＋2	内丝
19		40mm	0.05～0.1	6～10	2～4	4～6	＋2	内丝
20		50mm	0.05～0.1	10～14	3～5	6～8	＋2	内丝
21	旋转喷头	25mm	0.03～0.05	2.5～3.5	1.5～2.5	1.5～2.5	＋2	内丝
22		40mm	0.03～0.05	3～5	2～4	2～3	＋2	外丝
23	摇摆喷头	15mm	0.05～0.15	0.7～1.6	3～7			外丝
24		20mm	0.05～0.15	1.2～3	3.5～8.5			外丝
25	水下接线器	6头						
26		8头						

例题分析

◆例 7-3

某公园一步行木桥，桥面长 8m、宽 2m，桥板厚 30mm，满铺平口对缝，采用木桩基础：原木梢径 ϕ80、长 6m，共 17 根，横梁原木梢径 ϕ80、长 2m，共 10 根，纵梁原木梢径 ϕ100、长 6m，共 8 根。栏杆、栏杆柱、扶手、扫地杆、斜撑采用枋木 80mm×80mm(刨光)，栏杆高 900mm。全部采用杉木。试计算工程量。

解：经业主根据施工图计算步行木桥工程量为 16.00m^2。

投标人计算如下：

1) 原木桩工程量(查原木材积表)为 0.64m^3

① 人工费：28×21.6×0.64＝387.07 (元)

② 材料费：原木：830×0.64＝531.2 (元)

③ 机械费：18.21×0.64＝11.65 (元)

④ 合计：929.92 元

2) 原木横、纵梁工程量(查原木材料表)为 0.472m^3

① 人工费：28×8.91×0.472＝117.75 (元)

② 材料费：原木：830×0.472＝391.76 (元)

扒钉：3.5×20.6＝72.1 (元)

小计:463.86 元

③ 合计:581.61 元

3) 桥板工程量 5.415m^3,面积 16.00m^2

① 人工费:28×5.85×16=2620.8 (元)

② 材料费:板材:1200×5.415=6498 (元)

铁钉:2.5×26=65 (元)

小计:6563.00 元

③ 合计:9183.8 元

4) 栏杆、扶手、扫地杆、斜撑工程量 0.24m^3,面积 1.33m^2

① 人工费:28×4.94×1.33=183.97 (元)

② 材料费:板材:1200×0.24=288.00 (元)

铁件:3.5×7.5=26.25 (元)

小计:314.25 元

③ 合计:498.22 元

5) 综合

① 直接费用合计:11193.55 元

② 管理费:11193.55×25%=2798.39 (元)

③ 利润:11193.55×8%=895.48 (元)

④ 总计:14887.42 元

⑤ 综合单价:930.46 元/m^2

其分部分项工程量清单与计价表及工程量清单综合单价分析表,见表 7-15 和表 7-16。

表 7-15　分部分项工程量清单与计价表

工程名称:某公园　　　　　　　　　　　　第　页　共　页

序号	项目编码	项目名称	项目特征描述	计量单位	工程量	金额(元)	
						综合单价	合价
1	050201016001	木制步桥	桥面长 8m、宽 2m,桥板厚 0.03m 原木梢径 ϕ80、长 6m,共 17 根 横梁原木梢径 ϕ80、长 2m,共 10 根 纵梁原木梢径 ϕ100、长 6m,共 8 根 栏杆、栏杆柱、扶手、扫地杆、斜撑采用枋木 80mm×80mm(刨光),栏杆高 900mm 全部采用杉木	m^2	16	930.46	14887.42
本页小计							14887.42
合计							14887.42

表 7-16 工程量清单综合单价分析表

工程名称：某公园　　　　标段：　　　　第　页　共　页

项目编码	050201016001	项目名称	木制步桥	计量单位	m²

清单综合单价组成明细										
定额编号	定额名称	定额单位	数量	单价(元)			合价(元)			
				人工费	材料费	机械费	人工费	材料费	机械费	管理费和利润
1-28	人工打原木桩	m³	0.64	604.80	830	18.21	387.07	531.2	11.65	306.87
7-80	木步桥构件制作	m³	0.472	249.47	982.75	—	117.75	463.86	—	191.93
7-83 7-86	木步桥桥面板制安并磨平	m²	16	163.8	410.19	—	2620.8	6563.00	—	3030.65
7-87	木步桥花栏杆	m²	1.33	138.32	236.28	—	183.97	314.25	—	164.41
人工单价		小计					3309.59	7872.31	11.65	3693.86
28元/工日		未计价材料费								
清单项目综合单价(元)							930.46			

材料费明细	主要材料名称、规格、型号	单位	数量	单价(元)	合价(元)	暂估单价(元)	暂估合价(元)
	木桩基础：原木梢径 $\phi80$、长6m，共17根	m³	0.64	830	531.2	—	—
	横梁原木梢径 $\phi80$、长2m，共10根，纵梁原木梢径 $\phi100$、长6m，共8根	m³	0.472	830	391.76	—	—
	扒钉	kg	20.6	3.5	72.1	—	
	桥板宽2m，桥板厚30mm	m³	5.415	1200	6498	—	—
	栏杆、栏杆柱、扶手、扫地杆、斜撑采用枋木80mm×80mm(刨光)	m³	0.24	1200	288.00	—	—
	铁件	kg	7.5	3.5	26.25	—	—
	其他材料费						
	材料费小计						

注：本题以《××省市政、园林绿化工程消耗量定额》和《××省园林绿化工程价目表》为例。

第八章　园林工程竣工结算与竣工决算

第一节　园林工程竣工结算

要点

竣工结算是由施工企业按照合同规定的内容全部完成所承包的工程，经建设单位及相关单位验收质量合格，并符合合同要求之后，在交付生产或使用前，由施工单位根据合同价格和实际发生的费用增减变化（变更、签证、洽商等）情况进行编制，并经发包方或委托方签字确认的，正确反映该项工程最终实际造价，并作为向发包单位进行最终结算工程款的经济文件。

解释

◆工程价款的主要结算方式

根据财政部、建设部《建设工程价款结算暂行办法》的规定，工程价款结算是指对建设工程的发包承包合同价款进行约定和依据合同约定进行工程预付款、工程进度款、工程竣工价款结算的活动。工程价款结算应按合同约定办理，合同未作约定或约定不明的，发、承包双方应依照下列规定与文件协商处理：

1）国家有关法律、法规和规章制度；

2）国务院建设行政主管部门，省、自治区、直辖市或有关部门发布的工程造价计价标准、计价办法等有关规定；

3）建设项目的补充协议、变更签证和现场签证，以及经发、承包人认可的其他有效文件；

4）其他可依据的材料。

工程价款的结算方式主要有以下两种：

1）按月结算与支付。即实行按月支付进度款，竣工后清算的办法。合同工期在两个年度以上的工程，在年终进行工程盘点，办理年度结算。

2）分段结算与支付。即当年开工、当年不能竣工的工程按照工程形象进度，划分不同阶段支付工程进度款。具体划分在合同中明确。

除上述两种主要方式，双方还可以约定其他结算方式。

◆竣工结算的编制依据

编制竣工结算，通常需要依据如下技术资料：

1）经审批的原施工图预算；

2）工程承包合同或甲乙双方协议书；

3）设计单位修改或变更设计的通知单；

4）建设单位有关工程的变更、追加、削减和修改的通知单；

5）图纸会审记录；

6）现场经济签证；

7）全套竣工图纸；

8）现行预算定额、地区预算定额单价表、地区材料预算价格表、取费标准及调整材料价差等有关规定。

◆竣工结算的编制内容

竣工结算调整、修改的内容一般是：

1. 工程量增减

这是编制竣工结算的主要部分，称为量差。量差是指施工图预算工程量与实际完成工程量不符而发生的量差。量差主要有以下几个方面：

1）设计修改和漏项。由于设计修改和漏项而需增减的工程量，这一部分应根据设计修改通知单进行调整。

2）现场工程更改。包括在施工中预见不到的工程和施工方法不符，都应根据建设单位和施工单位双方签证的现场记录，按合同和协议的规定进行调整。

3）施工图预算错误。在编制竣工结算前，应结合工程的验收点交核对实际完成工程量。施工图预算有错误的应作相应调整。

2. 材料价差

工程结算应按预算定额（或地区价目表）的单价编制。所以一般不会发生价差因素。由于客观原因发生的材料代用和材料预算价格与实际材料价格发生差异时，可在工程结算中进行调整。

1）材料代用。这是指材料供应缺口或其他原因而发生的以大代小，以优代劣等情况。这部分应根据工程材料代用通知单计算材料的价差并进行调整。

2）材料价差。这是指定额内计价材料和未计价材料两种，定额内计价材料的材料价差的调整范围严格按照当地规定办理。允许调整的进行调整，不允许调整的不能调整。未计价材料由建设单位供应材料按预算价格转给施工单位的，在工程结算时不调整材料价差；由施工单位购置的材料根据实际供应价格，对照材料的预算价格计算价差并进行调整。

由于材料管理不善造成的异差，应通过加强管理解决，一般在工程结算时不予调整。

3. 费用

属于工程数量的增减变化，要相应调整安装工程费用。属于价差的因素，一般不调整安装工程费用。属于其他费用，例如窝工费用、机械进出场费用等，应一次结清，分摊到结算的工程项目中去。

◆竣工结算的编制方法

根据工程变化大小，竣工结算的编制方法一般有如下两种：

1）若工程变化不大，只是局部修改，竣工结算一般采用以原施工图预算为基础，加减工程变更引起变化的费用。工程结算表见表 8-1。

表 8-1　工程结算表

序号	工程名称	原预算价值	调增预算价值	调减预算价值	结算价值

计算竣工结算直接费价值的方法为：

竣工结算直接费价值＝原预算直接费价值＋调增预算价值小计－调减预算价值小计　(8-1)

计算时注意：

计算调增部分的直接费，按调增部分的工程量分别套定额，求出调增部分的直接费，以“调增预算价值小计”表示。

计算调减部分的直接费，按调减部分的工程量分别套定额，求出调减部分的直接费，以“调减预算价值小计”表示。

根据竣工结算直接费，按取费标准就可以计算出竣工结算工程造价。

2）若设计变更较大，导致整个工程量的全部或大部分变更，采用局部调整增减费用的办法比较烦琐，容易搞错，则竣工结算应按照施工图预算的编制方法重新进行编制。

相关知识

◆竣工结算的作用

1）竣工结算是施工单位与建设单位办理工程价款结算的依据。

2）竣工结算是建设单位编制竣工决算的基础资料。

3）竣工结算是施工单位统计最终完成工作量以及竣工面积的依据。

4）竣工结算是施工单位计算全员产值、核算工程成本以及考核企业盈亏的依据。

5）竣工结算是进行经济活动分析的依据。

第二节　园林工程竣工决算

要点

竣工决算是园林工程经济效益的全面反映，是项目法人核定各类新增资产价值、办理其交付使用的依据。通过竣工决算，一方面能够正确反映园林工程的实际造价和投资结果；另一方面可以通过竣工决算与概算、预算的对比分析，考核投资控制的工作成效，总结经验教训，积累技术经济方面的基础资料，提高未来园林工程的投资效益。

解释

◆竣工决算的内容

竣工决算主要包括文字说明和决算报表两部分。

1. 文字说明

文字说明部分主要包括工程概况、设计概算和基本建设投资计划的执行情况，各项技术经济指标的完成情况，各项拨款的使用情况，建设工期、建设成本以及投资效果分析，还有建设过程中的主要经验、问题和各项建议等内容。

2. 决算报表

按照工程规模一般将决算报表分为大中型和小型项目两种。大中型项目竣工决算包括竣工工程概算表、竣工财务决算表、交付使用财产总表和交付使用财产明细表。表格的详细内容及具体做法按照地方基建主管部门规定进行填写。

(1) 竣工工程概况表

竣工工程概况表综合反映占地面积、新增生产能力、建设时间、初步设计和概算批准机关以及发布文号，完成主要工程量、主要材料消耗和主要经济指标、建设成本以及收尾工程等情况。

(2) 大中型建设项目竣工财务决算表

大中型建设项目竣工财务决算表反映竣工建设项目的全部资金来源和运用情况，以此作为考核和分析基本建设拨款以及投资效果的依据。

◆竣工决算的编制依据

1) 经批准的可行性研究报告及其投资估算。

2) 经批准的初步设计或者扩大初步设计及其概算或修正概算。

3) 经批准的施工图设计及其施工图预算。

4) 设计交底或者图纸会审纪要。

5) 招标投标的标底、承包合同和工程结算资料。

6）竣工图和各种竣工验收资料。

7）历年基建资料、历年财务决算以及批复文件。

8）设备、材料调价文件和调价记录。

9）有关财务核算制度、办法和其他有关资料、文件等。

10）施工记录或者施工签证单，以及其他施工中所发生的费用记录，例如，索赔报告与记录、停（交）工报告等。

◆竣工决算的编制步骤

1）收集、整理、分析原始资料。从建设工程开始就应当按照编制依据的要求，收集、清点、整理有关资料，其中主要包括建设工程档案资料，例如，设计文件、施工记录、上级批文、概预算文件、工程结算的归集整理，财务处理和财产物资的盘点核实以及债权债务的清偿，做到账账、账证、账实、账表相符。对各种设备、材料和工、器具等要逐项盘点核实，填列清单，并妥善保管，或者按照国家有关规定处理，不准任意侵占和挪用。

2）对照、核实工程变动情况，重新核实各单位工程、单项工程造价。将竣工资料与原设计图纸进行查对、核实，必要时可以进行实地测量，确认实际变更情况；以已经审定的施工单位竣工结算等原始资料，按照有关规定对原概预算进行增减调整，重新核定工程造价。

3）将审定后的待摊投资，设备工、器具投资，建筑安装工程投资，以及工程建设其他投资严格划分和核定后，应分别计入相应的建设成本栏目内。

4）编制竣工财务决算说明书，力求内容全面、简明扼要、文字流畅、说明问题。

5）填报竣工财务决算报表。

6）作好工程造价对比分析。

7）清理、装订好竣工图。

8）按照国家规定上报、审批、存档。

相关知识

◆竣工决算的作用

1）竣工决算是综合、全面反映竣工项目建设成果以及财务情况的总结性文件。竣工决算采用货币指标、实物数量、建设工期和种种技术经济指标来综合、全面地反映建设项目自开始建设到竣工为止的全部建设成果以及财物状况。

2）竣工决算是办理交付使用资产的依据，也是竣工验收报告的重要组成部分。建设单位和使用单位在办理交付资产的验收交接手续时，通过竣工决算反映了交付使用资产的全部价值，其中包括固定资产、流动资产、无形资产以及其他资产的价值。同时，竣工决算还详细提供了交付使用资产的名称、规格、数量、型号以及价值等明细资料，是使用单位确定各项新增资产价值并登记入账的依据。

3）竣工决算是分析和检查设计概算的执行情况、考核投资效果的依据。竣工决算能够反映竣工项目计划、实际的建设规模、建设工期及设计以及实际的生产能力，还能反映概算总投资和实际的建设成本，此外还能反映所达到的主要技术经济指标。通过对这些指标计划数、概算数与实际数进行分析对比，不仅可以全面掌握建设项目计划和概算执行情况，还可以考核建设项目投资效果，为今后制订基建计划，降低建设成本，提高投资效果提供必要资料。

◆竣工结算和竣工决算的区别和联系

1. 两者之间的区别

(1) 编制的单位不同

竣工结算是由施工单位编制的，而竣工决算是由建设单位编制的。

(2) 编制的范围不同

竣工结算是以单位工程为对象编制的；而竣工决算是以单项工程或者建设项目为对象编制的。

2. 两者之间的联系

竣工结算是编制竣工决算的基础性资料。

参 考 文 献

1 中华人民共和国住房和城乡建设部．建设工程工程量清单计价规范 GB 50500—2008[S]．北京：中国计划出版社，2008

2 建设部标准定额研究所．《建设工程工程量清单计价规范》宣贯辅导教材[M]．北京：中国计划出版社，2008

3 马晓燕，冯丽．园林制图速成与识图[M]．北京：化学工业出版社，2010

4 王晓婷，明毅强．园林制图与识图[M]．北京：中国电力出版社，2009

5 杜贵成．园林绿化工程造价细节解析与示例[M]．北京：机械工业出版社，2008

6 吴锐，王俊松．园林工程计量与计价[M]．北京：机械工业出版社，2009

7 丛日晨，李连龙．园林工程概预算实例问答[M]．北京：机械工业出版社，2007

8 史静宇．最新园林景观工程预算及工程量清单编制操作手册[M]．北京：中国建材工业出版社，2008

9 吴戈军，田建林．园林工程施工[M]．北京：中国建材工业出版社，2009

10 易军．园林工程材料识别与应用[M]．北京：机械工业出版社，2009